백점

BOOK 1 개념북

과학 5·1

구성과 특징

BOOK ❶ 개념북

검정 교과서를 통합한 개념 학습

2023년부터 초등 5~6학년 과학 교과서가 국정 교과서에서 **9종 검정 교과서**로 바뀌었습니다.

'백점 과학'은 **검정 교과서의 개념과 탐구를 통합적으로 학습**할 수 있도록 구성하였습니다. 단원별 검정 교과서 학습 내용을 확인하고 **개념 학습, 문제 학습, 마무리 학습**으로 이어지는 3단계 학습을 통해 검정 교과서의 통합 개념을 익혀 보세요.

1 개념 학습

2 문제 학습

검정 교과서의 내용을 통합한 **핵심 개념**을 익힐 수 있습니다.

교과서 통합 대표 실험을 통해 검정 교과서별 중요 실험을 확인할 수 있습니다.

QR을 통해 개념 이해를 돕는 **개념 강의**, 한눈에 보는 **실험 동영상**이 제공됩니다.

기본 개념 문제로 개념을 파악합니다.

교과서 공통 핵심 문제로 여러 출판사의 공통 개념을 익힐 수 있습니다.

교과서별 문제를 풀면서 다양한 교과서의 개념을 학습할 수 있습니다.

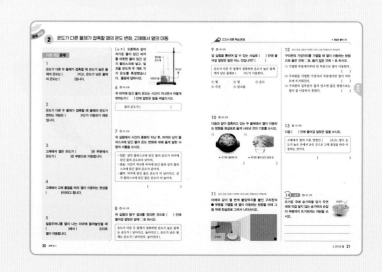

3 마무리 학습

교과서 통합 핵심 개념에서
단원의 개념을 한눈에 정리할 수 있습니다.

단원 평가와 **수행 평가**를 통해
단원을 최종 마무리할 수 있습니다.

BOOK ② 평가북
학교 시험에 딱 맞춘 평가 대비

묻고 답하기

묻고 답하기를 통해 핵심 개념을 다시 익힐 수
있습니다.

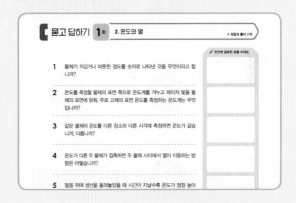

단원 평가 기출/수행 평가

단원 평가와 수행 평가를 통해 학교 시험에 대비할 수
있습니다.

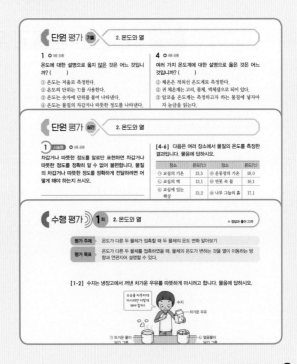

차례

과학자의 탐구 방법

▶ 학습 내용과 교과서별 해당 쪽수를 확인해 보세요.

학습 내용	백점 쪽수	교과서별 쪽수				
		동아출판	비상교과서	아이스크림 미디어	지학사	천재교과서
● 과학자의 탐구 방법	6~12	10~19	12~15	12~17	10~17	12~23

★ 과학 검정 교과서별 단원명
  동아출판 「1. 즐거운 과학 탐구」
  금성출판사 「궁금증을 과학적으로 해결해요」
  김영사 「1. 탐구는 어떻게 할까요?」
  미래엔 「1. 과학자의 탐구」
  비상교과서 「역사 속 과학 탐구」
  아이스크림미디어 「과학자처럼 탐구하기」
  지학사 「1. 탐구로의 초대」
  천재교과서 「1. 탐구야, 즐겁게 놀자!」
  천재교육 「1. 과학 하러 출발」 단원에 해당합니다.

과학자의 탐구 방법

개념 강의

1 과학 탐구의 종류

(1) 과학 탐구

① 과학 탐구는 여러 가지 자연 현상이나 대상을 관찰하면서 생긴 궁금한 것을 해결해 나가는 과정을 말합니다. → 탐구는 과학 시간에만 하는 활동이 아니라, 일상 생활 속에서도 할 수 있어요.

② 과학 탐구를 통해 주변에서 일어나는 자연 현상이나 사물에 관해 설명할 수 있습니다.

(2) 과학 탐구의 종류

관찰하기	실험하기	탐방하기

탐구 대상의 특징이나 변화를 관찰함.

탐구 대상에 영향을 주는 조건 등을 다르게 하면서 실험함.

어떤 지역이나 현장을 직접 탐방하여 관찰하거나 측정함.

만들기	동식물 기르기	조사하기

직접 만들어 과학적 원리를 알고, 기능 개선 방법을 찾음.

동식물을 기르면서 나타나는 변화를 관찰하거나 측정함.

도서나 스마트 기기 등을 활용하여 알고 싶은 것을 조사함.

2 탐구 문제 정하기

문제 인식 > 변인 통제 > 자료 변환 > 자료 해석 > 결론 도출

(1) 문제 인식 → 문제를 인식하여 탐구 문제를 정한 뒤, 실험을 계획하고 수행하기 전에 가설을 설정할 수 있어요.

① 우리 주변의 자연 현상을 관찰하고, 탐구할 문제를 찾아 명확하게 나타내는 것입니다.

② 궁금한 점을 탐구 문제로 만들 때는 '만일', '왜', '무엇' 등을 넣어 '~까?'와 같이 의문형으로 정할 수 있습니다.

예

관찰한 내용	궁금한 점	탐구 문제 정하기
색종이를 접어 물 위에 띄웠더니, 색종이가 젖으면서 접힌 부분이 펴짐.	종이의 종류가 다르면 접힌 부분이 펴지는 데 걸리는 시간도 다를까?	종이의 종류에 따라 종이의 접힌 부분이 물 위에서 펴지는 데 걸리는 시간은 다를까?

(2) 탐구 문제를 정할 때 주의할 점

① 탐구하려는 내용이 분명하게 드러나야 합니다.

② 관찰이나 실험을 통해 스스로 해결할 수 있어야 합니다.

③ 탐구 범위가 좁고 구체적이어야 합니다.

과학의 특성

· 과학자들이 발견한 과학 지식도 새로운 증거가 나타나면 바뀔 수 있습니다. 이처럼 과학은 질문하고 답을 찾는 과정을 반복하며 발전합니다.

· 과학에서 발견한 지식과 이를 바탕으로 만들어진 물건은 우리 생활을 편리하게 합니다.

과학 탐구의 종류와 탐구 활동 예

· 관찰하기: 여러 가지 잎을 관찰하고 특징 기록하기

· 실험하기: 추의 개수를 늘려가며 용수철이 늘어나는 길이 측정하기

· 탐방하기: 갯벌에 어떤 생물이 살고 있는지 직접 갯벌에 가서 관찰하기

· 만들기: 종이비행기를 만들며 더 멀리 날아갈 수 있는 날개의 모양 찾아보기

· 동식물 기르기: 강낭콩을 키우며 강낭콩의 한살이를 관찰하기

· 조사하기: 우리나라에 살았던 공룡에는 무엇이 있을지 조사하기

문제 인식과 가설 설정

문제를 인식하여 탐구 문제를 정한 뒤, 탐구 결과를 미리 생각해 탐구 문제의 잠정적 답인 가설을 세우는 과정을 가설 설정이라고 합니다. 가설은 경험, 이미 알고 있는 내용 등을 바탕으로 세울 수 있습니다.

용어 사전

● **인식** 사물을 분별하고 판단하여 앎.

● **잠정적** 임시로 정하는 것.

3 실험 계획 세우기

문제 인식 ▷ 변인 통제 ▷ 자료 변환 ▷ 자료 해석 ▷ 결론 도출

(1) 실험 계획을 세울 때 생각할 점

① 탐구 문제를 해결할 수 있는 적절한 실험 방법을 생각합니다.

② 스스로 실행할 수 있는 실험 계획을 구체적으로 작성합니다.

③ 다르게 해야 할 조건과 같게 해야 할 조건, 관찰하거나 측정해야 할 것, 실험 과정, 준비물, 안전 수칙, 역할 분담 등을 생각해야 합니다.

(2) 변인 통제

① 실험에 영향을 주는 여러 조건을 찾고, 다르게 해야 할 조건과 같게 해야 할 조건을 확인하고 통제하는 것입니다.

② 변인 통제를 하지 않으면 결과에 영향을 주는 조건을 정확하게 알 수 없습니다.

예

탐구 문제	종이의 종류에 따라 종이의 접힌 부분이 물 위에서 퍼지는 데 걸리는 시간은 다를까?

구분	실험 조건	방법
다르게 해야 할 조건	종이의 종류	색종이, 한지, 신문용지, 도화지 준비하기
같게 해야 할 조건	종이의 모양	종이의 종류별로 같은 꽃 모양의 종이 준비하기
	종이의 크기	펼쳤을 때 가장 긴 부분의 지름이 6 cm인 종이 준비하기
	종이를 접는 방법	종이의 끝부분을 같은 크기의 힘을 주어 하나씩 한쪽 방향으로 접기
	물의 양	500 mL의 물 준비하기
관찰하거나 측정해야 할 것	종이의 종류별로 종이의 접힌 부분이 물 위에서 퍼지는 데 걸리는 시간 측정하기	
실험 과정	❶ 색종이로 만든 꽃 모양 종이의 끝부분을 한쪽 방향으로 접기 ❷ 접어 놓은 꽃 모양 색종이를 물 위에 띄우고, 색종이가 모두 퍼지는 데 걸리는 시간 측정하기 ❸ ❷와 같은 방법으로 한지, 신문용지, 도화지로 만든 꽃 모양 종이가 모두 퍼지는 데 걸리는 시간을 각각 측정하기	

준비물	여러 가지 종이(색종이, 한지, 신문용지, 도화지), 꽃 모양 종이 틀, 쟁반, 물, 초시계	
안전 수칙	• 가위나 칼을 사용할 때 손을 다치지 않도록 주의하기 • 쟁반에 물을 담을 때 물이 튀거나 넘치지 않도록 주의하기	
역할 분담	꽃 모양 종이 그리기, 꽃 모양 종이 오리기와 접기, 쟁반에 물 담기, 접어 놓은 꽃 모양 종이를 물 위에 띄우기, 시간을 측정하고 기록하기	

➕ 실험 계획을 바르게 세웠는지 확인하기

• 실험 방법이 탐구 문제를 해결하기에 적절한가요?

• 다르게 해야 할 조건, 같게 해야 할 조건, 실험을 하면서 관찰하거나 측정해야 할 것을 바르게 정했나요?

• 측정 방법과 관찰 방법이 적절한가요?

• 실험 과정을 스스로 수행할 수 있을 만큼 구체적인가요?

• 실험 준비물은 어떻게 준비하나요?

• 안전한 실험이 되도록 계획했나요?

• 실험 기간과 장소를 바르게 정했나요?

• 역할을 적절하게 분담했나요?

용어 사전

◆ **변인** 성질이나 모습이 변하는 원인.

◆ **통제** 일정한 방침이나 목적에 따라 행동 등을 제한함.

4 실험하기

문제 인식 〉 **변인 통제** 〉 자료 변환 〉 자료 해석 〉 결론 도출

(1) **실험할 때 주의할 점**: 변인 통제에 유의하며 계획한 실험 순서에 따라 실험을 하고, 실험하는 동안 안전 수칙을 지킵니다.

(2) **실험 결과 기록하기**

① 관찰하거나 측정하려고 했던 것을 생각하면서 결과를 기록합니다.

② 실험 결과를 있는 그대로 기록하고, 실험 결과가 예상과 다르더라도 고치거나 빼지 않습니다.

예 [꽃 모양 종이가 물 위에서 펴지는 데 걸리는 시간 측정하기]

색종이
- 1회: 50초
- 2회: 53초
- 3회: 49초

한지
- 1회: 1초
- 2회: 1초
- 3회: 1초

신문용지
- 1회: 4초
- 2회: 4초
- 3회: 4초

도화지
- 1회: 1분 30초
- 2회: 1분 41초
- 3회: 1분 25초

➕ **실험을 바르게 했는지 확인하기**
- 실험 계획에 따라 실험했나요?
- 다르게 해야 할 조건과 같게 해야 할 조건을 확인하고 통제하며 실험했나요?
- 실험하면서 관찰하거나 측정하려고 했던 내용을 빠짐없이 기록했나요?
- 실험 결과를 있는 그대로 기록했나요?
- 안전한 실험이 되도록 노력했나요?

꽃 모양 종이가 완전히 펴질 때까지 걸리는 시간을 초시계로 측정합니다.

5 실험 결과 정리하기

문제 인식 〉 변인 통제 〉 **자료 변환** 〉 자료 해석 〉 결론 도출

(1) **자료 변환**: 실험 결과를 한눈에 비교하기 쉽게 표나 그래프의 형태로 바꾸어 나타내는 것으로, 자료 변환의 형태에는 표, 막대그래프, 꺾은선 그래프, 원그래프 등이 있습니다.

(2) **자료 변환을 해야 하는 까닭**: 자료의 특징을 한눈에 비교하기 쉽고, 실험 결과의 특징을 쉽게 이해할 수 있습니다.

(3) **실험 결과를 표로 나타내는 방법**

① 다르게 한 조건에 따른 실험 결과가 잘 드러나도록 제목을 정합니다.

② 표의 첫 번째 가로줄과 첫 번째 세로줄에 적을 항목을 정합니다.

③ 항목 수를 생각하여 가로줄과 세로줄의 개수를 정하고 표를 그립니다.

④ 표의 각 칸에 결괏값을 기록합니다.

⑤ 실험 결과가 표에 정확히 나타나 있는지 확인합니다.

➕ **표로 나타내기**
- 일반적으로 가로줄에 다르게 한 조건을 쓰지만, 실험 결과에 따라 다르게 한 조건을 세로줄에 쓸 수도 있습니다.
- 일반적으로 표의 첫 칸에 '＼' 표시를 하고 가로줄의 제목과 세로줄의 제목을 씁니다. 제목을 쓰기가 애매할 때에는 '구분'이라고 쓰고 제목을 생략할 수도 있습니다.

예 [종이의 종류에 따라 종이의 접힌 부분이 물 위에서 펴지는 데 걸린 시간]

실험 횟수 ＼ 종이의 종류	색종이	한지	신문용지	도화지
1회	50초	1초	4초	1분 30초
2회	53초	1초	4초	1분 41초
3회	49초	1초	4초	1분 25초

용어 사전

● **변환** 달라져서 바꾸는 것. 또는 다르게 하여 바꾸는 것.

● **꺾은선 그래프** 막대그래프의 끝을 꺾은선으로 연결한 그래프. 시간의 흐름에 따른 양의 변화를 나타내는 데 편리함.

6 실험 결과 해석하기

| 문제 인식 | 변인 통제 | 자료 변환 | **자료 해석** | 결론 도출 |

(1) 자료 해석
① 실험 조건과 실험 결과 사이에 관계나 규칙을 찾아 내는 것을 말합니다.
② 자료 해석을 하며 실험 과정을 되돌아보고, 문제가 있다면 실험을 다시 합니다.

(2) 실험 결과 자료 해석하기
① 표에서 가로줄과 세로줄의 값이 나타내고 있는 관계를 찾습니다.
② 표에 제시된 값들 사이의 규칙을 찾습니다.
③ 규칙에서 벗어난 값이 있다면 그 까닭은 무엇인지 생각합니다.
④ 실험 방법이나 과정에서 문제가 있었는지 확인합니다.

예 [종이의 종류에 따라 종이의 접힌 부분이 물 위에서 펴지는 데 걸린 시간]

실험 횟수 \ 종이의 종류	색종이	한지	신문용지	도화지
1회	50초	1초	4초	1분 30초
2회	53초	1초	4초	1분 41초
3회	49초	1초	4초	1분 25초

종이의 종류에 따라 종이가 펴지는 데 걸린 시간이 다름.

같은 종류의 종이가 펴지는 데 걸린 시간은 비슷하거나 같음.

종이가 펴지는 데 걸린 시간이 가장 짧은 것: 한지

종이가 펴지는 데 걸린 시간이 가장 긴 것: 도화지

7 결론 이끌어 내기

| 문제 인식 | 변인 통제 | 자료 변환 | 자료 해석 | **결론 도출** |

(1) 결론 도출
① 결론: 실험 결과를 해석하여 얻은 탐구 문제의 답입니다.
② 결론 도출: 실험 결과에서 탐구 문제의 결론을 이끌어 내는 과정을 말합니다.

(2) 결론을 도출하는 방법: 탐구 문제를 확인한 후 계획을 세워 실험하고, 실험 결과의 해석을 통해 결론을 이끌어 냅니다.

예

| 탐구 문제 | 종이의 종류에 따라 종이의 접힌 부분이 물 위에서 펴지는 데 걸리는 시간은 다를까? |

↓

| 실험 결과 | • 꽃 모양 종이가 펴지는 데 걸린 시간이 가장 짧은 것은 한지이고, 가장 긴 것은 도화지이다.
• 같은 종류의 종이가 펴지는 데 걸린 시간은 비슷하거나 같다.
• 종이의 종류에 따라 종이가 펴지는 데 걸린 시간이 다르다. |

↓

| 결론 | 종이의 종류에 따라 종이의 접힌 부분이 물 위에서 펴지는 데 걸리는 시간은 다르다. |

실험 과정에서 고쳐야 할 것 예
• 꽃 모양 종이를 일정하게 접지 않았습니다.
• 물 위에 꽃 모양 종이를 비스듬히 올려 놓아 일부분이 먼저 물에 젖었습니다.
• 복사지나 거름종이 등으로 실험을 더 해 보면 좀 더 다양한 결과를 얻었을 것입니다.

실험 결과, 자료 해석, 결론의 차이
• 실험 결과는 실험을 통해 얻은 값입니다.
• 자료 해석은 실험 결과가 지니고 있는 의미를 그대로 설명하는 것입니다.
• 결론은 실험 결과의 해석을 바탕으로 이끌어 낸 탐구 문제의 최종적인 답을 말합니다.

용어 사전

• **해석** 문장이나 사물 등으로 표현된 내용을 이해하고 설명하는 것. 또는 그 내용.
• **도출** 판단이나 결론 등을 이끌어 냄.

과학자의 탐구 방법

1 동아, 천재교육

과학 탐구에 대한 설명으로 옳은 것에 모두 ○표 하시오.

⑴ 여러 가지 자연 현상이나 대상을 관찰하면서 생긴 궁금한 것을 해결해 나가는 과정이다. ( )

⑵ 과학 탐구를 통해 주변에서 일어나는 자연 현상이나 사물에 관해 설명할 수 있다. ( )

2 동아

다음 탐구 문제를 해결하기 위한 탐구 활동으로 가장 알맞은 것을 보기 에서 골라 기호를 쓰시오.

[탐구 문제]
    어떤 모양의 얼음이 빨리 녹을까요?

보기

㉠ 얼음을 얼리는 기계가 있는 곳을 직접 탐방한다.
㉡ 북극곰을 우리나라에서 기를 수 있는 방법을 고민한다.
㉢ 실험을 통해 다양한 모양의 얼음이 녹는 시간을 측정한다.
㉣ 참고 도서나 스마트 기기를 활용하여 남극에 있는 얼음의 양을 조사한다.

( )

3 ➕ 9종 공통

다음은 무엇에 대한 설명인지 쓰시오.

우리 주변의 자연 현상을 관찰하고, 탐구할 문제를 찾아 명확하게 나타내는 것이다.

( )

4 ➕ 9종 공통

다음 중 탐구 문제로 정하기에 알맞은 것을 두 가지 고르시오. ( )

① 꽃은 얼마나 예쁠까?
② 지구는 어떤 모양일까?
③ 모든 식물의 한살이는 어떠할까?
④ 콜라를 끓이면 검은색 김이 나올까?
⑤ 토마토가 잘 자라는 온도는 몇 도일까?

5 서술형 ➕ 9종 공통

실험 계획을 세울 때 변인 통제를 해야 하는 까닭은 무엇인지 쓰시오.

_____
_____
_____

[6-7] 다음 실험 계획서를 보고, 물음에 답하시오.

실험 계획서	
탐구 문제	얼음의 모양에 따라 얼음이 녹는 데 걸리는 시간은 어떠할까?
다르게 해야 할 조건	㉠
같게 해야 할 조건	물을 담는 비커의 크기, 물의 온도, 얼음을 녹일 때 필요한 물의 양 등

6 동아

위 실험 계획서의 다르게 해야 할 조건 ㉠에 들어갈 내용으로 알맞은 것에 ○표 하시오.

(1)

실험을 할 장소

(　　　　)

(2)

얼음의 모양

(　　　　)

(3)

얼음이 녹는 데 걸리는 시간

(　　　　)

(4)

얼음으로 얼리는 물의 양

(　　　　)

7 ➕ 9종 공통

위 실험 계획을 세울 때 생각할 점으로 옳지 <u>않은</u> 것은 어느 것입니까? (　　　　)

① 준비물
② 안전 수칙
③ 실험 과정
④ 관찰하거나 측정해야 할 것
⑤ 실험 기구를 가지고 놀 수 있는 방법

8 ➕ 9종 공통

실험 결과를 기록하는 방법에 대하여 옳게 말한 사람의 이름을 쓰시오.

• 혜진: 실험 결과는 마음에 드는 부분만 기록해.
• 설이: 실험 결과는 있는 그대로 그림과 글로 기록할 수 있어.
• 루원: 실험 결과가 나의 예상과 다르면 예상에 맞게 고쳐서 기록해.

(　　　　)

9 ➕ 9종 공통

다음 (　　) 안에 들어갈 알맞은 말을 쓰시오.

(　　)은/는 실험 결과를 한눈에 비교하기 쉽게 표나 그래프의 형태로 바꾸어 나타내는 것이다.

(　　　　)

10 ➕ 9종 공통

다음은 세계의 인구수를 조사한 결과를 여러 가지 자료로 변환한 것입니다. 각각 어떤 형태로 변환한 것인지 보기 에서 골라 각각 쓰시오.

보기

표, 원그래프, 막대그래프, 꺾은선 그래프

(1)

연도	인구수
1975	40억
1985	48억
1995	57억
2005	65억
2015	73억

(2)

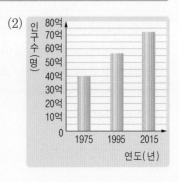

(　　　　) (　　　　)

11 ➕ 9종 공통

다음 중 자료를 해석하는 방법으로 옳은 것을 [보기]에서 두 가지 골라 기호를 쓰시오.

보기

ㄱ 이미 완료된 실험 과정은 되돌아보지 않는다.
ㄴ 실험 과정에 문제가 있다면 실험을 다시 한다.
ㄷ 실험 조건과 실험 결과 사이에서의 규칙은 찾지 않는다.
ㄹ 실험에서 다르게 한 조건과 실험 결과의 관계를 살펴본다.

(   )

12 서술형 ➕ 9종 공통

다음 날씨 예보 자료를 <u>잘못</u> 해석한 내용을 골라 기호를 쓰고, 바르게 고쳐 쓰시오.

월	화	수	목	금

ㄱ 화요일에는 구름이 많을 것이다.
ㄴ 수요일에는 구름이 많아 흐릴 것이다.
ㄷ 목요일부터 이틀 동안 비가 올 것이다.

(1) 잘못 해석한 것: (   )

(2) 바르게 고쳐 쓰기: _____

_____

[13-14] 다음 실험 결과를 보고, 물음에 답하시오.

구분	색종이	한지	신문용지	도화지
1회	50초	1초	4초	1분 30초
2회	54초	1초	4초	1분 41초
3회	49초	1초	4초	1분 25초

13 천재교과서

위 실험 결과를 표로 나타낸 자료를 보고, 탐구 문제로 (   ) 안에 들어갈 알맞은 말을 쓰시오.

종이의 (   )에 따라 종이의 접힌 부분이 물 위에서 펴지는 데 걸리는 시간은 다를까?

(   )

14 천재교과서

위 실험 결과를 해석하여, 종이의 접힌 부분이 물 위에서 펴지는 데 걸리는 시간이 짧은 것부터 순서대로 쓰시오.

한지 〉(   ) 〉(   ) 〉(   )

15 ➕ 9종 공통

다음을 관련있는 것끼리 선으로 이으시오.

(1) 결론 •

• ㄱ 실험 결과를 해석하여 얻은 탐구 문제의 답

(2) 결론 도출 •

• ㄴ 실험 결과에서 탐구 문제의 결론을 이끌어 내는 과정

2

온도와 열

▶ 학습 내용과 교과서별 해당 쪽수를 확인해 보세요.

학습 내용	백점 쪽수	교과서별 쪽수				
		동아출판	비상교과서	아이스크림 미디어	지학사	천재교과서
1 온도 측정이 필요한 까닭, 온도계 사용 방법	14〜17	24〜27	20〜25	22〜25	22〜25	28〜33
2 온도가 다른 물체가 접촉할 때의 온도 변화, 고체에서 열의 이동	18〜21	28〜31	26〜31	26〜31	26〜29	34〜37
3 고체에서 열의 이동 빠르기, 단열	22〜25	32〜33			30〜31	38〜39
4 액체에서 열의 이동, 기체에서 열의 이동	26〜29	34〜37	32〜33	32〜35	32〜35	40〜43

★ 동아출판, 김영사, 미래엔, 지학사, 천재교과서, 천재교육의 「2. 온도와 열」 단원에 해당합니다.

★ 금성출판사, 비상교과서, 아이스크림미디어의 「1. 온도와 열」 단원에 해당합니다.

1 온도 측정이 필요한 까닭, 온도계 사용 방법

1 온도

(1) 온도
① 물체가 차갑거나 따뜻한 정도를 숫자로 나타낸 것을 온도라고 합니다.
② 온도는 숫자에 단위 ℃(섭씨도)를 붙여 나타냅니다.

예
> '37.5 ℃'라고 쓰고 '섭씨 삼십칠 점 오 도'라고 읽습니다.

(2) 일상생활에서 온도를 어림하거나 측정하는 예

온도를 어림하는 모습	온도를 측정하는 모습
 몸이 아플 때 열이 있는지 없는지 이마에 손을 대어 체온을 어림함.	 체온계 병원에서 체온계로 환자의 체온을 정확하게 측정하여 적절한 치료를 함.
 바깥 공기를 피부로 느껴 기온을 어림함.	 온도계 온도계를 이용하여 기온을 정확히 측정함.
 목욕물의 온도가 적당한지 물에 직접 손을 넣어 느껴 봄.	 온도 표시 창 목욕탕에서 물의 온도를 적절하게 관리하기 위해 온도를 측정함.

(3) 온도를 정확하게 측정하지 않았을 때의 불편한 점
① 물체의 온도를 비교하기가 어렵습니다.
② 차갑거나 따뜻하다고 느끼는 정도가 사람마다 달라서 의사소통이 잘 되지 않을 수 있습니다.
③ 물체의 온도를 정확하게 알 수 없으므로 정확한 온도를 알아야 하는 상황에서 어려움을 겪을 수 있습니다. →음식을 조리할 때 음식이 타 버리거나 제대로 익지 않을 수 있어요.
④ 정확한 온도 측정이 필요한 까닭: 온도를 정확하게 측정하면 일상생활에 편리하게 이용할 수 있습니다.

예
> • 물고기나 수초의 생활 환경 조성을 위해 어항 속 물의 온도를 맞춰 줍니다.
> • 작물이 잘 자라는 온도를 맞춰 주면 많은 양의 작물을 수확할 수 있습니다.

➕ 기온, 수온, 체온
기온은 공기의 온도, 수온은 물의 온도, 체온은 몸의 온도를 나타냅니다.

➕ 차가운 물체와 따뜻한 물체
철과 같은 금속을 만졌을 때 차갑게 느껴지고, 나무는 이에 비해 따뜻하게 느껴집니다. 하지만 온도는 물체가 지닌 고유한 특징이 아닙니다. 이는 따뜻한 곳에 있는 금속과 차가운 곳에 있는 나무의 온도를 비교해 보면 알 수 있습니다. 또한 같은 물체라도 어떤 환경에 있느냐에 따라 온도가 다를 수 있습니다.

➕ 표시되는 온도가 정확하지 않을 때 생길 수 있는 문제점 예
• 냉장실에 냉장 상태로 차갑게 보관해야 하는 음식이 상할 수 있습니다.
• 냉동실에 얼려서 보관해야 하는 재료가 얼지 않아 음식이 상할 수 있습니다.

용어 사전
● **섭씨** 온도 단위의 하나로 ℃로 표시하여 나타냄.
● **어림** 대강 짐작으로 헤아림. 또는 그런 셈이나 짐작.
● **조성** 도와서 이루게 함.

2 온도계 사용 방법

① 온도계를 이용하면 온도를 어림할 때보다 온도를 정확하게 측정할 수 있으며, 물체의 온도를 정확하게 측정하려면 쓰임새에 맞는 온도계를 사용해야 합니다.

② 온도계의 종류에 따라 측정 방법이나 측정할 수 있는 온도의 범위가 다릅니다.

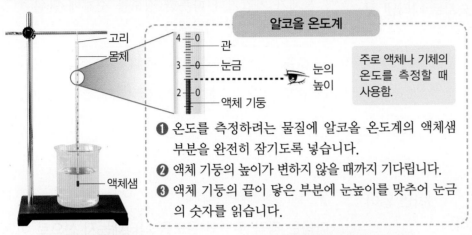

알코올 온도계

고리
몸체
관
눈금
눈의 높이
액체 기둥
액체샘

주로 액체나 기체의 온도를 측정할 때 사용함.

❶ 온도를 측정하려는 물질에 알코올 온도계의 액체샘 부분을 완전히 잠기도록 넣습니다.
❷ 액체 기둥의 높이가 변하지 않을 때까지 기다립니다.
❸ 액체 기둥의 끝이 닿은 부분에 눈높이를 맞추어 눈금의 숫자를 읽습니다.

귀 체온계

귀 체온계

❶ 귓구멍에 체온을 측정하는 부분을 넣고 측정 단추를 누릅니다. ←고막 주변 피부의 온도를 재요.
❷ 온도 표시 창에 측정값이 나타납니다.

적외선 온도계

레이저 빛

주로 고체의 표면 온도를 측정할 때 사용함.

❶ 온도를 측정할 물체의 표면 쪽으로 온도계를 겨누고, 온도 측정 버튼을 눌러 레이저 빛을 물체의 표면에 맞춥니다.
❷ 온도 표시 창에 표시된 측정 온도를 읽습니다. ←물체를 정확하게 겨누지 않으면 정확한 온도를 측정할 수 없어요.

탐침 온도계

센서가 달린 탐침

음식에 넣어 내부 온도를 측정할 수 있음.

액와 체온계

체온을 측정하는 부분

겨드랑이 사이에 넣어 체온을 측정할 수 있음.

➕ 온도계를 사용할 때 주의할 점

• 알코올 온도계는 작은 충격에도 깨질 수 있으므로 주의합니다.
• 적외선 온도계로 물체의 온도를 측정할 때 사람의 눈을 겨누지 않도록 주의합니다.
• 귀 체온계의 경우 알코올 솜으로 측정하는 부분을 소독하고 측정합니다.
• 탐침 온도계의 탐침 부분이 날카로우므로 다치지 않도록 주의합니다.

➕ 물체 표면의 온도를 색으로 표현하는 열화상 카메라

물체 표면의 온도를 측정해서 여러 가지 색으로 표현하는 열화상 카메라는 질병 검사나 산불을 발견하는 데 사용할 수 있습니다. 또 가축 중에서 열이 더 있는 가축을 찾아 치료할 수 있게 합니다.

3 여러 장소에서 물체의 온도 측정하기

① 쓰임새에 맞는 온도계를 사용하여 여러 장소에서 측정한 물체의 온도 ⑩

측정 장소	측정 물체(물질)	온도계	측정 온도(℃)
교실	공기	알코올 온도계	25
교실	책상	적외선 온도계	21.5
운동장	공기	알코올 온도계	29

② 같은 물체라도 장소에 따라 온도가 다를 수 있습니다. ←교실의 기온과 운동장의 기온이 달라요.
③ 물체의 온도는 물체가 놓인 장소, 측정 시각, 햇빛의 양 등에 따라 다릅니다.

용어 사전

● **적외선** 가시광선의 빨간색 너머에서 나타나는 것으로, 눈에는 보이지 않는 광선. 열 작용과 통과하는 힘이 강해서 여러 분야에 이용됨.
● **탐침** 무엇을 찾거나 알아내려고 쓰는 바늘같이 생긴 기구.
● **액와** '겨드랑이'를 보다 전문적으로 이르는 말.

1 온도 측정이 필요한 까닭, 온도계 사용 방법

기본 개념 문제

1

물체가 차갑거나 따뜻한 정도를 숫자로 나타낸 것을 ( )(이)라고 합니다.

2

이마에 손을 대어 체온을 ( )하면 열이 있는지 없는지 대강 알 수 있습니다.

3

온도를 정확하게 측정하지 않으면 물체의 온도를 비교하기가 ( )습니다.

4

물체의 온도를 정확하게 측정하려면 쓰임새에 맞는 ( )을/를 사용해야 합니다.

5

같은 물체라도 물체의 온도는 물체가 놓인 장소, 측정 시각, ( ) 등에 따라 다릅니다.

6 ➕ 9종 공통

다음에서 설명하는 것으로 알맞은 것은 무엇입니까?
( )

> 물체가 차갑거나 따뜻한 정도를 숫자에 단위 ℃ (섭씨도)를 붙여 나타낸다.

① 바람　　　② 날씨　　　③ 부피
④ 온도　　　⑤ 무게

7 동아, 김영사, 미래엔, 천재교과서

다음은 각각 무엇의 온도를 나타내는지 선으로 이으시오.

(1) 기온　　　•　　　•㉠ 공기의 온도

(2) 수온　　　•　　　•㉡ 몸의 온도

(3) 체온　　　•　　　•㉢ 물의 온도

8 ➕ 9종 공통

일상생활에서 온도를 정확하게 측정해야 하는 경우로 가장 알맞은 것을 골라 기호를 쓰시오.

▲ 운전을 할 때

▲ 시계를 볼 때

▲ 시소를 탈 때

▲ 온실에서 작물을 재배할 때

( )

9 서술형 　➕9종 공통

온도를 정확하게 측정하지 않았을 때의 불편한 점을 한 가지 쓰시오.

_____

_____

_____

10 ➕9종 공통

오른쪽 친구에게 필요한 것은 무엇인지 보기 에서 골라 기호를 쓰시오.

차의 따뜻한 정도를 정확하게 알 수 있을까?

보기 ●
ㄱ 돋보기　　　ㄴ 온도계
ㄷ 전자저울　　ㄹ 알코올램프

(　　　　　　　)

11 ➕9종 공통

다음 (　　) 안에 공통으로 들어갈 알맞은 기구를 쓰시오.

(　　)을/를 이용하면 온도를 어림할 때보다 온도를 정확하게 측정할 수 있으며, (　　)은/는 일상생활에서 다양하게 이용된다.

(　　　　　　　)

12 비상, 아이스크림, 지학사

오른쪽 온도계를 사용하는 경우로 알맞은 것에 ○표 하시오.

(1) 체온을 측정할 때 사용한다.　　(　　　)
(2) 기온을 측정할 때 사용한다.　　(　　　)
(3) 고체의 표면 온도를 측정할 때 사용한다.
　　　　　　　　　　　　　　　　(　　　)

13 동아, 금성, 김영사

여러 가지 물질의 온도를 측정하는 방법으로 옳은 것은 어느 것입니까? (　　　　)

① 탐침 온도계는 음식에 넣어 내부 온도를 측정한다.
② 알코올 온도계의 눈금은 위에서 내려다보면서 읽는다.
③ 어항 속 물의 온도는 적외선 온도계를 물에 넣어 측정한다.
④ 귀 체온계로 몸의 온도를 측정할 때에는 겨드랑이 사이에 넣어 측정한다.
⑤ 농구공 표면의 온도는 적외선 온도계로 측정하는 것보다 알코올 온도계로 측정하는 것이 좋다.

14 ➕9종 공통

다양한 장소에서 여러 가지 물체의 온도를 측정한 결과에 대해 잘못 말한 사람의 이름을 쓰시오.

• 서우: 같은 물체는 어디에서나 온도가 같아.
• 창빈: 서로 다른 물체라도 온도가 같을 수 있어.
• 로희: 물체의 온도는 물체가 놓인 장소, 측정 시각, 햇빛의 양에 따라 다를 수 있어.

(　　　　　　　)

2 온도가 다른 물체가 접촉할 때의 온도 변화, 고체에서 열의 이동

1 온도가 다른 두 물체가 접촉할 때 물체의 온도 변화

(1) 온도가 다른 두 물체가 접촉할 때 나타나는 현상

① 온도가 높은 물체의 온도는 낮아지고, 온도가 낮은 물체의 온도는 높아집니다.

② 시간이 지나면서 두 물체의 온도가 비슷해지다가 결국에는 온도가 같아집니다.

(2) 온도가 다른 두 물체가 접촉할 때 물체의 온도가 변하는 까닭

① 온도가 높은 물체에서 온도가 낮은 물체로 열이 이동하기 때문입니다.

② 열은 물체의 온도를 변하게 하며, 접촉한 두 물체 사이에서 열은 온도가 높은 쪽에서 낮은 쪽으로 이동합니다.

(3) 온도가 다른 두 물체가 접촉했을 때 열의 이동 예

프라이팬과 버터	휴대용 손난로와 손	삶은 달걀과 찬물
뜨거운 프라이팬에서 버터로 열이 이동함. ➡ 버터가 녹음.	따뜻한 손난로에서 손으로 열이 이동함. ➡ 손이 따뜻해짐.	갓 삶은 뜨거운 달걀을 찬물에 담그면 달걀에서 물로 열이 이동함. ➡ 달걀이 식음.

➕ **온도가 다른 두 물체가 접촉할 때 물체의 온도 변화 그래프**

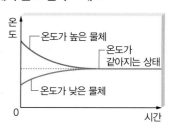

시간이 충분히 지나면 두 물체의 온도가 같아집니다.

2 고체에서 열의 이동

(1) 고체에서 열의 이동

온도가 낮은 주변 부분
열의 이동
가열한 부분

가열하여 온도가 높아진 부분에서 주변의 온도가 낮은 부분으로 열이 이동하기 때문에 온도가 낮은 부분도 온도가 점점 높아지지.

불 위에 프라이팬을 놓으면 시간이 지나면서 프라이팬 전체가 뜨거워집니다.

① 고체에서 온도가 높은 곳에서 낮은 곳으로 고체 물질을 따라 열이 이동하는 현상을 '전도'라고 합니다.

② 만약 한 고체 물질이 끊겨 있거나, 두 고체 물체가 접촉하고 있지 않다면 고체에서 열의 전도는 잘 일어나지 않습니다.

(2) 일상생활에서 일어나는 전도 예

찌개에 담겨 있는 숟가락의 아래쪽에서 손잡이가 있는 위쪽으로 열이 이동함. ➡ 열이 숟가락을 따라 이동해요.

손에 닿은 부분에서부터 열이 이동하여 동전 전체가 따뜻해짐.

➕ **음식을 조리할 때 열의 이동**

프라이팬, 냄비 등 음식을 조리할 때 사용하는 도구는 열을 잘 전달하는 물질로 이루어져 있습니다. 이러한 조리 도구를 가열하면 열이 가해지고 있는 부분에서 가까운 쪽부터 점차 먼 쪽으로 물체를 따라 열이 이동합니다.

용어 사전

● **접촉** 서로 맞닿음.

● **조리** 요리를 만듦. 또는 그 방법이나 과정.

교과서 **통합 대표 실험**

실험1 온도가 다른 두 물체가 접촉할 때 두 물체의 온도 변화 측정하기 📖 9종 공통

❶ 삼각 플라스크에는 빨간 색소를 탄 따뜻한 물 200 mL를, 비커에는 차가운 물 400 mL를 담습니다.

❷ 삼각 플라스크를 비커 안에 넣고, 스탠드의 높이를 조절하여 스탠드에 매단 알코올 온도계 두 개를 비커와 삼각 플라스크 안에 각각 넣습니다.

❸ 비커 안의 물과 삼각 플라스크 안의 물의 온도를 2분마다 측정해 봅시다.

실험 결과

16분이 지나자 온도가 같아졌어요. ●

시간(분) 온도(℃)	0	2	4	6	8	10	12	14	16	18
비커 안의 물	8.0	14.0	18.6	21.0	22.2	23.0	23.5	23.8	24.0	24.0
삼각 플라스크 안의 물	46.8	39.8	34.3	30.3	27.5	25.7	24.7	24.2	24.0	24.0

➡ 비커의 차가운 물과 삼각 플라스크의 따뜻한 물의 온도가 결국 같아집니다.

정리 온도가 다른 두 물체가 접촉할 때 차가운 물체의 온도는 높아지고, 따뜻한 물체의 온도는 낮아집니다. 시간이 충분히 지나면 두 물체의 온도가 결국 같아집니다.

알코올 온도계
따뜻한 물 — 차가운 물

• 따뜻한 물을 사용할 때에는 화상을 입지 않게 주의하고, 유리 기구를 사용할 때에는 깨지지 않게 조심해요.
• 알코올 온도계의 액체샘 부분이 삼각 플라스크나 비커의 벽, 바닥에 닿지 않도록 주의해요.

실험2 고체에서 열의 이동 관찰하기 📖 9종 공통

❶ 열 변색 붙임딱지가 붙은 사각형 구리판을 스탠드에 고정하고, 초에 불을 켠 뒤 구리판 가장자리에 가까이 가져가 열 변색 붙임딱지의 색 변화를 관찰합니다.

❷ 구리판을 식힌 뒤 구리판 가운데에 불을 가까이 가져가 열 변색 붙임딱지의 색 변화를 관찰하여 봅시다.

❸ 열 변색 붙임딱지가 붙은 ㄷ자 모양 구리판과 ㄹ자 모양 구리판으로 각각 ❶~❷의 과정을 반복하며, 구리판에서 열은 어떻게 이동하는지 생각해 봅시다.

• 뜨거워진 구리판에 화상을 입지 않게 주의하고, 구리판을 만질 때에는 면장갑을 착용해요.
• 불이 켜진 작은 초 주변에는 타는 물질을 가까이 두지 않도록 해요.

실험 결과

가장자리에 불을 가까이 가져갔을 때 — 가장자리부터 색이 바뀌기 시작하여 점점 먼 곳의 색이 변함.

가운데에 불을 가까이 가져갔을 때 — 가운데부터 색이 바뀌기 시작하여 점점 먼 곳의 색이 변함.

가장자리에 불을 가까이 가져갔을 때   가운데에 불을 가까이 가져갔을 때

정리 열은 가열한 부분에서부터 멀어지는 방향으로 이동하며, 고체 물체가 끊겨 있으면 열은 끊긴 방향으로 이동하지 않고 끊기지 않은 고체 물체를 따라 이동합니다.

2 온도가 다른 물체가 접촉할 때의 온도 변화, 고체에서 열의 이동

기본 개념 문제

1

온도가 다른 두 물체가 접촉할 때 온도가 높은 물체의 온도는 (   )지고, 온도가 낮은 물체의 온도는 (   )집니다.

2

온도가 다른 두 물체가 접촉할 때 물체의 온도가 변하는 까닭은 (   )이/가 이동하기 때문입니다.

3

고체에서 열은 온도가 (   )은 부분에서 온도가 (   )은 부분으로 이동합니다.

4

고체에서 고체 물질을 따라 열이 이동하는 현상을 (   )(이)라고 합니다.

5

얼음주머니를 열이 나는 이마에 올려놓았을 때 (   )에서 (   )(으)로 열이 이동합니다.

[6-9] 오른쪽과 같이 차가운 물이 담긴 비커에 따뜻한 물이 담긴 삼각 플라스크를 넣고, 알코올 온도계 두 개로 각각 온도를 측정했습니다. 물음에 답하시오.

알코올 온도계
차가운 물
따뜻한 물

6 ➕ 9종 공통

위 비커에 담긴 물의 온도는 시간이 지나면서 어떻게 변하는지 (   ) 안에 알맞은 말을 써넣으시오.

> 물의 온도가 (   ).

7 ➕ 9종 공통

위 실험에서 시간이 충분히 지난 후, 비커와 삼각 플라스크에 담긴 물의 온도 변화에 대해 옳게 말한 사람의 이름을 쓰시오.

> • 민준: 삼각 플라스크에 담긴 물의 온도가 비커에 담긴 물의 온도보다 낮아져.
> • 효송: 시간이 지나면 비커에 담긴 물과 삼각 플라스크에 담긴 물의 온도가 같아져.
> • 율아: 비커에 담긴 물은 온도가 더 낮아지고, 삼각 플라스크에 담긴 물은 온도가 더 높아져.

(   )

8 ➕ 9종 공통

위 실험의 탐구 결과를 정리한 것으로 (   ) 안에 들어갈 알맞은 말에 ○표 하시오.

> 온도가 다른 두 물체가 접촉하면 온도가 높은 물체는 온도가 (낮아지고, 높아지고), 온도가 낮은 물체는 온도가 (낮아진다, 높아진다).

9 ➕ 9종 공통

앞 실험을 통하여 알 수 있는 사실로 ( ) 안에 들어갈 알맞은 말은 어느 것입니까? ( )

> 온도가 다른 두 물체가 접촉하면 온도가 높은 물체에서 낮은 물체로 ( )이/가 이동한다.

① 빛   ② 열   ③ 온도
④ 수온   ⑤ 알코올

10 ➕ 9종 공통

다음과 같이 접촉하고 있는 두 물체에서 열이 이동하는 방향을 화살표로 옳게 나타낸 것의 기호를 쓰시오.

㉠    ㉡

▲ 뜨거운 냄비와 국   ▲ 차가운 물이 담긴 컵과 손

( )

11 동아, 금성, 김영사, 미래엔, 아이스크림, 천재교과서, 천재교육

아래와 같이 열 변색 붙임딱지를 붙인 구리판의 ● 부분을 가열할 때 열이 이동하는 방향을 아래 그림 위에 화살표로 그려서 나타내시오.

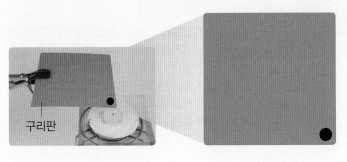

구리판

12 동아, 금성, 김영사, 미래엔, 아이스크림, 천재교과서, 천재교육

구리판의 가장자리를 가열할 때 열이 이동하는 방법으로 옳은 것에 ○표, 옳지 않은 것에 ×표 하시오.

(1) 가열한 부분에서부터 먼 부분으로 열이 이동한다.
( )

(2) 구리판을 가열한 가장자리 부분에서만 열이 머무르며 뜨거워진다. ( )

(3) 구리판의 일부분이 끊겨 있으면 끊긴 방향으로는 열이 잘 이동하지 못한다. ( )

13 ➕ 9종 공통

다음 ( ) 안에 들어갈 알맞은 말을 쓰시오.

> 고체에서 열의 이동 방법인 ( )은/는 열이 온도가 높은 곳에서 낮은 곳으로 고체 물질을 따라 이동하는 것이다.

( )

14 서술형 ➕ 9종 공통

뜨거운 국에 숟가락을 담가 두면 국에 직접 닿지 않는 숟가락의 손잡이 부분까지 뜨거워지는 까닭을 쓰시오.

손잡이

_____

_____

_____

3 고체에서 열의 이동 빠르기, 단열

 개념 강의

1 고체에서 열의 이동 빠르기

(1) 고체 물질의 종류에 따른 열의 이동 빠르기
① 고체 물질의 종류에 따라 열이 이동하는 빠르기가 다릅니다.
② 나무, 플라스틱보다 구리나 철과 같은 금속에서 열이 더 빠르게 이동합니다.
③ 열이 빠르게 이동하는 것을 원하는 상황에서는 열이 잘 전달되는 물질을 사용하고, 반대로 열이 잘 전달되지 않는 물질을 사용하면 열이 이동하는 것을 막아 온도를 오랫동안 유지할 수 있습니다.
④ 열이 이동하는 빠르기가 다른 두 물질을 같이 사용하면 열이 빠르게 이동하면서도 손으로 쉽게 만질 수 있는 물건을 만들 수 있습니다.

(2) 열이 이동하는 빠르기의 차이를 이용한 물건 ⑩

손잡이: 플라스틱 또는 나무
바닥: 금속
손잡이: 플라스틱
바닥: 금속

① 냄비나 다리미의 바닥 부분은 보통 열이 잘 전달되는 금속으로 만들지만, 손잡이는 열이 잘 전달되지 않는 플라스틱 등으로 만듭니다.
② 냄비 받침은 열이 느리게 이동하는 플라스틱이나 나무로 만들어 뜨거운 냄비의 열이 냄비를 올려놓은 식탁이나 바닥으로 이동하는 것을 막아 줍니다.
③ 주방 장갑은 열이 잘 이동하지 않는 옷감 속에 솜이 들어 있어 뜨거운 것을 쉽게 잡을 수 있게 해 줍니다.

2 단열

① 두 물질 사이에서 열의 이동을 줄이는 것을 '단열'이라고 합니다.
② 일상생활에서 단열을 이용하는 예: 방한복이나 침구류는 솜과 같은 재료를 이용하여 열의 이동을 막고, 건물에 단열재를 사용하고 이중창을 설치하면 적정한 실내 온도를 오랫동안 유지할 수 있습니다.

아이스박스	건물의 단열재	보온병
열이 잘 이동하지 않는 물질로 만들어 안에 넣은 물, 음료 등의 온도가 오랫동안 유지됨.	건물을 지을 때 벽이나 바닥에 단열재를 사용하면 실내 온도를 더 오래 유지할 수 있음.	병을 이중으로 만들어 따뜻하거나 차가운 물의 온도를 일정하게 유지할 수 있도록 함.

➕ 금속에서 열의 이동

금속의 종류에 따라 열이 이동하는 빠르기가 다릅니다. 예를 들어 은 〉 구리 〉 금 〉 알루미늄 〉 철 〉 스테인리스의 순서대로 열이 빠르게 이동합니다.

➕ 나무 숟가락과 쇠 숟가락 비교하기 ⑩

나무 숟가락　　　쇠 숟가락

• 나무 숟가락이 쇠 숟가락보다 더 가볍습니다.
• 뜨거운 국이나 찌개에 담가 두었을 때, 나무 숟가락이 쇠 숟가락보다 천천히 뜨거워지고, 덜 뜨거워집니다.

➕ 단열이 잘 되는 건물의 좋은 점

• 여름에 냉방을 할 때 건물 밖에서 안으로 열이 이동하는 것을 줄여 냉방이 효율적으로 이루어집니다.
• 겨울에 난방을 할 때 건물 안에서 밖으로 열이 이동하는 것을 줄여 난방이 효율적으로 이루어집니다.

용어 사전

● **단열재** 열의 이동을 줄이기 위해 사용하는 재료로 유리 섬유, 코르크, 발포 플라스틱 등을 씀.
● **아이스박스** 얼음을 넣어 그 찬 기운으로 음식물을 차게 보관하는 상자.
● **보온** 주위의 온도에 관계없이 일정한 온도를 유지함.

김영사, 미래엔, 비상, 아이스크림, 천재교육

실험1 **고체 물질의 종류에 따라 열이 이동하는 빠르기 비교하기** 📖

❶ 철판, 유리판, 구리판에 각각 열 변색 붙임딱지를 붙입니다.
❷ 열 변색 붙임딱지를 붙인 철판, 유리판, 구리판을 뜨거운 물이 담긴 수조에 동시에 넣고, 열 변색 붙임딱지의 색깔이 변하는 빠르기를 비교해 봅시다.

실험 결과

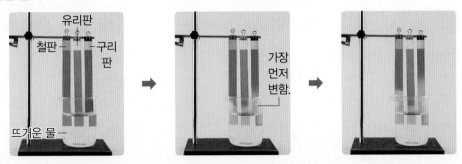

• 세 가지 물질에 붙인 열 변색 붙임딱지는 각각 다른 빠르기로 색깔이 변합니다.
• 구리판에 붙인 열 변색 붙임딱지의 색깔이 가장 먼저 변하고, 그 다음으로 철판, 마지막으로 유리판에 붙인 열 변색 붙임딱지의 색깔이 변합니다.

정리 | 열은 철보다 구리에서 더 빠르게 이동하고, 유리보다 철에서 더 빠르게 이동합니다. 이처럼 고체 물질의 종류에 따라 열이 이동하는 빠르기는 서로 다릅니다.

실험2 **여러 고체에서 열이 전도되는 빠르기 비교하기** 📖 동아

❶ 열 변색 붙임딱지가 붙은 긴 구리판, 긴 나무판, 긴 플라스틱판을 스탠드에 집게로 고정합니다.
❷ 비커에 뜨거운 물을 담고, 스탠드의 높이를 조절하여 세 종류의 막대를 동시에 비커에 넣습니다.
❸ 시간이 지나는 동안 열 변색 붙임딱지의 색이 변하는 빠르기를 비교하여 봅시다.
❹ 물질의 종류에 따라 열이 전도되는 빠르기는 어떤지 이야기해 봅시다.

실험 결과

• 나무판과 플라스틱판보다 구리판에서 색이 더 빠르게 변합니다.
• 나무나 플라스틱보다 금속에서 열이 더 잘 전도됩니다.

정리 | 물질의 종류에 따라 열이 전도되는 빠르기가 다릅니다.

실험TIP!

뜨거운 물의 온도는 너무 높지 않게 하며, 50~60 ℃ 정도가 적당해요. 뜨거운 물을 부을 때에는 수조 모서리를 따라 천천히 붓고, 철판, 유리판, 구리판이 모두 뜨거운 물에 잘 담겨 있는지 확인해요.

실험동영상

나무판과 플라스틱판에서는 열 변색 붙임딱지의 색이 거의 변하지 않을 수도 있어요. 플라스틱의 경우 종류에 따라 열이 전도되는 빠르기가 달라지므로 나무와 플라스틱에서 열이 전도되는 빠르기는 비교하지 않도록 해요.

3 고체에서 열의 이동 빠르기, 단열

기본 개념 문제

1
고체 물질의 종류에 따라 열이 이동하는 빠르기가
(   ).

2
플라스틱보다 철과 같은 (   ) 물질에서
열이 더 빠르게 이동합니다.

3
냄비의 (   ) 부분은 열이 잘 전달되는 금
속으로 만들지만, (   ) 부분은 열
이 잘 전달되지 않는 플라스틱 등으로 만듭니다.

4
(   )은/는 두 물질 사이에서 열의 이동을
줄이는 것을 말합니다.

5
벽이나 바닥에 (   )을/를 사용하여
건물을 지으면, 실내 온도를 더 오래 유지할 수 있
어 효율적입니다.

6 김영사, 미래엔, 비상, 아이스크림, 천재교육

오른쪽과 같이 열 변색 붙임
딱지를 붙인 구리판, 유리
판, 철판을 동시에 뜨거운
물에 넣었을 때, 붙임딱지의
색깔이 가장 먼저 변하는 것
은 무엇인지 쓰시오.

구리판
유리판
철판

뜨거운 물

(   )

7 ➕ 9종 공통

위 **6**번에서 열 변색 붙임딱지의 색깔이 변하는 빠르
기가 다른 까닭을 옳게 말한 사람의 이름을 쓰시오.

- 태리: 고체 물질에서는 열이 이동하지 않기 때문
이야.
- 소연: 열 변색 붙임딱지의 위치가 서로 다르기 때
문이지.
- 오준: 고체 물질의 종류에 따라 열이 이동하는 빠
르기가 다르기 때문이야.

(   )

8 ➕ 9종 공통

다음 중 열이 이동하는 빠르기가 가장 빠른 물질에
○표 하시오.

철, 나무, 유리, 구리, 플라스틱

9 동아

다음과 같이 구리판, 플라스틱판, 나무판의 끝에 버터를 바른 뒤 버터 위에 크기가 같은 콩을 붙여 뜨거운 물이 든 비커에 넣었습니다. 시간이 지나는 동안 나타나는 변화에 대한 설명으로 옳은 것에 ○표 하시오. (단, 버터는 낮은 온도에서는 굳고 온도가 높아지면 녹는 성질이 있음.)

(1) 모든 판에서는 아무런 변화가 없다. ( )

(2) 플라스틱판의 버터만 녹아서 콩이 떨어진다.
( )

(3) 각 판에 붙인 버터가 녹는 빠르기가 달라서 콩이 떨어지는 것도 있고, 떨어지지 않는 것도 있다.
( )

10 ➕ 9종 공통

다음 주전자의 손잡이와 바닥 부분을 만들기에 알맞은 물질끼리 선으로 이으시오.

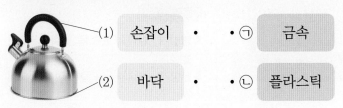

(1) 손잡이 • • ㉠ 금속

(2) 바닥 • • ㉡ 플라스틱

11 서술형 ➕ 9종 공통

크기, 색깔, 모양 등이 똑같은 쇠 국자와 나무 국자가 있습니다. 이 두 개의 국자를 구분할 수 있는 방법을 열의 이동과 관련지어 한 가지 쓰시오.

_____

_____

_____

12 ➕ 9종 공통

두 물질 사이에서 열의 이동을 줄이는 것을 무엇이라고 합니까? ( )

① 반사 ② 전도 ③ 측정
④ 단열 ⑤ 열 변색

13 ➕ 9종 공통

일상생활에서 단열을 이용한 경우로 옳은 것을 보기에서 골라 기호를 쓰시오.

보기 ●
㉠ 다리미 바닥을 금속으로 만든다.
㉡ 건물을 지을 때 승강기를 설치한다.
㉢ 집을 지을 때 벽에 단열재를 사용한다.

( )

4 액체에서 열의 이동, 기체에서 열의 이동

1 액체에서 열의 이동

(1) **액체에서 열의 이동**: 온도가 높아진 액체는 위로 올라가고, 위에 있던 온도가 낮은 액체는 아래로 밀려 내려오는 과정이 반복되면서 전체 온도가 높아집니다.

(2) **대류**: 온도가 높아진 물질이 위로 올라가고, 온도가 낮은 물질이 아래로 밀려 내려오면서 열이 전달되는 과정입니다.

• 액체에서는 주로 대류에 의해 열이 이동해요.

(3) **액체에서 열이 이동하는 예**

① 물이 담긴 주전자의 바닥을 가열하면 데워진 바닥의 물이 위로 올라가고, 위에 있던 물이 아래로 밀려 내려오면서 열이 이동합니다. 시간이 지남에 따라 이러한 대류가 반복되면서 물 전체가 뜨거워집니다.

② 욕조에 물을 받았을 때 온도가 높은 물이 윗부분으로 올라가므로, 욕조 윗부분의 물은 아랫부분의 물보다 온도가 높습니다.

2 기체에서 열의 이동

(1) **기체에서 열의 이동**: 주변보다 온도가 높은 공기는 위로 올라가고, 이보다 온도가 낮은 공기는 아래로 내려갑니다. 기체에서도 대류에 의해 열이 이동합니다.

(2) **기체에서 열의 이동을 이용하는 예**: 여름에 사용하는 냉방기나 겨울에 사용하는 난방기는 대류를 이용하여 실내 공기의 온도를 조절합니다.

아래에 있던 온도가 높은 공기가 위로 올라간다.

냉방기

온도가 낮은 공기가 아래로 내려온다.

▲ 냉방기를 켰을 때

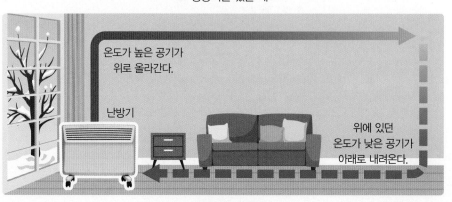

온도가 높은 공기가 위로 올라간다.

난방기

위에 있던 온도가 낮은 공기가 아래로 내려온다.

▲ 난방기를 켰을 때

➕ **따뜻한 물과 차가운 물이 접촉했을 때의 모습**

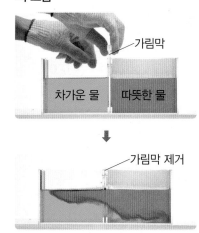

가림막

차가운 물 따뜻한 물

⬇

가림막 제거

따뜻한 물은 위로 올라가고, 차가운 물은 아래로 밀려 내려갑니다.

➕ **냉방기와 난방기를 효율적으로 설치하기에 알맞은 위치**

• 온도가 낮은 공기는 아래로 내려가므로 냉방기가 위쪽에 설치되었을 때 대류가 더 잘 일어나, 실내 전체 공기의 온도가 더 빨리 낮아집니다.

• 온도가 높은 공기는 위로 올라가므로 난방기가 아래쪽에 설치되었을 때 대류가 더 잘 일어나, 실내 전체 공기의 온도가 더 빨리 높아집니다.

용어 사전

🔹 **냉방기** 실내의 온도를 낮춰 차게 하는 장치.

🔹 **난방기** 실내의 온도를 높여 따뜻하게 하는 장치.

교과서 통합 대표 실험

실험 1 액체에서 열의 이동 알아보기 📖 동아, 김영사, 비상, 아이스크림, 천재교과서

물
쇠그물
삼발이
잉크
초

❶ 삼발이에 쇠그물을 올리고 그 위에 물을 반쯤 담은 비커를 올립니다.

❷ 비커 바닥 한쪽에 스포이트를 사용하여 파란색 잉크를 천천히 넣습니다.

❸ 잉크를 넣은 비커 아래에 작은 초를 놓고, 불을 켜 비커 안 잉크가 움직이는 모습을 관찰해 봅시다.

실험 결과

정리	온도가 높아진 액체는 위로 올라가고, 위에 있던 온도가 낮은 액체는 아래로 밀려 내려옵니다. 이러한 과정이 반복되면서 액체 전체의 온도가 높아집니다.

실험 2 기체에서 열의 이동 알아보기 📖 지학사, 천재교과서

❶ 초를 비커 바닥의 가장자리에 놓고 알루미늄 포일로 감싼 티(T)자 모양 종이를 비커의 가운데에 걸쳐 놓습니다. └─ 향불이 닿아도 불이 붙지 않게 하기 위해서예요.

❷ 초를 넣은 반대쪽 비커 바닥 근처에 불을 붙인 향을 넣고 향 연기의 움직임을 관찰해 봅시다.

❸ 초에 불을 붙이고 1분 정도 기다린 다음, ❷의 활동을 반복하면서 초에 불을 붙이기 전과 붙인 후의 향 연기의 움직임을 비교해 봅니다.

실험 결과

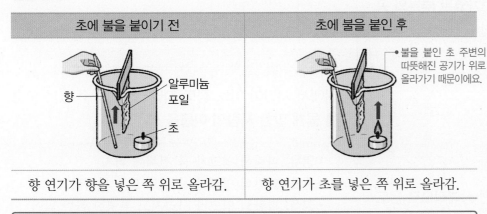

초에 불을 붙이기 전	초에 불을 붙인 후
향	알루미늄 포일
향	초
향 연기가 향을 넣은 쪽 위로 올라감.	향 연기가 초를 넣은 쪽 위로 올라감.

불을 붙인 초 주변의 따뜻해진 공기가 위로 올라가기 때문이에요.

정리	주변보다 온도가 높은 공기는 위로 올라가고, 이보다 온도가 낮은 공기는 아래로 내려갑니다.

실험 TIP!

실험동영상

긴 스포이트가 없으면 긴 빨대나 유리관에 파란색 잉크를 조금 채운 뒤 손가락으로 빨대의 윗부분을 막고 비커 바닥에 빨대 끝을 댄 후, 막은 손을 살짝 떼면서 잉크를 넣을 수도 있어요.

온도가 높아진 파란색 잉크가 위쪽으로 올라가고, 시간이 지날수록 잉크가 물 전체에 퍼져요.

실험동영상

📖 동아, 미래엔, 천재교육

실험➕ 기체에서 대류 현상 관찰하기

은박 접시
실
초

날개 모양으로 만든 은박 접시 아래에 초를 놓고 불을 켠 뒤, 은박 접시의 움직임을 관찰합니다.

실험 결과

작은 초	은박 접시
불을 켜지 않았을 때	움직이지 않음.
불을 켰을 때	움직임.

초에 불을 켰을 때 공기의 온도가 높아져서 위로 올라가기 때문에 은박 접시가 움직입니다.

4 액체에서 열의 이동, 기체에서 열의 이동

기본 개념 문제

1

주변보다 온도가 (　　　　　) 액체는 위로 올라갑니다.

2

액체에서는 주로 (　　　　　)에 의해 열이 이동합니다.

3

주변보다 온도가 (　　　　　) 공기는 위로 올라가고, 이보다 온도가 (　　　　　) 공기는 아래로 내려갑니다.

4

난방기 주변의 공기가 가열되면 가열된 부분의 공기는 (　　　　　)쪽으로 이동합니다.

5

냉방기 주변의 공기가 차가워지면 상대적으로 온도가 낮은 공기는 (　　　　　)쪽으로 이동합니다.

[6-8] 오른쪽과 같이 물을 반쯤 담은 비커의 바닥 한쪽에 파란색 잉크를 넣은 후, 비커 아랫부분을 가열했습니다. 물음에 답하시오.

물 ── 잉크

6 동아, 김영사, 비상, 아이스크림, 천재교과서

위 비커의 파란색 잉크가 움직이는 모습을 옳게 나타낸 것에 ○표 하시오.

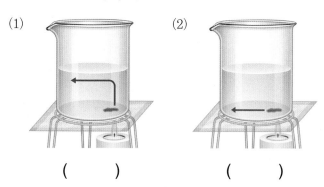

(1)　　　　　　　　　　(2)

(　　　)　　　　　　(　　　)

7 동아, 김영사, 비상, 아이스크림, 천재교과서

위 **6**번 답과 같이 파란색 잉크가 움직이는 모습을 보고, 알 수 있는 사실로 옳은 것을 보기 에서 골라 기호를 쓰시오.

보기

㉠ 액체는 온도가 변하지 않는다.
㉡ 온도가 높아진 액체는 위쪽으로 올라간다.
㉢ 온도가 낮아진 액체는 이동하지 않고 머무른다.

(　　　　　　　)

8 동아, 김영사, 비상, 아이스크림, 천재교과서

위에서 시간이 어느 정도 지났을 때 볼 수 있는 모습을 옳게 말한 사람의 이름을 쓰시오.

• 영우: 파란색 잉크가 물 전체에 퍼져.
• 준호: 파란색 잉크가 물 위로 모두 떠올라.
• 명석: 파란색 잉크가 사라지고 투명한 물만 남아.

(　　　　　　　)

[9-10] 오른쪽과 같이 물이 담긴 주전자를 가열하였습니다. 물음에 답하시오.

9 ➕ 9종 공통

위 주전자의 물에서 관찰할 수 있는 현상으로 옳은 것에 ○표, 옳지 않은 것에 ✕표 하시오.

(1) 물 전체의 온도는 변하지 않는다. 　　(　)
(2) 온도가 높아진 물은 위쪽으로 올라간다. 　(　)
(3) 위쪽에 있던 물은 시간이 지나도 위에서만 머무른다.
　　　　　　　　　　　　　　　　(　)

10 ➕ 9종 공통

위 주전자에 담긴 물을 가열할 때 열이 이동하는 모습을 옳게 나타낸 것의 기호를 쓰시오.

ㄱ　　ㄴ　

(　　　　　)

11 ➕ 9종 공통

다음 (　) 안에 들어갈 알맞은 말을 쓰시오.

(　　)은/는 액체에서 온도가 높아진 물질이 위로 올라가고, 위에 있던 온도가 낮은 물질이 아래로 밀려 내려오면서 열이 전달되는 과정이다.

(　　　　　)

[12-13] 오른쪽과 같이 꾸미고 향에 불을 붙인 다음, 초의 반대쪽 비커 바닥 근처에 향을 넣어 향 연기의 움직임을 관찰하였습니다. 물음에 답하시오.

12 지학사, 천재교과서

위 실험 결과 향 연기가 초를 넣은 쪽의 위로 올라가는 경우의 기호를 쓰시오.

ㄱ　　　ㄴ　

▲ 초에 불을 붙이기 전　　▲ 초에 불을 붙인 후

(　　　　　)

13 서술형　지학사, 천재교과서

위 12번 답과 같은 결과가 나타나는 까닭을 쓰시오.

_____

_____

14 동아, 금성, 미래엔, 비상, 지학사, 천재교육

실내에서 난방기와 냉방기를 설치하기에 가장 알맞은 위치를 선으로 이으시오.

(1)　　　　　•　　• ㉠ 낮은 곳에 설치함.

▲ 난방기

(2)　　　　　•　　• ㉡ 높은 곳에 설치함.

▲ 냉방기

2 온도와 열

1. 온도 측정이 필요한 까닭, 온도계 사용 방법

(1) ❶ ⬚ : 물체가 차갑거나 따뜻한 정도를 숫자로 나타낸 것을 말하며, 숫자에 단위 ℃(섭씨도)를 붙여 나타냅니다.

(2) 일상생활에서 온도를 측정하는 경우

▲ 공기의 온도(기온)를 잴 때 　▲ 액체의 온도(수온)를 잴 때 　▲ 몸의 온도(체온)를 잴 때

(3) **온도계의 종류와 사용 방법**: ❷ ⬚ 를 이용하면 어림할 때보다 온도를 정확하게 측정할 수 있으며, 쓰임새에 맞는 온도계를 사용해야 합니다.

온도계의 종류	쓰임새
알코올 온도계	주로 액체나 기체의 온도를 측정할 때 사용함.
귀 체온계	체온을 측정할 때 사용함.
적외선 온도계	주로 ❸ ⬚ 의 표면 온도를 측정할 때 사용함.

(4) **물체의 온도**: 같은 물체라도 물체가 놓인 장소, 측정 시각, 햇빛의 양 등에 따라 다릅니다.

2. 온도가 다른 물체가 접촉할 때의 온도 변화, 고체에서 열의 이동

(1) **온도가 다른 두 물체가 접촉할 때의 온도 변화**

온도가 낮은 물체 →(온도가 높아짐.) 시간이 충분히 지나면 결국 두 물체의 온도가 같아짐. ←(온도가 낮아짐.) 온도가 높은 물체

(2) **고체에서 열의 이동**: 온도가 ❹ ⬚ 부분에서 온도가 ❺ ⬚ 부분으로 열이 이동합니다.

  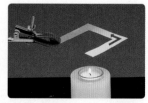

열은 가열한 부분에서부터 멀어지는 방향으로 이동하며, 고체 물체가 끊겨 있으면 열은 끊긴 방향으로 이동하지 않음.

(3) ❻ ⬚ : 온도가 높은 곳에서 낮은 곳으로 고체 물질을 따라 열이 이동하는 현상입니다.

★ 여러 가지 온도계 (예)

▲ 알코올 온도계

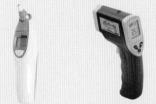

▲ 귀 체온계 　▲ 적외선 온도계

★ 온도가 다른 두 물체가 접촉했을 때 열의 이동 (예)

삶은 면을 찬 물에 씻을 때, 열은 온도가 높은 삶은 면에서 상대적으로 온도가 낮은 물로 이동하여 면이 식게 됩니다.

3. 고체에서 열의 이동 빠르기, 단열

(1) **고체에서 열의 이동 빠르기**: 고체 물질의 종류에 따라 열이 이동하는 빠르기가
❼ [   ].

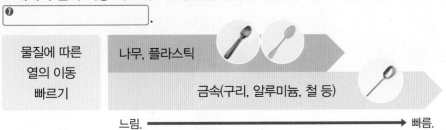

물질에 따른 열의 이동 빠르기	나무, 플라스틱
	금속(구리, 알루미늄, 철 등)

느림. ───────────────▶ 빠름.

(2) **단열**: 두 물질 사이에서 ❽ [   ] 의 이동을 줄이는 것을 말합니다.

손잡이: 플라스틱

바닥: 금속

냄비 바닥은 열이 잘 이동하는 금속으로 만들고, 손잡이는 열이 잘 이동하지 않는 플라스틱으로 만듭니다.

2 단원

4. 액체에서 열의 이동, 기체에서 열의 이동

(1) **액체에서 열의 이동**

① 액체에서 열이 이동하는 모습

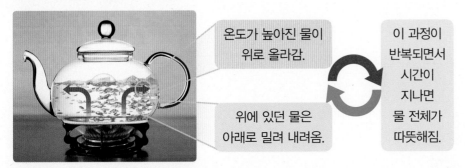

온도가 높아진 물이 위로 올라감.

위에 있던 물은 아래로 밀려 내려옴.

이 과정이 반복되면서 시간이 지나면 물 전체가 따뜻해짐.

② ❾ [   ] : 액체에서 온도가 높아진 물질이 위로 올라가고, 위에 있던 온도가 낮은 물질이 아래로 밀려 내려오면서 열이 전달되는 과정입니다.

(2) **기체에서 열의 이동**

날개 모양 은박 접시

초

초의 상태	은박 접시의 움직임
불을 켜지 않았을 때	움직이지 않음.
불을 켰을 때	움직임.

① 초에 불을 켰을 때 공기의 온도가 높아져서 위로 올라가므로 은박 접시가 움직입니다.

② 주변보다 온도가 높은 공기는 위로 올라가고, 이보다 온도가 낮은 공기는 아래로 내려갑니다.

③ 기체에서 열의 이동을 이용하는 예

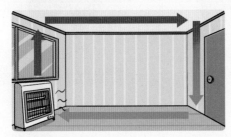 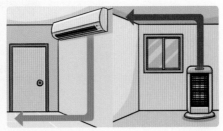

난방기를 한 곳에만 켜 놓아도 집 안 전체가 따뜻해짐.

냉방기는 높은 곳, 난방기는 낮은 곳에 설치하는 것이 알맞음.

윗부분이 더 따뜻해.

온도가 높아진 물이 위로 올라가기 때문에 욕조에 담긴 물의 윗부분이 아랫부분보다 온도가 높습니다.

1 ➕ 9종 공통

온도에 대한 설명으로 옳은 것은 어느 것입니까?

( )

① 저울로 측정한다.
② 단위는 cm를 사용한다.
③ 공기의 온도는 수온이라고 한다.
④ 물체가 차갑거나 따뜻한 정도를 숫자로 나타낸 것이다.
⑤ 사람들은 차갑거나 따뜻한 정도를 모두 똑같게 느낀다.

[2-3] 다음은 알코올 온도계로 물의 온도를 측정하는 모습입니다. 물음에 답하시오.

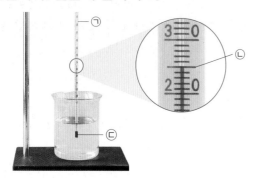

2 ➕ 9종 공통

위 알코올 온도계의 ㉠~㉢에 알맞은 명칭을 쓰시오.

㉠ ( ), ㉡ ( )
㉢ ( )

3 ➕ 9종 공통

위 알코올 온도계가 나타내는 온도를 옳게 읽은 것은 어느 것입니까? ( )

① 섭씨 이십 점 영 도
② 섭씨 이십오 점 영 도
③ 화씨 이십오 점 영 도
④ 섭씨 삼십 점 영 도
⑤ 화씨 삼십 점 영 도

4 ➕ 9종 공통

고체의 표면 온도를 측정할 때 사용하기에 알맞은 온도계를 골라 기호와 이름을 함께 쓰시오.

㉠ 　　　㉡

( )

5 서술형 ➕ 9종 공통

다음은 나무 그늘에 있는 흙과 햇빛이 비치는 곳에 있는 흙의 온도를 측정한 결과입니다. 같은 흙인데도 불구하고 온도가 다른 까닭을 쓰시오.

▲ 나무 그늘의 흙의 온도　　　▲ 햇빛이 비치는 곳의 흙의 온도

_____

_____

_____

6 ⊕ 9종 공통

다음과 같이 온도가 다른 두 물체가 접촉하여 온도가 변할 때 열의 이동 방향을 옳게 나타낸 것의 기호를 쓰시오.

얼음주머니 ➡ 뜨거운 이마　　　공기 ➡ 아이스크림

(　　　　　　　　)

7 동아, 미래엔, 비상, 아이스크림, 천재교과서, 천재교육

다음 ㉠, ㉡에 들어갈 말이 옳게 짝 지어진 것은 어느 것입니까? (　　　)

어머니가 냄비에서 익혀 갓 꺼낸 뜨거운 달걀을 차가운 물에 넣으셔서 이유를 여쭈어 보니, "차가운 물에 뜨거운 달걀을 넣으면 달걀에서 물로 (㉠)이/가 이동해 달걀의 온도가 빨리 (㉡)진단다."라고 설명해 주셨다.

	㉠	㉡		㉠	㉡
①	열	낮아	②	열	높아
③	공기	낮아	④	공기	높아
⑤	기포	높아			

8 ⊕ 9종 공통

오른쪽과 같이 프라이팬을 가열하여 달걀을 익히는 것은 열의 이동 방법 중 무엇을 이용한 것인지 쓰시오.

(　　　　　　　)

9 ⊕ 9종 공통

다음은 열 변색 붙임딱지를 붙인 구리판의 한쪽 가장자리를 초를 이용하여 가열하는 모습입니다. 열이 이동하는 순서에 맞게 기호를 쓰시오.

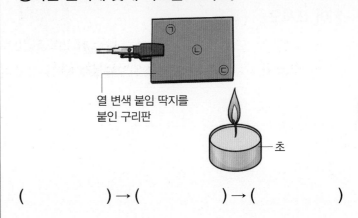

열 변색 붙임 딱지를 붙인 구리판

초

(　　　) → (　　　) → (　　　)

10 ⊕ 9종 공통

종류를 알 수 없는 판 세 개에 열 변색 붙임딱지를 붙여 뜨거운 물이 담긴 비커 속에 넣었더니, 다음과 같이 열 변색 붙임딱지의 색깔이 변했습니다. ㉠～㉢ 중 열이 가장 빨리 이동한 판의 기호를 쓰시오.

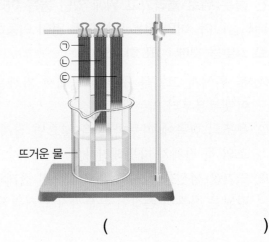

뜨거운 물

(　　　　　　　)

11 서술형 ⊕ 9종 공통

집을 만들 때 오른쪽과 같이 벽 사이에 단열재를 사용하는 까닭을 열의 이동과 관련지어 쓰시오.

_____

_____

_____

12 ⊕ 9종 공통

대류에 대한 설명으로 옳은 것끼리 짝 지은 것은 어느 것입니까? (   )

> ㉠ 액체와 기체에서의 열의 이동 방법이다.
> ㉡ 온도가 높아진 물질은 아래쪽으로 내려온다.
> ㉢ 물질이 이동하면서 열이 이동하는 방법이다.

① ㉡
② ㉠, ㉡
③ ㉠, ㉢
④ ㉡, ㉢
⑤ ㉠, ㉡, ㉢

13 ⊕ 9종 공통

물을 담은 냄비의 아랫부분을 가열하면, 온도가 높아진 물은 위로 올라가고 위에 있던 물은 아래로 밀려 내려옵니다. 이와 같은 방법으로 열이 이동하는 경우로 알맞은 것에 ○표 하시오.

(1) 불 위에서 고기를 구우면 불에서 가까운 고기의 아랫부분부터 익는다.   (   )

(2) 욕조의 한쪽에 따뜻한 물을 넣으면 잠시 후에 욕조의 물 전체가 따뜻해진다.   (   )

(3) 뜨거운 생선을 집게로 잡고 있으면 집게와 생선이 맞닿은 곳부터 손잡이 부분까지 뜨거워진다.   (   )

14 ⊕ 9종 공통

다음과 같이 집 안의 한 곳에 난로(난방기)를 켜 놓았을 때 공기의 움직임으로 옳은 것의 기호를 쓰시오.

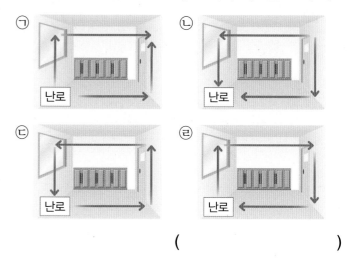

(   )

15 ⊕ 9종 공통

고체, 액체, 기체에서 열의 이동 방법으로 옳은 것을 보기 에서 골라 기호를 쓰시오.

> **보기**
> ㉠ 기체에서는 온도가 높은 물질이 아래로 내려온다.
> ㉡ 액체와 기체에서는 물질이 이동하면서 열이 이동한다.
> ㉢ 고체에서는 온도가 낮은 부분에서 온도가 높은 부분으로 열이 이동한다.

(   )

1 ➕ 9종 공통

차갑거나 따뜻한 정도를 어림할 때 불편한 점으로 옳은 것을 보기 에서 골라 기호를 쓰시오.

> **보기**
> ㉠ 차갑거나 따뜻한 정도를 정확히 알 수 없다.
> ㉡ 어떤 물질이 얼마나 더 따뜻한지 비교하기 쉽다.
> ㉢ 음식을 조리하기에 알맞은 온도를 쉽게 맞출 수 있다.

(   )

2 ➕ 9종 공통

온도계를 사용하여 물의 온도를 측정하는 방법으로 옳은 것에 ○표 하시오.

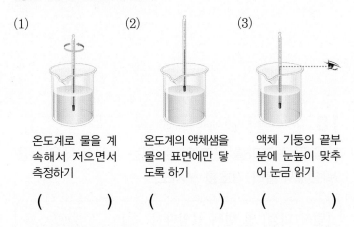

(1) 온도계로 물을 계속해서 저으면서 측정하기

(2) 온도계의 액체샘을 물의 표면에만 닿도록 하기

(3) 액체 기둥의 끝부분에 눈높이 맞추어 눈금 읽기

(   )   (   )   (   )

3 ➕ 9종 공통

여러 가지 물질의 온도를 측정하는 방법으로 옳은 것은 어느 것입니까? (   )

① 귀 체온계는 책상의 온도를 측정하기에 편리하다.
② 비커 속 물의 온도는 알코올 온도계를 물에 넣자마자 측정한다.
③ 액와 체온계는 주로 어항 속 물의 온도를 측정하는 데 이용한다.
④ 탐침 온도계를 이용하면 가축 중에서 열이 더 있는 가축을 찾을 수 있다.
⑤ 교실 안 기온은 적외선 온도계로 측정하는 것보다 알코올 온도계로 측정하는 것이 좋다.

[4-5] 오른쪽은 따뜻한 물이 담긴 삼각 플라스크를 차가운 물이 담긴 비커에 넣고, 2분마다 각각의 물의 온도 변화를 측정하는 실험입니다. 물음에 답하시오.

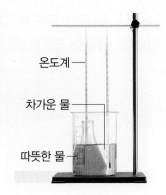

온도계 —
차가운 물 —
따뜻한 물 —

4 ➕ 9종 공통

위 삼각 플라스크에 담긴 따뜻한 물과 비커에 담긴 차가운 물 중 시간이 지날수록 얼음 위에 올려놓은 생선에서와 같이 온도가 변하는 것은 무엇인지 쓰시오.

(   )

5 서술형 ➕ 9종 공통

위 **4**번 답의 물의 온도가 어떻게 변하는지 열의 이동과 관련지어 쓰시오.

_____

_____

_____

[6-7] 다음은 온도가 다른 두 물체가 접촉한 경우입니다. 물음에 답하시오.

ㄱ 따뜻한 물이 담긴 컵을 들고 있는 ㄴ 손이 점점 따뜻해짐.

ㄷ 얼음물이 담긴 컵을 들고 있는 ㄹ 손이 점점 차가워짐.

6 ➊ 9종 공통

위 ㄱ~ㄹ에서 일어나는 열의 이동 방향을 옳게 나타낸 것은 어느 것입니까? (   )

① ㄱ → ㄴ   ② ㄴ → ㄱ   ③ ㄴ → ㄴ
④ ㄷ → ㄷ   ⑤ ㄷ → ㄹ

7 ➊ 9종 공통

위 ㄱ~ㄹ 중 시간이 지난 뒤 처음보다 온도가 높아지는 것을 두 가지 골라 기호를 쓰시오.

(   )

8 ➊ 9종 공통

열 변색 붙임딱지를 붙인 길게 자른 구리판의 한쪽 끝부분을 가열할 때, 열 변색 붙임딱지의 색깔 변화에 대해 옳게 말한 사람의 이름을 쓰시오.

구리판

• 보영: 가열한 부분의 색깔은 변하지 않아.
• 주일: 가열한 부분에서부터 멀어지는 방향으로 점점 색깔이 변해.
• 동수: 가열한 부분에서 가장 먼 곳에서부터 가열한 부분쪽으로 색깔이 변해.

(   )

9 서술형 ➊ 9종 공통

고체에서 열이 어떻게 이동하는지 쓰시오.

_____

_____

_____

10 김영사, 미래엔, 비상, 아이스크림, 천재교육

다음 탐구 결과를 보고 알 수 있는 사실로 옳은 것을 보기 에서 골라 기호를 쓰시오.

[탐구 과정] 열 변색 붙임딱지를 붙인 철판, 유리판, 구리판을 동시에 뜨거운 물에 넣고 열 변색 붙임딱지의 색깔이 변하는 빠르기를 비교한다.
유리판
철판
구리판
뜨거운 물

[탐구 결과] 구리판, 철판, 유리판 순서로 열 변색 붙임딱지의 색깔이 변했다.

보기

ㄱ 철판에서는 열이 이동하지 않는다.
ㄴ 유리판에서 열이 가장 빠르게 이동한다.
ㄷ 고체 물질의 종류에 따라 열이 이동하는 빠르기가 다르다.

(   )

[11-12] 다음은 물을 반쯤 담은 비커 바닥에 파란색 잉크를 넣고, 비커를 가열하였을 때 관찰할 수 있는 모습입니다. 물음에 답하시오.

파란색
잉크

관찰 결과

11 동아, 김영사, 비상, 아이스크림, 천재교과서

위 관찰 결과, 파란색 잉크가 위로 올라가는 모습과 관련된 열의 이동 방법을 무엇이라고 하는지 쓰시오.

(   )

12 ✚ 9종 공통

위 결과를 보고 알 수 있는 액체에서 열의 이동 방법에 대한 설명으로 옳은 것을 보기 에서 골라 기호를 쓰시오.

보기 •

㉠ 뜨거워진 액체는 색깔이 변한다.
㉡ 뜨거워진 액체는 위로 이동한다.
㉢ 뜨거워진 액체는 자유롭게 이동하지만 열은 이동하지 않는다.

(   )

13 서술형 ✚ 9종 공통

물이 담긴 냄비의 바닥을 가열했을 때, 시간이 지남에 따라 냄비에 담긴 물 전체의 온도가 높아지는 까닭을 쓰시오.

_____

_____

_____

14 동아, 금성, 미래엔, 비상, 천재교육

일상생활에서 기체의 대류를 활용하는 물건으로 알맞은 것을 두 가지 고르시오. (   )

① ▲ 난방기
② ▲ 계산기
③ ▲ 냉방기
④ ▲ 진공청소기

15 동아, 금성, 미래엔, 비상, 천재교육

다음과 같이 낮은 벽에 설치된 에어컨의 위치를 바꾸려고 합니다. ㉠~㉢ 중 어느 곳에 설치하는 것이 가장 효율적일지 알맞은 곳의 기호를 쓰시오.

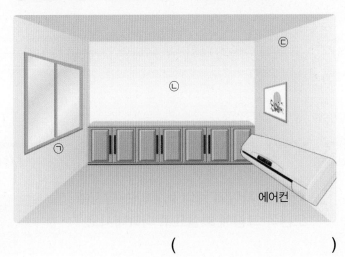

에어컨

(   )

평가 주제	온도가 다른 두 물체가 접촉할 때 물체의 온도 변화 알아보기
평가 목표	온도가 다른 두 물체가 접촉할 때 물체의 온도 변화를 열의 이동으로 설명할 수 있다.

[1-2] 오른쪽은 차가운 물과 따뜻한 물이 접촉할 때 양쪽 물의 온도 변화를 알아보는 실험의 모습입니다. 물음에 답하시오.

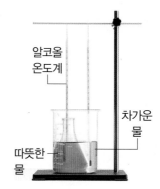

1 위 실험에서 일어나는 물의 온도 변화에 대한 설명으로 ㉠～㉢에 들어갈 알맞은 말을 각각 쓰시오.

> 비커 안의 차가운 물의 온도는 점점 (㉠)지고, 삼각 플라스크 안의 따뜻한 물의 온도는 점점 (㉡)진다. 그리고 시간이 충분히 지나면 양쪽 물의 온도가 (㉢)진다.

㉠ (   ), ㉡ (   ), ㉢ (   )

도움 차가운 물과 따뜻한 물 사이의 온도 변화에 대하여 생각하기 어려울 경우, 갓 삶아 뜨거운 달걀을 찬물에 담가 두었던 경험 등에 연관지어 봅니다.

2 위 1번에서 차가운 물과 따뜻한 물의 온도가 변하는 까닭을 쓰시오.

_____

_____

_____

도움 열은 물체의 온도를 변하게 합니다.

3 바깥에 두어 미지근해진 우유를 얼음이 가득 담긴 통에 넣었습니다. 우유와 얼음 사이에 열이 이동하는 방향을 오른쪽 그림에 화살표로 나타내시오.

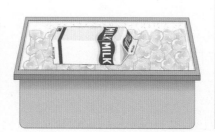

도움 미지근한 우유와 얼음 중 어떤 것의 온도가 더 높거나 낮은지 생각해 봅니다.

2. 온도와 열

● 정답과 풀이 6쪽

평가 주제	액체에서 열이 이동하며 나타나는 현상 알아보기
평가 목표	액체에서 대류가 일어날 때 나타나는 현상을 관찰하고, 열이 이동하는 과정을 추리할 수 있다.

[1-2] 다음은 가림막이 있는 수조의 한 칸에 따뜻한 물을, 다른 칸에 차가운 물을 넣고 수조가 흔들리지 않게 가림막을 제거한 후의 모습입니다. 물음에 답하시오.

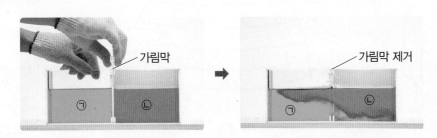

1 위 실험 결과를 보고, ㉠, ㉡을 구분하여 알맞은 것끼리 선으로 이으시오.

㉠ ·   · 따뜻한 물

㉡ ·   · 차가운 물

> 도움 양쪽 물의 색깔과 연관지어 판단하지 말고, 수조의 가림막을 제거한 후의 모습을 관찰하여 생각합니다.

2 수조의 가림막을 제거하였을 때 ㉠, ㉡이 움직이는 모습과 관련지어 액체에서 열이 이동하는 과정을 아래 단어를 모두 포함하여 쓰시오.

> 따뜻한 물, 차가운 물, 위, 아래, 열, 이동

_____

_____

> 도움 푸른색을 띠는 ㉠과 붉은색을 띠는 ㉡이 움직이는 모습에서 특징을 찾아, 액체에서 열이 이동하는 과정에 관련지어 봅니다.

3 다음은 물이 담긴 주전자를 가열할 때 주전자 안의 물 전체가 따뜻해지는 과정입니다. 순서대로 기호를 쓰시오.

> ㈎ 주전자 물 전체의 온도가 높아진다.
> ㈏ 온도가 높아진 물이 위로 올라간다.
> ㈐ 위에 있던 물이 아래로 밀려 내려온다.
> ㈑ 주전자 바닥에 있던 물의 온도가 높아진다.

(   ) → (   ) → (   ) → (   )

> 도움 주전자나 냄비의 바닥 부분은 보통 열이 잘 전달되는 금속으로 만들며, 바닥 부분을 가열하여 사용합니다.

숨은 그림을 찾아보세요.

● 정답 6쪽

태양계와 별

▶ 학습 내용과 교과서별 해당 쪽수를 확인해 보세요.

학습 내용	백점 쪽수	교과서별 쪽수				
		동아출판	비상교과서	아이스크림 미디어	지학사	천재교과서
❶ 태양이 생물과 우리 생활에 미치는 영향, 태양계의 구성원	42~45	48~51	46~49	48~49, 52~53	46~51	54~57
❷ 태양계 행성의 크기 비교	46~49	52~53	52~53	54~55	52~53	58~59
❸ 태양계 행성의 상대적인 거리 비교, 행성과 별의 차이점	50~53	54~57	54~57	56~57, 50~51	54~57	60~63
❹ 북쪽 밤하늘의 별자리, 북극성을 찾는 방법	54~57	58~61	58~61	58~61	58~61	64~67

★ 동아출판, 김영사, 미래엔, 지학사, 천재교과서, 천재교육의 「3. 태양계와 별」 단원에 해당합니다.
★ 금성출판사, 비상교과서, 아이스크림미디어의 「2. 태양계와 별」 단원에 해당합니다.

1 태양이 생물과 우리 생활에 미치는 영향, 태양계의 구성원

1 태양이 생물과 우리 생활에 미치는 영향

(1) 지구의 에너지원 태양

태양 에너지에 의해 물이 증발하여 구름이 되고 비가 내림.

어떤 동물은 식물이 만든 양분을 먹고 살아감.

태양 에너지를 이용하여 전기를 만들어 생활에 이용함.

① 태양은 많은 양의 빛을 내보냅니다.

② 태양은 지구를 따뜻하게 하여 여러 생물이 살아가기에 알맞은 온도와 환경을 만들어 줍니다.

③ 태양은 지구에 있는 물이 순환하는 데 필요한 에너지를 끊임없이 공급해 줍니다.

④ 식물은 태양 빛을 이용하여 양분을 만듭니다.

⑤ 사람들은 태양 빛을 이용하여 전기를 만들어 생활에 이용합니다.

(2) 태양이 생물과 우리 생활에 미치는 영향

태양 빛은 우리가 물체를 볼 수 있게 해 줌.

낮에 야외 활동을 할 수 있게 함.

태양 빛을 이용해 빨래, 생선이나 오징어를 말릴 수 있음.

① 햇빛을 오래 쬐면 피부가 타기도 합니다.

② 태양은 지구상의 생물들이 살아가는 데 필요한 에너지를 제공하고, 알맞은 환경을 만들어 줍니다.

③ 우리는 살아가는 데 필요한 대부분의 에너지를 태양에서 얻고 있습니다.

(3) 태양이 소중한 까닭

- 태양은 지구를 따뜻하게 하고, 주변을 밝게 비춤.
- 에너지를 공급하여 물을 순환시킴.
- 태양 빛을 이용해 전기를 만듦.
- 밝은 낮에 야외에서 뛰어 놀 수 있음.
- 초식동물은 식물을 먹고 살아감.
- 태양 빛으로 바닷물이 증발해 소금이 만들어짐.
- 일광욕을 즐길 수 있음.

① 태양은 지구의 모든 것에 영향을 미칩니다.

② 태양이 주는 에너지로 우리 생활이 유지되고 생물이 살아갈 수 있습니다.

③ 태양이 없으면 우리는 지구에서 살아가기가 어렵습니다.

➕ 지구의 에너지원

태양은 끊임없이 에너지를 만들어 우주로 내보내고 있습니다. 지구에 도달한 태양 에너지는 지구에서 일어나는 대부분의 자연 현상에 영향을 미칩니다. 지구의 에너지원의 대부분은 태양 에너지가 차지하고, 그 밖에 지구 내부 에너지, 조력 에너지 등이 있습니다.

➕ 태양열 발전과 태양광 발전

- 태양열 발전은 태양 에너지를 모은 다음, 모아진 열로 온수를 만들거나 전기를 만들어 사용합니다.
- 태양광 발전은 반도체로 만들어진 태양 전지에 태양의 빛 에너지가 들어오면 전기가 발생되는 것입니다.

용어 사전

- **에너지원** 에너지의 근원.
- **순환** 주기적으로 자꾸 되풀이하여 돎. 또는 그런 과정.
- **조력 에너지** 달과 태양이 서로 끌어당기는 힘이 지구에 작용하여 생기는 에너지로, 밀물과 썰물을 일으킴.
- **발전** 전기를 만들어 냄.
- **반도체** 낮은 온도에서는 거의 전기가 통하지 않으나 높은 온도에서는 전기가 잘 통하는 물질.

2 태양계의 구성원

(1) 태양계

① 태양과 태양의 영향이 미치는 공간, 그 공간에 있는 천체를 통틀어 '태양계'라고 합니다. → 태양계는 태양이 중심에 있고, 태양 주위를 도는 행성, 위성, 소행성, 혜성 등으로 이루어져요.

② 우리가 사는 지구도 태양계의 천체 중 하나입니다.

(2) 태양계의 구성원:
태양계 천체 중에는 태양과 여덟 개의 행성인 수성, 금성, 지구, 화성, 목성, 토성, 천왕성, 해왕성 등이 있습니다. 달과 같은 위성과 소행성, 혜성 등도 태양계에 속합니다.

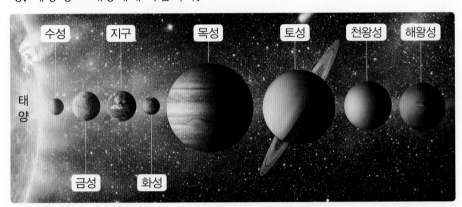

(3) 태양계 행성의 특징

행성의 이름	수성	금성	지구	화성
표면의 상태	암석(땅)	암석(땅)	암석(땅)	암석(땅)
고리	없음.	없음.	없음.	없음.
그 밖의 특징	태양계 행성 중 달의 표면 모습과 가장 비슷함.	두꺼운 대기로 싸여 있고 지구에서 가장 밝게 보임.	행성 표면의 약 70 %가 바다이고, 많은 생물이 삶.	붉은색을 띠며 사막처럼 암석과 흙으로 되어 있음.

행성의 이름	목성	토성	천왕성	해왕성
표면의 상태	기체	기체	기체	기체
고리	있음. → 희미해요.	있음.	있음.	있음. → 희미해요
그 밖의 특징	나란한 줄무늬가 있고, 남반구에 거대한 반점이 있음.	태양계 행성 중 가장 뚜렷한 고리를 가지고 있음.	청록색을 띠며, 세로 방향으로 된 희미한 고리가 있음.	푸른색을 띠며, 표면에 거대한 반점이 있음.

① 태양계의 여덟 행성은 둥근 공 모양으로, 태양을 중심으로 태양의 주위를 돕니다.

② 행성의 크기, 색깔, 고리의 유무, 줄무늬의 유무 등은 행성마다 다릅니다.

➕ 태양의 특징

태양은 태양계의 중심에 위치하며, 태양계에서 유일하게 스스로 빛을 내는 천체입니다.

➕ 행성, 위성, 소행성, 혜성

- 행성은 지구처럼 태양 주위를 도는 둥근 천체를 말합니다.
- 위성은 행성 주위를 도는 천체이며, 지구 주위를 도는 달은 지구의 위성입니다.
- 소행성은 행성보다 크기가 작고, 주로 화성과 목성 사이에서 띠 모양을 이루며 태양 주위를 도는 작은 천체입니다.
- 혜성은 소행성과 크기가 비슷하며, 태양 가까이에 오면 가스와 먼지로 된 긴 꼬리를 관찰할 수 있습니다. 태양을 초점으로 궤도를 그리며 운행하는 천체입니다.

➕ 태양계 행성 분류하기 예

분류 기준: 표면이 기체인가?

그렇다. / 그렇지 않다.

| 목성, 토성, 천왕성, 해왕성 | 수성, 금성, 지구, 화성 |

용어 사전

● **천체** 우주에 존재하는 모든 물체. 항성, 행성, 위성, 혜성, 인공위성 등을 통틀어 이르는 말.

● **유무** 있음과 없음.

1 태양이 생물과 우리 생활에 미치는 영향, 태양계의 구성원

기본 개념 문제

1
(   )은/는 지구에 있는 물이 순환하는 데
필요한 에너지를 끊임없이 공급해 줍니다.

2
태양은 지구의 (   )에 영향
을 미칩니다.

3
태양과 태양의 영향이 미치는 공간, 그 공간에 있
는 천체를 통틀어 (   )(이)라고 합
니다.

4
태양계 천체 중에는 태양과 (   )개의 행
성이 있습니다.

5
태양계 행성의 크기, 색깔, 고리의 유무, 줄무늬의
유무 등은 서로 (   ).

6 ➕ 9종 공통

태양이 생물과 우리 생활에 미치는 영향으로 옳은 것
을 보기 에서 두 가지 골라 기호를 쓰시오.

┌─ 보기 ●────────────────────┐
│ ㉠ 지구를 따뜻하게 해 준다.   │
│ ㉡ 전기를 만들 수 있게 한다.   │
│ ㉢ 식물이 자라는 것을 방해한다.   │
└──────────────────────────┘

(   )

7 ➕ 9종 공통

태양 빛이 우리 생활에 미치는 영향으로 다음 (   )
안의 알맞은 말에 ○표 하시오.

┌──────────────────────────┐
│ 태양 빛으로 인해 바닷물이 (순환, 증발)하면 소금 │
│ 이 만들어진다.   │
└──────────────────────────┘

8 ➕ 9종 공통

다음 중 태양이 소중한 까닭으로 옳은 것에 모두 ○
표 하시오.

(1) 식물은 태양 빛을 이용하여 양분을 만든다.

(   )

(2) 에너지를 공급하여 물의 순환이 일어나게 한다.

(   )

(3) 강한 태양 빛을 오랜 시간 동안 쬐면 일사병에 걸
릴 수도 있다. (   )

9 ● 9종 공통

태양계에 대하여 옳지 <u>않게</u> 말한 사람의 이름을 쓰시오.

- 해민: 태양과 태양의 영향이 미치는 공간, 그 공간에 있는 천체를 통틀어 태양계라고 해.
- 진수: 우리가 사는 지구도 태양계에 속해 있어.
- 탐희: 태양계는 동물이나 식물과 같이 태양이 없으면 살지 못하는 모든 생물을 말해.

(   )

10 ● 9종 공통

다음 중 태양계의 구성원이 <u>아닌</u> 것을 골라 기호를 쓰시오.

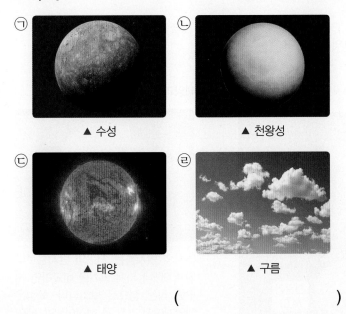

▲ 수성   ▲ 천왕성

▲ 태양   ▲ 구름

(   )

11 ● 9종 공통

태양계에서 유일하게 스스로 빛을 내는 천체로 알맞은 것은 어느 것입니까? (   )

① 태양   ② 화성
③ 지구   ④ 목성
⑤ 혜성

12 ● 9종 공통

다음 각 행성과 행성에 대한 설명을 알맞은 것끼리 선으로 이으시오.

(1)

▲ 금성

•   • ㉠   표면이 기체로 되어 있고, 고리가 있음.

(2)

▲ 토성

•   • ㉡   표면이 암석으로 되어 있고, 고리가 없음.

13 ● 9종 공통

다음은 태양계 행성 중 하나를 골라 특징을 조사한 것입니다. 조사한 행성의 이름을 쓰시오.

행성의 모습	
색깔	붉은색
표면의 상태	암석(땅)
고리	없음.
그 밖의 특징	지구의 사막처럼 암석과 흙으로 이루어져 있음.

(   )

14 서술형   동아, 김영사, 비상, 아이스크림, 지학사, 천재교과서

태양계 행성들을 두 무리로 분류할 수 있는 기준을 한 가지 쓰시오.

_____

_____

2 태양계 행성의 크기 비교

1 태양계 행성의 상대적인 크기

(1) 태양계 행성의 상대적인 크기를 비교하는 방법

① 지구의 반지름을 1로 보았을 때 각 행성의 상대적인 크기에 맞추어 만든 행성 그림 카드를 사용하여 행성의 크기를 비교할 수 있습니다.

▲ 태양계 행성 그림 카드

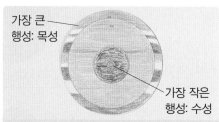

행성 그림 카드의 중심 부분을 겹쳐 포개어 비교할 수 있음.

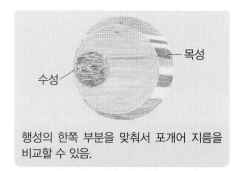

행성의 한쪽 부분을 맞춰서 포개어 지름을 비교할 수 있음.

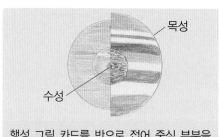

행성 그림 카드를 반으로 접어 중심 부분을 맞춰서 비교할 수 있음.

② 태양계 행성의 크기를 상대적인 크기로 비교하는 까닭: 행성의 실제 크기는 매우 커서 직접 크기를 비교할 수 없기 때문입니다.

(2) 태양계 행성의 상대적인 크기

실제 위치나 거리와는 상관없이 크기를 비교하기 쉽게 나타낸 것이에요.

▲ 지구의 반지름을 1로 보았을 때 태양계 행성의 상대적인 크기

행성	수성	금성	지구	화성
반지름	0.4	0.9	1.0	0.5

행성	목성	토성	천왕성	해왕성
반지름	11.2	9.4	4.0	3.9

⊕ **크기를 상대적으로 비교하기 예**

사과를 판매하는 온라인 쇼핑몰에서 사과를 야구공과 함께 놓은 사진을 찍어서 올린 까닭은 무엇일까요? 사과를 사기 전에는 크기를 직접 보거나 알 수 없으므로 크기를 비교할 수 있도록 야구공을 함께 놓고 찍은 것입니다.

⊕ **태양과 지구, 목성의 크기 비교**

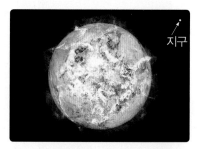

지구

태양의 반지름은 지구의 반지름보다 약 109배나 커서 크기를 비교하면 지구는 작은 점으로 보입니다. 목성은 태양계에서 가장 큰 행성이지만, 태양과 비교하면 작게 보입니다.

용어 사전

● **상대적인** 서로 맞서거나 비교되는 관계에 있는.

● **반지름** 원이나 구의 중심에서 그 원 둘레 또는 구의 겉면의 한 점에 이르는 선분의 길이.

2 태양계 행성의 크기

(지구의 반지름을 1로 보았을 때 행성의 상대적인 크기)

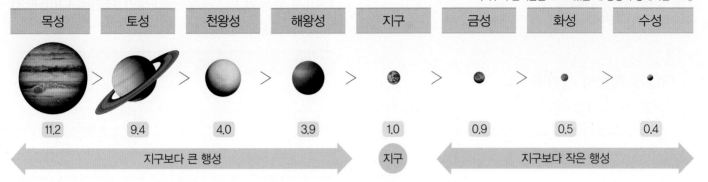

목성	토성	천왕성	해왕성	지구	금성	화성	수성
11.2	9.4	4.0	3.9	1.0	0.9	0.5	0.4

지구보다 큰 행성 ← 지구 → 지구보다 작은 행성

① 태양계 행성의 크기는 다양하며, 지구보다 작은 행성도 있고 큰 행성도 있습니다.

② 크기가 가장 작은 행성은 수성이고, 크기가 가장 큰 행성은 목성입니다.

③ 수성, 금성, 지구, 화성은 상대적으로 크기가 작고, 목성, 토성, 천왕성, 해왕성은 상대적으로 크기가 큽니다.

④ 상대적인 크기가 비슷한 행성

수성과 화성	지구와 금성	천왕성과 해왕성

3 우리 주변의 물체로 행성의 크기 비교하기

[과일로 행성의 상대적인 크기 비교하기]

여러 가지 과일을 이용하여 행성의 상대적인 크기를 비교하면 목성은 수박, 토성은 멜론, 천왕성은 배, 해왕성은 사과, 지구는 방울토마토, 금성은 체리, 화성은 포도, 수성은 블루베리에 비유할 수 있습니다.

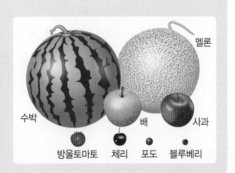

멜론
수박
배
사과
방울토마토 체리 포도 블루베리

[다양한 물체로 행성의 상대적인 크기 비교하기]

물체	축구공	핸드볼공	야구공	구슬	콩
지름(cm)	22	20	8	2	1

지구가 지름 약 2 cm 정도의 구슬 크기라고 했을 때, 금성 또한 구슬과 크기가 비슷하며 목성은 축구공, 토성은 핸드볼공, 천왕성과 해왕성은 야구공, 화성과 수성은 콩에 비유할 수 있습니다.

➕ **태양계 행성의 실제 크기** → 참고용이에요.

행성	반지름(km)	행성	반지름(km)
수성	2440	목성	71492
금성	6052	토성	60268
지구	6378	천왕성	25559
화성	3396	해왕성	24764

반지름은 적도의 평균 반지름을 나타내며, 태양과 태양계 행성 등에 관한 정보는 '한국천문연구원' 누리집에서 찾아볼 수 있습니다.

3단원

용어 사전

● **적도** 지구의 남극과 북극으로부터 같은 거리에 있는 지구 표면에서의 점을 이은 선.

● **천문** 우주의 구조, 천체의 생성과 진화, 천체의 운동, 거리, 질량 등을 전문적으로 연구하는 학문.

2 태양계 행성의 크기 비교

기본 개념 문제

1

태양계 행성의 크기를 ( ) 크기로 비교하는 까닭은 행성의 실제 크기가 매우 커서 직접 크기를 비교할 수 없기 때문입니다.

2

( )은/는 태양계 행성 중에서 가장 큰 행성입니다.

3

( )은/는 태양계 행성 중에서 가장 작은 행성입니다.

4

태양계 행성 중에서 지구와 크기가 가장 비슷한 행성은 ( )입니다.

5

태양계 행성 중에서 지구보다 작은 행성에는 ( )이/가 있습니다.

[6-11] 다음 표는 지구의 반지름을 1로 보았을 때 태양계 행성의 반지름을 상대적인 크기로 나타낸 것입니다. 물음에 답하시오.

행성	반지름	행성	반지름
수성	0.4	목성	11.2
금성	0.9	토성	9.4
지구	1.0	천왕성	4.0
화성	0.5	해왕성	3.9

6 ➕ 9종 공통

위 표를 보고, 태양계 행성에서 크기가 가장 큰 행성의 이름을 쓰시오.

( )

7 ➕ 9종 공통

위 표를 보고, 태양계 행성에서 크기가 가장 작은 행성의 이름을 쓰시오.

( )

8 ➕ 9종 공통

위 표를 보고, 지구보다 크기가 큰 행성을 두 가지 고르시오. ( )

① 수성 　　　　② 금성
③ 화성 　　　　④ 목성
⑤ 토성

9 ➕ 9종 공통

앞 표를 보고, 태양계 행성에서 지구와 크기가 가장 비슷한 행성을 골라 기호를 쓰시오.

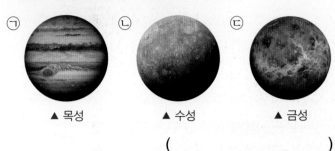

ㄱ ▲ 목성　　ㄴ ▲ 수성　　ㄷ ▲ 금성

(　　　　　　　)

10 ➕ 9종 공통

앞 표를 보고, 보기 의 행성을 크기가 작은 행성부터 순서대로 이름의 앞 글자를 쓰시오.

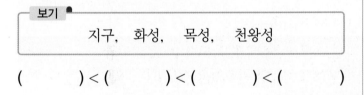

보기
지구, 화성, 목성, 천왕성

(　　) < (　　　) < (　　　) < (　　　)

11 ➕ 9종 공통

앞 표를 보고, 태양계 행성 중 상대적인 크기가 비슷한 행성끼리 선으로 이으시오.

(1) 수성　　　•　　　• ㄱ 금성

(2) 지구　　　•　　　• ㄴ 화성

(3) 천왕성　•　　　• ㄷ 해왕성

12 서술형　김영사, 비상, 지학사

태양과 지구가 같은 거리에 있는 상황을 가정하여 합성한 오른쪽 모습에서 지구가 태양에 비해 작은 점처럼 보이는 까닭을 쓰시오.

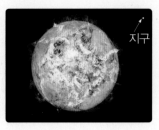

지구

_____

_____

13 ➕ 9종 공통

다음 중 태양계 행성의 크기에 대한 설명으로 옳은 것에 ○표 하시오.

(1) 태양계 행성은 크기가 모두 똑같다.　　(　　　)

(2) 태양계 행성의 크기는 다양하다.　　　(　　　)

(3) 태양계 행성은 모두 지구보다 크다.　　(　　　)

14 동아, 비상, 아이스크림, 지학사, 천재교과서

지구가 지름 약 2 cm 정도의 구슬 크기라고 할 때 목성과 크기가 비슷한 물체로 알맞은 것을 골라 기호를 쓰시오.

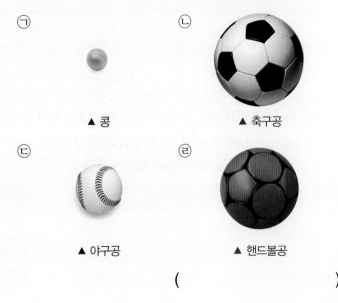

ㄱ ▲ 콩　　　　ㄴ ▲ 축구공

ㄷ ▲ 야구공　　ㄹ ▲ 핸드볼공

(　　　　　　　)

3 태양계 행성의 상대적인 거리 비교, 행성과 별의 차이점

개념 강의

1 태양계 행성의 상대적인 거리 비교

(1) 태양계 행성의 상대적인 거리를 비교하는 방법

① 태양에서 지구까지의 거리를 1로 정하고, 각 행성까지의 상대적인 거리로 비교할 수 있습니다.

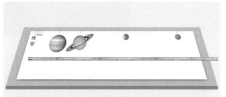

책상이나 교실의 한쪽에 태양의 위치를 정한 뒤, 줄자로 각 행성의 위치를 측정해 줄자에 이름을 붙여 비교할 수 있음.

태양에서 지구까지의 거리를 1(한) 걸음으로 할 때, 각 행성까지의 거리는 몇 걸음인지 이동하여 비교할 수 있음.

② 태양에서 행성까지의 거리를 상대적인 거리로 비교하는 까닭: 태양에서 지구까지의 거리는 약 1억 5천만 km로, 태양에서 각 행성까지의 실제 거리가 매우 멀기 때문에 어느 정도 차이가 나는지 비교하기 어렵기 때문입니다.

(2) 태양에서 행성까지의 상대적인 거리

(태양에서 지구까지의 거리를 1로 정하였을 때)

행성	수성	금성	지구	화성
거리	0.4	0.7	1.0	1.5

행성	목성	토성	천왕성	해왕성
거리	5.2	9.6	19.1	30.0

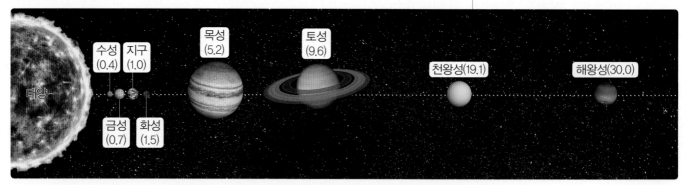

▲ 태양에서 지구까지의 거리를 1로 보았을 때 태양에서 행성까지의 상대적인 거리

① 태양계 행성 중 태양에서 가장 가까이 있는 행성은 수성이고, 가장 멀리 있는 행성은 해왕성입니다.

② 수성, 금성, 지구, 화성은 태양에서 상대적으로 가까이 있고, 목성, 토성, 천왕성, 해왕성은 상대적으로 멀리 있습니다.

③ 태양에서 거리가 멀어질수록 행성 사이의 거리도 대체로 멀어집니다.

[태양에서 각 행성까지의 실제 거리] → 태양에서 행성까지의 실제 거리는 태양계의 거대함을 느낄 수 있도록 수록했으므로, 참고용으로만 봐도 좋아요.

행성	수성	금성	지구	화성
거리(백만 km)	57.9	108.2	149.6	227.9

행성	목성	토성	천왕성	해왕성
거리(백만 km)	778.3	1426.2	2866.4	4481.7

➕ **태양에서 각 행성까지 이동하는 데 걸리는 시간** → 참고용이에요.

행성	걸리는 시간(년)	행성	걸리는 시간(년)
수성	7	목성	89
금성	12	토성	163
지구	17	천왕성	328
화성	26	해왕성	517

한 시간에 1000 km를 이동하는 비행기를 타고 가더라도 태양에서 지구는 약 17년이 걸릴 정도로 매우 멀리 떨어져 있습니다.

➕ **태양에서 지구까지의 거리가 지금보다 더 가까워질 때 일어날 수 있는 변화**

태양 빛이 훨씬 강해지므로 지구의 온도가 높아져서 빙하가 전부 녹을 것입니다. 또 식물을 비롯한 동물, 사람 또한 살지 못할 것입니다.

※ 이 그림은 태양과 행성의 실제 크기를 고려하지 않은 것이에요.

용어 사전

● **빙하** 수백 수천 년 동안 쌓인 눈이 얼음덩어리로 변하여 그 자체의 무게로 압력을 받아 이동하는 현상. 또는 그 얼음덩어리.

● **고려**(상고할 고 考, 생각할 려 慮) 생각하고 헤아려 봄.

2 여러 날 동안 관측한 밤하늘의 모습

(1) **맑은 날 밤하늘에서 볼 수 있는 것**: 맑은 날 밤하늘에서는 별, 달, 인공위성, 태양계 행성 등을 볼 수 있습니다. 우리는 밤하늘에 보이는 천체를 흔히 별이라고 하지만, 밤하늘에는 별뿐만 아니라 행성도 있습니다.

(2) **여러 날 동안 관측한 밤하늘의 모습**

> ❶ 여러 날 동안 같은 위치의 밤하늘을 관측해 나타낸 사진을 관찰합니다.
> ❷ 첫째 사진 위에 투명 필름을 덮고 모든 천체의 위치를 표시합니다. 둘째 사진과 셋째 사진도 각각 다른 색깔의 펜으로 천체의 위치를 표시합니다.
> ❸ 천체의 위치를 표시한 투명 필름 세 장을 날짜 순서에 맞게 겹쳐 보고 위치가 달라진 것에 ○표한 뒤, 위치가 달라진 천체는 무엇일지 생각해 봅니다.

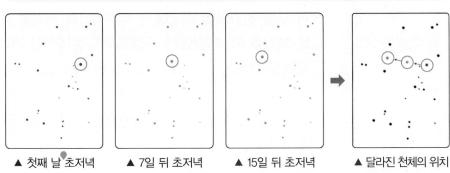

▲ 첫째 날 초저녁　　▲ 7일 뒤 초저녁　　▲ 15일 뒤 초저녁　　▲ 달라진 천체의 위치

[관찰 결과] 여러 날 동안 같은 시각, 같은 위치에서 밤하늘을 관측하면 별은 위치가 거의 변하지 않지만, 행성은 시간이 지남에 따라 별들 사이에서 조금씩 움직여 위치가 달라진 것을 볼 수 있습니다.

3 행성과 별의 차이점

(1) **행성과 별의 공통점**: 행성과 별은 밤하늘에서 모두 밝게 빛나 보입니다.

(2) **행성과 별의 차이점**
> └─ ● 행성은 별에 비해 지구와 가까운 거리에 있기 때문에 별보다 밝고 또렷하게 관측돼요.

① 별은 태양처럼 스스로 빛을 내는 천체입니다.

② 금성, 화성, 목성과 같은 행성도 밝게 빛나서 별처럼 보이지만, 행성은 별과 달리 스스로 빛을 내는 것이 아니라 태양 빛이 반사되어 우리 눈에 보입니다.

③ 여러 날 동안 같은 밤하늘을 관측하면 별은 행성보다 지구에서 매우 먼 거리에 있기 때문에 움직이지 않는 것처럼 보이지만, 행성은 태양 주위를 돌며 지구에 가까이 있기 때문에 별들 사이에서 위치가 변하는 것을 볼 수 있습니다.

▲ 첫째 날 초저녁　　　▲ 7일 뒤 초저녁　　　▲ 15일 뒤 초저녁

➕ **천체 관측 프로그램으로 행성과 별 관측하기**

스마트 기기에서 천체 관측 프로그램을 실행하여 시간을 조절하면서 밤하늘에 있는 천체(별, 행성, 인공위성 등)의 움직임이 제각각 다른 것을 볼 수 있습니다.

➕ **별의 색깔**

밤하늘에 보이는 별들은 맨눈으로 보면 색깔이 똑같아 보이지만, 망원경으로 자세히 보면 각각 다른 색깔로 보입니다. 별의 표면 온도가 낮을수록 붉은색으로 보이고, 별의 표면 온도가 높을수록 청백색을 띱니다.

● 화성(행성)을 제외한 별들은 위치가 거의 변하지 않았어요.

용어 사전

● **인공위성** 지구 등의 행성 둘레를 돌도록 로켓을 이용하여 쏘아 올린 인공의 장치.

● **초저녁** 날이 어두워진 지 얼마 되지 않은 때.

● **반사** 일정한 방향으로 나아가던 빛 등이 어떤 물체의 표면에 부딪혀 나아가는 방향이 바뀌는 현상.

3 태양계 행성의 상대적인 거리 비교, 행성과 별의 차이점

기본 개념 문제

1
(　　　　　)은/는 태양에서 가장 가까운 행성입니다.

2
(　　　　　)은/는 태양에서 가장 먼 행성입니다.

3
(　　　　　)에서 멀어질수록 행성 사이의 거리도 멀어집니다.

4
밤하늘의 별과 행성 중 여러 날 동안 밤하늘을 관측했을 때, 시간이 지남에 따라 조금씩 위치가 달라지는 것은 (　　　　　)입니다.

5
태양과 같이 스스로 빛을 내는 천체로, 지구에서 매우 먼 거리에 있어서 움직이지 않는 것처럼 보이는 것은 (　　　　　)입니다.

[6-9] 다음 표는 태양에서 지구까지의 거리를 1로 보았을 때 태양에서 행성까지의 상대적인 거리를 나타낸 것입니다. 물음에 답하시오.

행성	거리	행성	거리
수성	0.4	목성	5.2
금성	0.7	토성	9.6
지구	1.0	천왕성	19.1
화성	1.5	해왕성	30.0

6 ✚ 9종 공통

위 표를 참고하여 태양에서 지구까지의 거리를 10으로 보았을 때, 태양에서 금성까지의 상대적인 거리는 얼마입니까? (　　　　)

① 0.4　　　　　② 4.0
③ 0.7　　　　　④ 7.0
⑤ 10.0

7 ✚ 9종 공통

위 표를 보고, 다음 중 태양에서 가장 가까운 행성으로 알맞은 것을 골라 ○표 하시오.

> 수성,　지구,　화성,　천왕성

8 ✚ 9종 공통

오른쪽은 태양에서 가장 먼 행성의 모습입니다. 위 표를 참고하여 오른쪽 행성의 이름을 쓰시오.

(　　　　　　　　　)

9 ➕ 9종 공통

앞 표를 참고하여, 태양에서 행성까지의 상대적인 거리에 대하여 옳게 말한 사람의 이름을 쓰시오.

- 율리: 태양에서 행성까지의 실제 거리는 모두 같아.
- 준모: 지구는 태양에서 일곱 번째로 가까운 행성이야.
- 종빈: 태양으로부터의 거리가 지구보다 가까운 행성은 수성과 금성이야.

( )

10 ➕ 9종 공통

태양에서 행성까지의 거리를 상대적인 거리로 비교하는 까닭으로 옳지 <u>않은</u> 것을 보기 에서 골라 기호를 쓰시오.

보기
- ㉠ 행성까지의 실제 거리는 알 수 없기 때문이다.
- ㉡ 실제 거리가 너무 멀어서 km로 표현하기 복잡하기 때문이다.
- ㉢ 실제 거리로 나타내면 거리를 쉽게 비교하기 어렵기 때문이다.

( )

11 ➕ 9종 공통

행성과 별에 대한 설명으로 옳은 것에 모두 ○표 하시오.

(1) 태양계 행성은 태양 주위를 돌고 있다. ( )
(2) 별은 태양 빛을 반사하여 밝게 보인다. ( )
(3) 금성이나 화성과 같은 행성은 태양 빛을 반사하여 밝게 빛나 보인다. ( )

12 ➕ 9종 공통

태양과 같이 스스로 빛을 내는 천체를 무엇이라고 하는지 쓰시오.

( )

13 ➕ 9종 공통

별에 대한 설명으로 옳은 것을 보기 에서 골라 기호를 쓰시오.

보기
- ㉠ 태양은 별이 아니다.
- ㉡ 여러 날 동안 관측하면 별은 위치가 거의 변하지 않는다.
- ㉢ 별은 지구에서 매우 가까운 거리에 있기 때문에 반짝이는 작은 점으로 보인다.

( )

14 서술형 ➕ 9종 공통

밤하늘에서 볼 수 있는 행성과 별의 공통점을 한 가지 쓰시오.

_____

_____

4 북쪽 밤하늘의 별자리, 북극성을 찾는 방법

1 별자리

(1) 별자리

① 별자리는 밤하늘에 무리 지어 있는 별을 연결하여 사람이나 동물, 물건의 이름을 붙인 것입니다.

② 옛날 사람들은 별의 위치를 쉽게 기억하고, 밤하늘의 별을 쉽게 찾기 위해서 별자리를 만들었습니다.

(2) 별자리를 관측하는 방법 예

스마트 기기로 천체 관측 프로그램 이용하기

주변이 탁 트이고 어두운 곳에서 관측하기

천문대에서 천체 망원경으로 관측하기

2 북쪽 밤하늘의 별자리

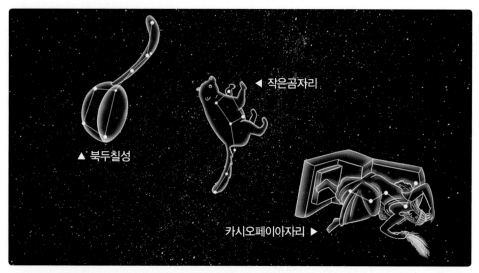

◀ 작은곰자리

▲ 북두칠성

카시오페이아자리 ▶

① 북쪽 밤하늘의 대표적인 별자리에는 카시오페이아자리, 작은곰자리, 큰곰자리, 북두칠성(큰곰자리의 꼬리 부분) 등이 있습니다.

② 카시오페이아자리는 사람, 작은곰자리와 큰곰자리는 동물, 북두칠성은 물건에서 모양을 따서 별자리 이름을 붙였습니다.

③ 작은곰자리는 북극성을, 큰곰자리는 북두칠성을 포함하고 있습니다.

④ 북쪽 밤하늘 대표 별자리의 특징

카시오페이아자리는 5개의 별이 W자 또는 M자 모양을 이루고 있음.

작은곰자리는 7개의 별로 되어 있고, 북극성이 속해 있음.

북두칠성은 7개의 별이 국자 모양을 이루며, 큰곰자리의 꼬리 부분에 해당함.

➕ **학교 수업 시간에 실제 별자리를 관측할 수 없는 까닭**

• 낮에는 태양 빛이 밝기 때문에 별과 별자리가 보이지 않습니다. 따라서 실제 별과 별자리는 밤에 관측할 수 있습니다.

• 밤에도 가로등이나 조명 등으로 인해 별이 잘 안보이기도 합니다.

➕ **북쪽 밤하늘의 별자리**

북쪽 밤하늘의 별자리는 계절에 상관없이 우리나라 어느 곳에서나 관찰할 수 있으며, 카시오페이아자리는 가을과 겨울 초저녁에, 북두칠성은 봄과 여름 초저녁에 쉽게 관찰할 수 있습니다. 이외에도 북쪽 밤하늘 별자리에는 용자리, 세페우스자리, 기린자리 등이 있습니다.

용어 사전

● **천문대** 천문 현상을 관측하고 연구하기 위하여 설치한 시설. 또는 그런 기관을 말함.

● **카시오페이아** 그리스 신화에 나오는 여왕의 이름.

● **북극성** 작은곰자리에서 가장 밝은 별. 위치가 거의 변하지 않아서 방위의 지침이 됨.

3 북극성을 찾는 방법

(1) 북극성
① 북극성은 일 년 내내 북쪽 하늘에서 거의 움직이지 않고 같은 자리에 있습니다.
② 따라서 옛날부터 북극성은 방위를 찾는 길잡이 역할을 했습니다.
③ 북극성을 바라보고 서면 바라본 쪽이 북쪽이므로 오른쪽이 동쪽, 왼쪽이 서쪽이 됩니다.

(2) 북극성을 찾는 방법

북두칠성을 이용하는 방법	카시오페이아자리를 이용하는 방법
❶ 북두칠성의 국자 모양 끝부분에서 ㉠과 ㉡을 찾습니다.	❶ 카시오페이아자리에서 바깥쪽 두 선을 연장해 만나는 점 ㉢을 찾습니다.
❷ ㉠과 ㉡을 연결하여 그 거리의 5배만큼 떨어진 곳에 있는 별이 북극성입니다.	❷ ㉢과 ㉣을 연결하여 그 거리의 5배만큼 떨어진 곳에 있는 별이 북극성입니다.

(3) 밤하늘에서 북극성 찾기

> 북두칠성과 카시오페이아자리를 이용하여 찾은 북극성의 위치는 같습니다.

① 북극성은 밤하늘에서 가장 밝은 별이 아니므로 바로 찾기 쉽지 않습니다. 따라서 비교적 찾기 쉬운 북두칠성이나 카시오페이아자리와 같은 별자리를 이용하여 북극성을 찾습니다.
② 북극성은 항상 북쪽 밤하늘에서 보이며, 위치가 거의 변하지 않기 때문에 방향을 찾는 기준이 됩니다.

(4) 오늘날 방향을 찾는 방법
① 나침반으로 찾을 수 있습니다.
② 내비게이션으로 찾을 수 있습니다.
③ 스마트 기기의 나침반 프로그램을 이용해서 찾을 수 있습니다.

➕ 옛날 사람들이 방향을 찾았던 방법
· 나침반이 없던 옛날에는 낮에는 태양의 움직임을 보고 방향을 알 수 있었습니다.
· 밤에는 별과 별자리를 이용하여 방향을 찾았습니다.

• 태양이 떠오르는 곳은 동쪽, 태양이 지는 곳은 서쪽, 태양이 가장 높이 뜬 곳은 남쪽이에요. 또 북쪽 하늘의 별자리가 보이는 곳은 북쪽임을 알 수 있어요.

➕ 밤하늘에서 가장 밝은 별
지구에서 관측되는 가장 밝은 별은 큰개자리의 시리우스입니다.

용어 사전
· **방위** 공간의 어떤 점이나 방향이 한 기준의 방향에 대하여 나타내는 어떠한 쪽의 위치. 동서남북의 네 방향을 기준으로 하여 여러 방향으로 나눌 수 있음.
· **나침반** 항공, 항해 등에 쓰는 지리적인 방향을 지시하는 기구. 자석의 성질을 가진 바늘이 남북을 가리키는 특성을 이용하여 만듦.

4 북쪽 밤하늘의 별자리, 북극성을 찾는 방법

기본 개념 **문제**

1
(   )은/는 밤하늘에 무리 지어 있는 별을 연결하여 사람이나 동물, 물건의 이름을 붙인 것입니다.

2
(   )은/는 북쪽 밤하늘에서 볼 수 있는 별자리입니다.

3
(   )은/는 5개의 별이 W자 또는 M자 모양을 이루고 있는 북쪽 밤하늘의 대표 별자리입니다.

4
일 년 내내 북쪽 하늘에서 거의 움직이지 않고 같은 자리에 있어, 방위를 찾는 데 길잡이 역할을 하는 별은 (   )입니다.

5
북두칠성의 국자 모양 끝부분의 두 별을 연결하고, 그 거리의 (   )배만큼 떨어진 곳에 있는 별은 북극성입니다.

6 ⊕ 9종 공통
다음에서 공통으로 설명하는 것을 보기 에서 골라 기호를 쓰시오.

- 별을 무리 지어 이름을 붙인 것이다.
- 카시오페이아자리, 작은곰자리, 큰곰자리 등이 있다.

보기
㉠ 위성   ㉡ 행성   ㉢ 혜성   ㉣ 별자리

(   )

7 ⊕ 9종 공통
다음 중 북쪽 밤하늘에서 볼 수 있는 별자리로 알맞은 것에 ○표 하시오.

혜성, 위성, 북두칠성, 천왕성, 유성

8 ⊕ 9종 공통
오른쪽 별자리는 어떤 동물의 모양을 따서 이름을 붙인 것인지 보기 에서 골라 쓰시오.

보기
양, 사자, 백조, 작은 곰, 독수리

(   )

9 ⊕ 9종 공통

다음 (   ) 안에 공통으로 들어갈 알맞은 별자리의 이름을 쓰시오.

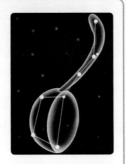

• 북쪽 밤하늘에서 볼 수 있는 동양의 대표적인 별자리이다.
• (   )은/는 7개의 별이 국자 모양을 이룬다.
• 서양에서 볼 때 (   )은/는 독립된 별자리가 아니라 큰곰자리의 일부분에 해당한다.

(   )

10 동아, 김영사, 미래엔, 비상, 아이스크림, 지학사, 천재교과서

나침반과 내비게이션이 없던 옛날, 어두운 바다 한가운데에서 항해하는 배가 방향을 알 수 있었던 방법으로 가장 알맞은 것은 어느 것입니까? (   )

선장님, 이제 어느 방향으로 이동해야 할까요?

① 북극성을 찾아 방향을 알아냈다.
② 바람이 불어오는 쪽으로 알아냈다.
③ 밤하늘에서 가장 큰 별을 찾아 알아냈다.
④ 밤하늘에서 가장 어두운 별을 찾아 알아냈다.
⑤ 물고기가 이동하는 방향을 기준으로 알아냈다.

11 ⊕ 9종 공통

북극성을 찾을 때 이용할 수 있는 북쪽 밤하늘의 별자리로 알맞은 것을 보기 에서 두 가지 골라 기호를 쓰시오.

보기 ●
㉠ 사자자리   ㉡ 북두칠성
㉢ 작은곰자리   ㉣ 카시오페이아자리

(   )

12 서술형 ⊕ 9종 공통

다음 별자리의 ㉠과 ㉡을 이용하여 북극성을 찾는 방법을 쓰시오.

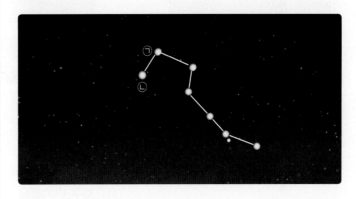

_____

_____

13 ⊕ 9종 공통

다음은 카시오페이아자리를 이용하여 북극성을 찾는 방법입니다. (   ) 안에 들어갈 알맞은 말이나 숫자를 쓰시오.

카시오페이아자리에서 바깥쪽 두 선을 연장해 만나는 점 ㉠을 찾아 ㉠과 ㉡을 연결하고, 그 거리의 (   )배만큼 떨어진 곳에 있는 별이 북극성이다.

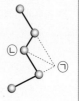

(   )

3 태양계와 별

1. 태양이 생물과 우리 생활에 미치는 영향, 태양계의 구성원

(1) 태양이 생물과 우리 생활에 미치는 영향

| 식물은 태양 에너지로 양분을 만들며, 어떤 동물은 식물이 만든 양분을 먹고 살아감. | 태양 에너지에 의해 물이 증발하여 구름이 되고 비가 내리며, 지구상의 물이 순환하게 됨. | 태양 에너지를 이용하여 전기를 만들어 생활에 이용할 수 있음. |

① 태양은 지구상의 생물들이 살아가는 데 알맞은 환경을 만들어 주고, 필요한 대부분의 에너지를 제공합니다.

② 태양이 없으면 우리는 지구에서 살아가기가 어렵습니다.

(2) 태양계의 구성원

| ❶ [   ] | 태양과 태양의 영향이 미치는 공간, 그 공간에 있는 천체를 말함. |
| 태양계의 구성원 | 태양, 여덟 개의 ❷ [   ] (수성, 금성, 지구, 화성, 목성, 토성, 천왕성, 해왕성), 위성, 소행성, 혜성 등이 있음. |

▲ 수성　▲ 금성　▲ 지구　▲ 화성　▲ 목성　▲ 토성　▲ 천왕성　▲ 해왕성

2. 태양계 행성의 크기 비교

(1) 지구 반지름을 1로 보았을 때 태양계 행성의 상대적인 반지름

행성	반지름	행성	반지름
수성	0.4	목성	11.2
금성	0.9	토성	9.4
지구	1.0	천왕성	4.0
화성	0.5	해왕성	3.9

➡ 태양계 행성의 실제 크기는 매우 커서 직접 크기를 비교하기 어렵기 때문에 ❸ [   ] 크기로 비교합니다.

(2) 태양계 행성의 크기 비교

① 목성, 토성, 천왕성, 해왕성, ❹ [   ], 금성, 화성, 수성 순서로 행성의 크기가 큽니다.

상대적으로 크기가 작은 행성	상대적으로 크기가 큰 행성
수성, 금성, 지구, 화성	목성, 토성, 천왕성, 해왕성

② 수성과 화성, 금성과 지구, 천왕성과 해왕성은 상대적인 크기가 비슷합니다.

★ **태양계 행성의 특징**

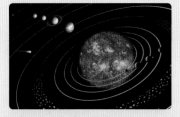

· 공통점: 둥근 공 모양으로, 태양을 중심으로 태양 주위를 돕니다.
· 차이점: 크기, 색깔, 표면의 상태, 고리의 유무, 줄무늬의 유무 등이 다릅니다.

★ **과일로 비교한 행성의 상대적인 크기**

목성은 수박, 토성은 멜론, 천왕성은 배, 해왕성은 사과, 지구는 방울토마토, 금성은 체리, 화성은 포도, 수성은 블루베리에 비유할 수 있습니다.

3. 태양계 행성의 상대적인 거리 비교, 행성과 별의 차이점

(1) 태양에서 지구까지의 거리를 1로 보았을 때 태양에서 행성까지의 상대적인 거리

행성				
	수성	금성	지구	화성
거리	0.4	0.7	1.0	1.5
행성				
	목성	토성	천왕성	❺
거리	5.2	9.6	19.1	30.0

(2) 태양계 행성의 상대적인 거리 비교: 태양에서 가장 가까운 행성은 ❻ [   ], 가장 먼 행성은 해왕성입니다.

(3) 행성과 별의 차이점

① 별은 스스로 빛을 내지만, 행성은 스스로 빛을 내지 못하고 ❼ [   ] 빛을 반사하여 밝게 보입니다.

② 별은 지구에서 매우 먼 거리에 있어 위치가 변하지 않는 것처럼 보이지만 행성은 별보다 지구에 가까이 있기 때문에 위치가 변하는 것을 볼 수 있습니다.

4. 북쪽 밤하늘의 별자리, 북극성을 찾는 방법

(1) 북쪽 밤하늘의 별자리: 카시오페이아자리, 작은곰자리, 큰곰자리, ❽ [   ] (큰곰자리의 꼬리 부분) 등이 있습니다.

(2) 북극성을 찾는 방법

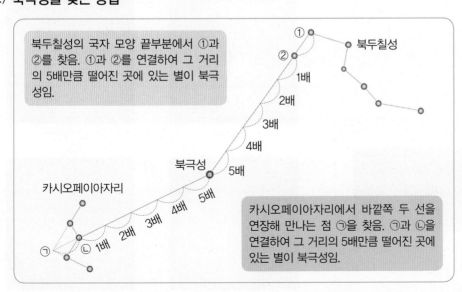

북두칠성의 국자 모양 끝부분에서 ①과 ②를 찾음. ①과 ②를 연결하여 그 거리의 5배만큼 떨어진 곳에 있는 별이 북극성임.

카시오페이아자리에서 바깥쪽 두 선을 연장해 만나는 점 ㉠을 찾음. ㉠과 ㉡을 연결하여 그 거리의 5배만큼 떨어진 곳에 있는 별이 북극성임.

★ **지구에서 태양까지 가는 데 걸리는 시간** 예

❶ 한 시간에 1000 km를 이동하는 비행기를 타고 가면 약 17년이 걸립니다.

❷ 한 시간에 300 km를 이동하는 고속 열차를 타고 가면 약 57년이 걸립니다.

❸ 한 시간에 4 km를 이동하는 사람이 걸어서 가면 약 4300년이 걸립니다.

★ **여러 날 동안 같은 밤하늘에서 관측한 행성의 위치 변화**

★ **북극성의 역할**

북극성은 일 년 내내 북쪽 밤하늘에서 볼 수 있기 때문에 방위를 찾는 길잡이 역할을 합니다.

1 ✚ 9종 공통

태양이 생물과 우리 생활에 미치는 영향으로 알맞은 것을 보기 에서 모두 골라 기호를 쓰시오.

보기
- ㉠ 태양 빛에 젖은 빨래를 말릴 수 있다.
- ㉡ 태양 빛을 이용하여 철을 만들 수 있다.
- ㉢ 태양은 식물이 양분을 만드는 데 도움을 준다.
- ㉣ 태양 빛을 이용해 바닷물로 소금을 만들 수 있다.

( )

2 ✚ 9종 공통

태양이 생물에게 소중한 까닭으로 ( ) 안에 들어갈 알맞은 말을 보기 에서 골라 쓰시오.

보기
흙, 물, 공기, 식물, 동물

태양은 지구에 있는 ( )이/가 순환하는 데 필요한 에너지를 끊임없이 공급해 준다.

( )

3 서술형 ✚ 9종 공통

우리가 사는 지구는 태양계의 구성원입니다. 태양계는 무엇 인지 쓰시오.

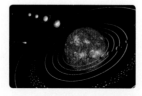

_____

_____

4 ✚ 9종 공통

다음은 태양계 행성을 태양에서 가까운 순서대로 나열한 것입니다. ( ) 안에 들어갈 행성의 이름을 각각 쓰시오.

(㉠) − (㉡) − 지구 − 화성 − 목성 − (㉢) − 천왕성 − 해왕성

㉠ ( ), ㉡ ( )
㉢ ( )

5 동아, 김영사, 비상, 지학사, 천재교과서, 천재교육

태양계의 중심에 있으며 태양계에서 유일하게 스스로 빛을 내는 천체로 알맞은 것은 무엇입니까?

( )

①
▲ 지구

②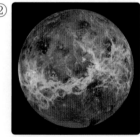
▲ 금성

③
▲ 태양

④
▲ 수성

[6-8] 다음은 지구의 반지름을 1로 보았을 때 태양계 행성의 반지름을 상대적인 크기로 나타낸 것입니다. 물음에 답하시오.

6 ⊕ 9종 공통

위 태양계 행성 중 가장 큰 행성은 지구보다 몇 배 더 큰지 쓰시오.

( )배

7 ⊕ 9종 공통

위 태양계 행성의 크기를 비교한 내용으로 옳은 것은 어느 것입니까? ( )

① 태양계에서 가장 큰 행성은 해왕성이다.
② 태양계에서 가장 작은 행성은 목성이다.
③ 태양에서 가까운 행성들은 대체로 크기가 작은 편이다.
④ 행성의 크기는 매우 크기 때문에 크기를 비교할 수 없다.
⑤ 태양에서 멀리 떨어진 행성들은 대체로 크기가 작은 편이다.

8 서술형 ⊕ 9종 공통

위 태양계 행성의 크기를 비교한 것을 보고, 알 수 있는 사실을 한 가지 쓰시오.

_____

_____

[9-10] 다음 표는 태양에서 지구까지의 거리를 1로 보았을 때 태양에서 행성까지의 상대적인 거리를 나타낸 것입니다. 물음에 답하시오.

행성	거리	행성	거리
수성	0.4	목성	5.2
금성	0.7	토성	9.6
지구	1.0	천왕성	19.1
화성	1.5	해왕성	30.0

9 ⊕ 9종 공통

위와 같이 태양에서 행성까지의 거리를 비교할 때 상대적인 거리로 비교하는 까닭으로 옳은 것에 ○표 하시오.

(1) 행성에서 행성까지의 실제 거리는 알 수 없기 때문이다. ( )
(2) 실제 거리로 나타내면 거리를 정확하게 비교할 수 없기 때문이다. ( )
(3) 태양에서 행성까지의 실제 거리가 매우 멀기 때문에 어느 정도 차이가 나는지 쉽게 비교하기 어렵기 때문이다. ( )

10 ⊕ 9종 공통

위 표를 보고, 태양에서 행성까지의 거리에 대한 설명으로 옳은 것을 보기 에서 골라 기호를 쓰시오.

보기
㉠ 태양에서 가장 먼 행성은 목성이다.
㉡ 태양에서 가장 가까운 행성은 지구이다.
㉢ 지구에서 가장 가까운 행성은 수성이다.
㉣ 태양에서 멀어질수록 행성 사이의 거리도 대체로 멀어진다.

( )

3 단원

11 ⊕ 9종 공통

별자리에 대하여 옳지 <u>않게</u> 말한 사람의 이름을 쓰시오.

- 노란: 수성과 지구도 별자리야.
- 상원: 별을 무리 지어 이름을 붙인 거야.
- 미루: 옛날 사람들은 별의 위치를 쉽게 기억하고, 찾기 위해서 별자리를 만들었어.

(   )

12 ⊕ 9종 공통

북극성에 대한 설명으로 옳지 <u>않은</u> 것을 두 가지 고르시오. (   )

① 낮에도 잘 보인다.
② 북쪽 밤하늘에서 볼 수 있다.
③ 일 년 내내 같은 자리에서 빛난다.
④ 더블유(W)자 또는 엠(M)자 모양을 이룬다.
⑤ 옛날부터 방위를 찾는 길잡이 역할을 했다.

[13-15] 다음은 북쪽 밤하늘에서 볼 수 있는 별자리와 별입니다. 물음에 답하시오.

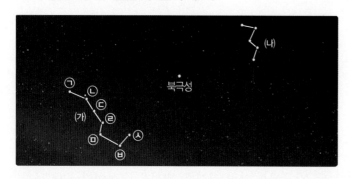

13 ⊕ 9종 공통

위 별자리 (가), (나)의 이름을 각각 쓰시오.

(가) (   ), (나) (   )

14 서술형 ⊕ 9종 공통

앞 별자리 (가)를 이용하여 북극성을 찾을 때 이용하는 별 두 개를 골라 기호를 쓰고, 이를 이용하여 북극성을 찾는 방법을 쓰시오.

(1) 이용하는 별: (   )

(2) 북극성을 찾는 방법: ＿＿＿＿＿＿＿＿＿＿

＿＿＿＿＿＿＿＿＿＿＿＿＿＿＿＿＿＿＿＿

＿＿＿＿＿＿＿＿＿＿＿＿＿＿＿＿＿＿＿＿

＿＿＿＿＿＿＿＿＿＿＿＿＿＿＿＿＿＿＿＿

15 ⊕ 9종 공통

앞 별자리 (나)를 이용하여 북극성을 찾기 위해 아래와 같이 나타냈습니다. 북극성의 위치로 알맞은 것을 골라 기호를 쓰시오.

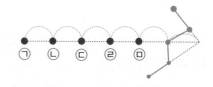

(   )

단원 평가 ②회

1 ⊕ 9종 공통

다음 ( ) 안에 공통으로 들어갈 알맞은 천체의 이름을 쓰시오.

> ( )은/는 지구의 모든 것에 영향을 미치며, ( )이/가 없으면 지구상의 생물들이 살기 어렵다.

( )

2 ⊕ 9종 공통

태양이 생물과 우리 생활에 미치는 영향이 <u>아닌</u> 것은 어느 것입니까? ( )

① 태양이 있어서 생물은 숨을 쉴 수 있다.
② 태양 빛을 이용하여 전기를 만들 수 있다.
③ 태양은 물이 순환하는 데 필요한 에너지를 끊임없이 공급해 준다.
④ 태양에서 나오는 빛에너지는 지구의 환경에 여러 가지 영향을 미친다.
⑤ 태양은 지구를 따뜻하게 하여 생물이 살아가기에 알맞은 환경을 만들어 준다.

3 ⊕ 9종 공통

태양계의 구성원에 대한 설명으로 옳은 것에 ○표 하시오.

(1) 지구는 태양계의 구성원이 아니다. ( )
(2) 태양계에는 여덟 개의 행성이 있다. ( )
(3) 태양 주위를 도는 천체를 별이라고 한다. ( )

4 ⊕ 9종 공통

다음과 같은 특징이 있는 행성끼리 옳게 짝 지은 것은 어느 것입니까? ( )

> • 고리가 없다.
> • 표면이 암석(땅)으로 이루어져 있다.

① 수성, 목성
② 지구, 화성
③ 목성, 토성
④ 토성, 천왕성
⑤ 천왕성, 해왕성

5 서술형 동아, 김영사, 비상, 아이스크림, 지학사, 천재교과서

태양계 행성을 다음과 같이 분류한 기준으로 알맞은 것을 한 가지 쓰시오.

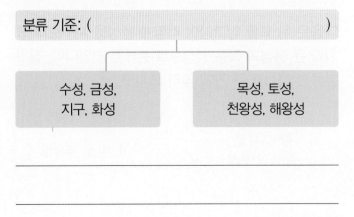

분류 기준: ( )

| 수성, 금성, 지구, 화성 | 목성, 토성, 천왕성, 해왕성 |

_____

_____

[6-7] 다음 표는 지구의 반지름을 1로 보았을 때의 태양과 태양계 행성의 상대적인 반지름을 나타낸 것입니다. 물음에 답하시오.

행성	반지름	행성	반지름	행성	반지름
태양	109.0	지구	1.0	토성	9.4
수성	0.4	화성	0.5	천왕성	4.0
금성	0.9	목성	11.2	해왕성	3.9

6 ✚ 9종 공통

위 표를 참고하여 알 수 있는 지구와 크기가 가장 비슷한 행성은 어느 것입니까? ( )

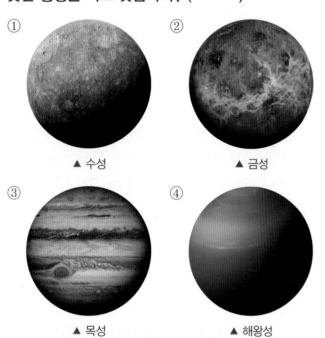

① ▲ 수성   ② ▲ 금성
③ ▲ 목성   ④ ▲ 해왕성

7 김영사, 비상, 아이스크림, 지학사, 천재교과서, 천재교육

다음은 위 표를 참고하여 태양계 행성을 지구보다 크기가 큰 행성과 작은 행성으로 분류한 것입니다. <u>잘못</u> 분류한 행성을 두 가지 골라 쓰시오.

지구보다 큰 행성	지구보다 작은 행성
화성, 목성, 토성, 천왕성	수성, 금성, 해왕성

( )

[8-10] 다음은 태양에서 지구까지의 거리를 1로 보았을 때 태양에서 행성까지의 상대적인 거리를 나타낸 것입니다. 물음에 답하시오.

행성	수성	금성	지구	화성	목성	토성	천왕성	해왕성
거리	0.4	0.7	1.0	1.5	5.2	9.6	19.1	30.0

8 ✚ 9종 공통

위 표를 참고하여 지구에서 가장 가까이 있는 행성과 지구에서 가장 멀리 있는 행성을 옳게 짝 지은 것은 어느 것입니까? ( )

① 금성, 화성   ② 수성, 목성
③ 금성, 해왕성   ④ 수성, 해왕성
⑤ 화성, 천왕성

9 ✚ 9종 공통

위 행성 중 태양에서 목성까지의 거리보다 가까운 거리에서 태양 주위를 도는 행성을 두 가지 고르시오.

( )

① 지구   ② 토성   ③ 화성
④ 해왕성   ⑤ 천왕성

10 서술형 동아, 김영사, 비상, 아이스크림, 지학사

위 태양에서 행성까지의 상대적인 거리를 보고, 알 수 있는 사실을 한 가지 쓰시오.

_____

_____

11 ✚ 9종 공통

행성과 별에 대한 설명으로 옳은 것에 ○표 하시오.

(1) 행성은 별에 비해 지구에서 먼 거리에 있다.
( )

(2) 행성은 스스로 빛을 내지만 별은 스스로 빛을 내지 못한다. ( )

(3) 여러 날 동안 같은 밤하늘을 관측하면 행성은 위치가 조금씩 변하지만, 별은 위치가 거의 변하지 않는다. ( )

[12-13] 다음은 밤하늘에서 볼 수 있는 별자리입니다. 물음에 답하시오.

(가)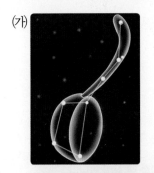

(나)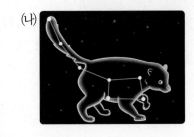

(다)

12 ✚ 9종 공통

위 (가)~(다) 별자리의 이름을 각각 쓰시오.

(가) ( ), (나) ( )
(다) ( )

13 ✚ 9종 공통

위 (가)~(다)를 관측할 수 있는 곳을 보기 에서 골라 기호를 쓰시오.

> 보기 ●
> ㉠ 동쪽 밤하늘 ㉡ 서쪽 밤하늘
> ㉢ 남쪽 밤하늘 ㉣ 북쪽 밤하늘

( )

14 서술형 ✚ 9종 공통

다음 ㉠과 ㉡ 별자리의 공통점을 두 가지 쓰시오.

㉠

▲ 북두칠성

㉡

▲ 카시오페이아자리

_____

_____

_____

15 ✚ 9종 공통

다음 별자리를 이용하여 북극성을 찾는 방법을 그림으로 그리고, 북극성을 표시하시오.

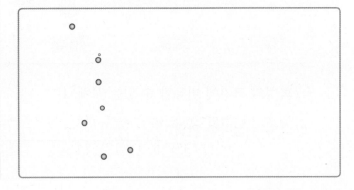

평가 주제	태양계 행성의 상대적인 크기 비교하기
평가 목표	태양계 행성의 상대적인 크기를 비교하여 설명할 수 있다.

[1-2] 다음은 지구의 반지름을 1로 보았을 때 행성의 상대적인 반지름을 나타낸 것입니다. 물음에 답하시오.

1 위 그림을 보고, 다음 (가)~(다)와 크기가 가장 비슷한 행성을 보기 에서 골라 빈칸에 각각 이름을 쓰시오.

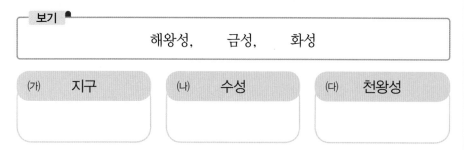

보기

해왕성,   금성,   화성

(가) 지구	(나) 수성	(다) 천왕성

> 도움 반지름은 원이나 구의 중심에서 그 원둘레 또는 구의 겉면 한 점에 이르는 선분의 길이로, 크기에 비례합니다. 행성들의 반지름 길이를 잘 살펴 봅니다.

2 위 그림을 보고, 지구의 크기를 반지름이 1 cm인 구슬에 비유할 때 화성의 크기에 비유할 수 있는 물체를 보기 에서 골라 기호를 쓰고, 그렇게 생각한 까닭을 쓰시오.

보기

ㄱ 반지름 0.5 cm   ㄴ 반지름 1.0 cm   ㄷ 반지름 3.5 cm   ㄹ 반지름 11 cm

콩   구슬   야구공   축구공

(1) 화성의 크기에 비유할 수 있는 물체: (   )

(2) 그렇게 생각한 까닭: _____

_____

> 도움 지구의 반지름을 1로 보았을 때 화성의 상대적인 반지름이 몇인지 위에서 찾아봅니다.

평가 주제	태양에서 행성까지의 상대적인 거리 비교하기
평가 목표	태양에서 각 행성까지의 상대적인 거리를 비교하여 설명할 수 있다.

[1-2] 다음 표는 태양에서 지구까지의 거리를 1로 보았을 때 태양에서 행성까지의 상대적인 거리를 나타낸 것입니다. 물음에 답하시오.

행성	수성	금성	지구	화성
거리	0.4	0.7	1.0	1.5

행성	목성	토성	천왕성	해왕성
거리	5.2	9.6	19.1	30.0

1 위 표를 보고, 행성 그림 붙임딱지를 이용하여 태양에서 행성까지의 거리를 아래와 같이 나타내었습니다. ㉠~㉢ 중 <u>잘못</u> 붙인 행성 그림 붙임딱지 두 개를 골라 기호를 쓰고, 바르게 붙이는 방법을 쓰시오.

> 도움 태양에서 행성까지의 실제 거리는 매우 멀기 때문에 어느 정도 차이가 나는지 비교하기 어려우므로 상대적인 거리로 비교합니다. 태양계 행성들이 태양으로부터 어떤 순서로 위치하는지 떠올려 봅니다.

(1) 잘못 붙인 붙임딱지: (   )

(2) 바르게 붙이는 방법: ＿＿＿＿＿＿＿＿＿＿＿＿＿＿

＿＿＿＿＿＿＿＿＿＿＿＿＿＿＿＿＿＿＿＿

2 1시간에 1000 km를 이동하는 비행기를 타고 태양에서부터 각 행성에 도착할 때까지 걸리는 시간을 측정했습니다. 이때 가장 오랜 시간이 걸리는 행성은 어디인지 이름을 쓰고, 그렇게 생각한 까닭을 쓰시오.

> 도움 비행기의 속도나 태양에서부터 각 행성까지의 실제 거리에 대하여 계산하지 않아도 됩니다.

(1) 행성의 이름: (   )

(2) 그렇게 생각한 까닭: ＿＿＿＿＿＿＿＿＿＿＿＿＿

＿＿＿＿＿＿＿＿＿＿＿＿＿＿＿＿＿＿＿＿

다른 그림을 찾아보세요.

● 정답 11쪽

다른 곳이 15군데 있어요.

4

용해와 용액

▶ 학습 내용과 교과서별 해당 쪽수를 확인해 보세요.

학습 내용	백점 쪽수	교과서별 쪽수				
		동아출판	비상교과서	아이스크림미디어	지학사	천재교과서
❶ 여러 가지 물질을 물에 넣었을 때의 변화	70~73	72~73	74~75	74~75	72~75	78~79
❷ 용질이 물에 용해될 때의 변화	74~77	74~75	76~77	76~77	76~77	80~81
❸ 용질에 따른 물에 용해되는 양, 물의 온도에 따라 용질이 용해되는 양	78~81	76~79	78~81	78~81	78~81	82~85
❹ 용액의 진하기 비교	82~85	80~83	82~83	82~83	82~83	86~89

★ 동아출판, 김영사, 미래엔, 지학사, 천재교과서, 천재교육의 「4. 용해와 용액」 단원에 해당합니다.
★ 금성출판사, 비상교과서, 아이스크림미디어의 「3. 용해와 용액」 단원에 해당합니다.

1 여러 가지 물질을 물에 넣었을 때의 변화

 개념 강의

1 물질이 물에 녹는 현상 관찰하기

설탕을 물에 녹여 설탕물 만들기

용질	용매	용액
설탕	물	설탕물

용질인 설탕이 용매인 물에 용해되어 용액인 설탕물이 됩니다.

① 용질: 다른 물질에 녹는 물질입니다. 예 설탕
② 용매: 다른 물질을 녹이는 물질입니다. 예 물
③ 용해: 어떤 물질이 다른 물질에 녹아 골고루 섞이는 현상입니다.
　예 설탕이 물에 모두 녹아 설탕물이 되는 것
④ 용액: 용질이 용매에 골고루 섞여 있는 혼합물입니다. 예 설탕물

➕ 설탕물에 설탕이 골고루 섞여 있음을 확인하는 방법
• 위에 뜨거나 바닥에 가라앉는 물질이 없는지 확인합니다.
• 거름종이로 걸렀을 때 걸러지는 물질이 없는지 확인합니다.
• 돋보기로 살펴봐도 설탕이 보이지 않는지 확인합니다.

2 여러 가지 물질을 물에 넣었을 때의 변화

(1) 물에 녹는 물질과 물에 녹지 않는 물질

소금

밀가루

멸치 가루

• 소금이 물에 용해되어 물의 색깔이 없고, 투명함.
• 시간이 지나도 뜨거나 가라앉는 것이 없음.

• 밀가루가 물에 용해되지 않아 물이 뿌옇게 흐려짐.
• 밀가루가 바닥에 가라앉음.

• 멸치 가루가 물에 용해되지 않아 물이 뿌옇게 변함.
• 멸치 가루가 물 위에 뜨거나 바닥에 가라앉음.

① 물에 녹는 물질과 물에 녹지 않는 물질이 있습니다.
② 물에 용해되는 물질을 물에 넣으면 골고루 섞여 용액이 됩니다.
③ 물에 용해되지 않는 물질을 물에 넣으면 골고루 섞이지 않고 물 위에 뜨거나 바닥에 가라앉습니다. ➡ 물에 용해되지 않는 물질도 물에 넣고 흔들면 물과 섞여 용액처럼 보일 수 있지만, 5분 정도 가만히 두었을 때 뜨거나 가라앉는 물질이 있어요.

(2) 용액의 특징

① 시간이 지나도 위에 뜨거나 바닥에 가라앉는 물질이 없습니다.
② 색이 있는 경우 모든 부분의 색깔이 같습니다.
③ 우리 생활에서 볼 수 있는 다양한 용액 예

➕ 용액이 아닌 것의 특징

▲ 코코아차

▲ 과육이 들어 있는 오렌지 주스

• 확대경이나 현미경으로 보면 용질 알갱이가 보입니다.
• 거름종이에 거르면 걸러지는 물질이 있습니다.
• 용액 위에 뜨거나 바닥에 가라앉는 물질이 있습니다.

용어 사전

● **구강** 입에서 목구멍에 이르는 빈 곳. 음식물을 섭취·소화하며, 발음 기관의 일부분이 됨.
● **거름종이** 액체 속에 들어 있는 침전물이나 불순물을 걸러 내는 데 사용하는 종이.
● **과육** 열매에서 씨를 둘러싸고 있는 살 부분.

▲ 이온 음료

▲ 탄산음료

▲ 구강 청정제

▲ 유리 세정제

교과서 **통합 대표 실험**

실험 여러 가지 물질을 물에 넣고 관찰하기 📖 9종 공통

❶ 눈금실린더를 사용하여 비커(또는 유리병)에
   물을 각각 반쯤 넣습니다.

❷ ❶과 같은 각각의 비커에 여러 가지 물질을
   각각 세 숟가락씩 넣고 유리 막대로 저으면서
   변화를 관찰해 봅시다.

❸ 각 비커를 5분 동안 가만히 놓아둔 뒤 나타나는 현상을 관찰해 봅시다.

물을 반쯤 넣은 비커 · 약숟가락

실험 결과

구분	설탕	소금	탄산 칼슘
유리 막대로 저었을 때	설탕이 물에 녹음.	소금이 물에 녹음.	탄산 칼슘이 녹지 않고 물이 뿌옇게 됨.
5분 동안 가만히 두었을 때	투명하고, 뜨거나 가라앉은 것이 없음.	투명하고, 뜨거나 가라앉은 것이 없음.	탄산 칼슘이 바닥에 가라앉음.

구분	밀가루	모래(흙)	주스 가루
유리 막대로 저었을 때	밀가루가 물과 섞여 물이 뿌옇게 흐려짐.	모래(흙)가 물에 녹지 않고 물이 뿌옇게 됨.	주스 가루가 물에 녹아 물이 주황색이 됨.
5분 동안 가만히 두었을 때	밀가루가 바닥에 가라앉음.	모래(흙)가 바닥에 가라앉음.	뜨거나 가라앉은 것이 없음.

정리	• 물에 여러 가지 물질을 넣어 보면 어떤 물질은 잘 녹지만, 어떤 물질은 잘 녹지 않습니다. • 용액은 오래 두어도 뜨거나 가라앉는 물질이 없습니다.

실험 TIP !

실험동영상

가루 물질을 약숟가락으로 한 숟가락씩 넣을 때에는 양을 비슷하게 해요.

물에 용해되지 않는 물질을 물에 넣고 저으면 뜨거나 가라앉는 물질이 있어요.

이외에도 구연산과 식용 색소는 물에 녹는 물질이고, 미숫가루, 분필 가루, 녹말가루, 코코아 가루 등은 물에 녹지 않는 물질이에요.

4
단원

1 여러 가지 물질을 물에 넣었을 때의 변화

기본 개념 문제

1

(   )은/는 설탕, 소금 등과 같이 다른 물질에 녹는 물질을 말합니다.

2

설탕이 물에 모두 녹아 설탕물이 되는 것처럼 어떤 물질이 다른 물질에 녹아 골고루 섞이는 현상을 (   )(이)라고 합니다.

3

(   )은/는 용질이 용매에 골고루 섞여 있는 혼합물입니다.

4

색이 있는 용액의 경우, 모든 부분의 색깔이 (   ) 특징이 있습니다.

5

(   )은/는 우리 생활에서 볼 수 있는 용액입니다.

6 ➕ 9종 공통

다음과 같이 소금이 물에 용해되는 과정에서 용질은 무엇인지 쓰시오.

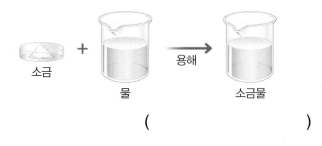

소금 + 물 →(용해) 소금물

(   )

7 ➕ 9종 공통

다음 (   ) 안에 들어갈 알맞은 말을 쓰시오.

> 소금이 물에 녹는 것처럼 어떤 물질이 다른 물질에 녹아 골고루 섞이는 현상을 (   )(이)라고 한다.

(   )

8 서술형 ➕ 9종 공통

다음과 같이 소금이 물에 녹아 소금물이 되는 과정에서 용액이란 무엇인지 설명하시오.

소금   물   소금물

_____

_____

9 **●** 9종 공통

설탕이 물에 녹아 골고루 섞여 설탕물이 되었습니다. 이때 용질, 용매, 용액에 해당하는 것을 알맞게 선으로 이으시오.

(1) 용질 •

(2) 용매 •

(3) 용액 •

• ㉠ 물

• ㉡ 설탕

• ㉢ 설탕물

[10-11] 온도와 양이 같은 물이 담긴 비커 세 개에 소금, 설탕, 멸치 가루를 각각 두 숟가락씩 넣고 유리 막대로 저었습니다. 물음에 답하시오.

물
소금   설탕   멸치 가루

10 동아, 아이스크림, 천재교과서, 천재교육

위 실험에서 소금, 설탕, 멸치 가루 중 물에 녹는 물질을 두 가지 쓰시오.

(   )

11 동아, 아이스크림, 천재교과서, 천재교육

위 실험에서 각 비커를 5분 정도 가만히 두었을 때 관찰할 수 있는 모습으로 옳은 것을 보기 에서 골라 기호를 쓰시오.

┌─ 보기 ────────────────────────┐
│ ㉠ 멸치 가루는 물에 녹아 투명해진다.
│ ㉡ 설탕은 물 위에 뜨거나 바닥에 가라앉는다.
│ ㉢ 소금은 물에 녹아 투명해지고, 물에 뜨거나 가
│ 　라앉는 것이 없다.
└──────────────────────────────┘

(   )

12 **●** 9종 공통

다음은 온도와 양이 같은 물이 담긴 비커 네 개에 여러 가지 물질을 넣고 유리 막대로 저은 후의 모습입니다. 용액이 **아닌** 것을 골라 기호를 쓰시오.

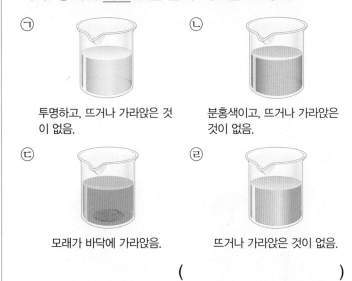

㉠ 투명하고, 뜨거나 가라앉은 것이 없음.

㉡ 분홍색이고, 뜨거나 가라앉은 것이 없음.

㉢ 모래가 바닥에 가라앉음.

㉣ 뜨거나 가라앉은 것이 없음.

(   )

13 **●** 9종 공통

물질의 종류에 따라 물질이 물에 녹는 정도에 대한 설명으로 옳은 것에 ○표 하시오.

(1) 물질의 종류가 달라도 물에 녹는 정도는 같다.

(   )

(2) 물질의 종류에 따라 물에 녹는 물질도 있고, 물에 녹지 않는 물질도 있다. (   )

2 용질이 물에 용해될 때의 변화

1 물에 용해된 설탕의 존재 확인하기

(1) 각설탕이 물에 용해되는 모습

각설탕 → 점점 작아짐. → 보이지 않음.

① 각설탕을 물에 넣으면 부스러지면서 크기가 작아집니다.

② 각설탕이 점점 작아지다가 물에 모두 용해되면 보이지 않게 됩니다.

(2) 물에 용해된 설탕의 존재를 확인하는 방법 →• 알 수 없는 용액이나 용질을 함부로 먹거나 만지지 않도록 주의해요.

단맛이 나네. / 끈적끈적해. / 설탕이 맞네.

설탕 용액 / 설탕

설탕 용액의 맛을 보면 달콤한 맛이 남. / 설탕 용액을 만지고 나서 손이 끈적임. / 설탕 용액의 물이 모두 증발하면 설탕이 나타남.

2 용질이 물에 용해될 때의 변화

(1) 각설탕이 물에 용해될 때의 무게 비교하기 예

물(용매)의 무게 / 각설탕(용질)의 무게 / 설탕물(용액)의 무게

345 g / 35 g / 380 g

① 물 345 g에 각설탕 35 g을 모두 용해시켰더니 설탕물 380 g이 되었습니다.

② 각설탕이 물에 용해되기 전, 각설탕의 무게와 물의 무게를 합한 무게는 용해된 후 설탕물의 무게와 같습니다.

(2) 용질이 물에 용해될 때의 변화

① 용질이 물에 용해되면 눈에 보이지 않습니다.

② 용질이 물에 용해되기 전과 용해된 후의 무게는 변화가 없습니다.

(3) 용질이 물에 용해되기 전과 용해된 후의 무게가 같은 까닭

① 용질이 물에 용해되면 용질이 없어지거나 양이 변하는 것이 아니라 우리 눈에 보이지 않을 정도로 작아져 물과 골고루 섞인 것입니다.

② 용질은 물에 용해되면서 크기가 작아졌을 뿐, 물속에 그대로 남아 골고루 섞여 있기 때문입니다.

+ 암염(소금)이 물에 용해되는 모습

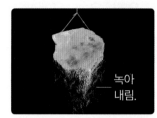

녹아 내림.

물에 암염을 넣으면 암염을 이루는 소금 알갱이가 물에 녹아 아지랑이처럼 녹아내립니다. 아지랑이처럼 보이는 부분은 소금이 물에 골고루 퍼지면서 사라집니다.

+ 물에 용해되지 않는 물질의 무게 변화

물이 든 양동이에 물에 녹지 않는 모래를 넣어 섞었을 때의 무게는 섞기 전과 같습니다. 물이 든 양동이의 무게에 모래의 무게를 합한 무게가 됩니다.

용어 사전

● **존재** 현실에 실제로 있음. 또는 그런 대상.

● **암염** 천연으로 나는 소금 덩어리(소금 결정).

● **아지랑이** 햇빛이 강하게 내리쬘 때 지표면 근처에서 불꽃같이 아른거리며 위쪽으로 올라가는 공기의 흐름 현상.

교과서 통합 대표 실험

실험1 각설탕이 물에 녹는 현상 관찰하기 📖 9종 공통

물이 담긴 비커에 각설탕을 넣고 나타나는 변화를 관찰해 봅시다.

실험 결과

- 각설탕이 부서지며 바닥으로 흩어지고, 공기 방울이 나와 위로 올라갑니다.
- 유리 막대로 물을 저으면 비커 바닥에 조금 남아 있던 설탕 가루가 없어지고, 물 전체가 투명합니다.
- 설탕이 모두 녹은 비커를 5분 정도 그대로 두어도 변화가 없습니다.

정리	각설탕을 물에 넣으면 부스러지면서 크기가 작아지다가, 물에 완전히 용해되면 눈에 보이지 않게 됩니다.

비커의 바닥이나 뒤에 흰 종이나 검은색 종이를 대어 관찰할 수 있고, 필요에 따라 돋보기나 현미경을 사용할 수도 있어요.

유리 막대로 저을 때 비커와 유리 막대가 부딪히면 깨질 수 있으므로 주의해요.

실험2 소금이 물에 용해되기 전과 용해된 후 전자저울로 측정한 값 비교하기
📖 9종 공통

❶ 물 80 mL 정도를 넣은 비커, 시약포지, 유리 막대, 한 숟가락 정도의 소금을 모두 전자저울에 올려놓고 측정된 값을 확인합니다.

❷ 소금을 물에 넣고 유리 막대로 저으면서 완전히 용해될 때까지의 과정을 관찰합니다.

❸ 소금이 모두 용해되면 소금물이 담긴 비커, 빈 시약포지, 유리 막대를 전자저울에 올려 측정하고, ❶에서 측정한 것과 비교해 봅니다.

시약포지

소금

물

실험동영상

- 소금 대신 설탕(각설탕)을 이용해도 돼요.
- 정확한 실험을 위해 실험 시작 전에 전자저울이 정상적으로 작동하는지 확인해요.
- 시약포지는 시약을 저울에서 측정할 때 바닥에 깔기 위해 사용하는 얇고 반투명한 종이에요.
- 시약포지를 양 대각선으로 접었다 펼친 후에 접힌 선이 오목하게 들어간 면에 시약을 담아요.

실험 결과

① 소금이 용해되는 과정: 소금 알갱이의 크기가 점점 작아지면서 물에 섞여 소금 알갱이가 보이지 않습니다.

② 소금이 물에 용해되기 전과 용해된 후의 무게 비교 예

물
소금
시약포지
유리막대
132 g

▲ 용해되기 전

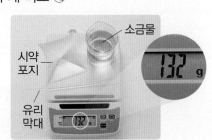

소금물
시약포지
유리막대
132 g

▲ 용해된 후

정리	소금이 물에 용해되기 전과 용해된 후의 무게는 변하지 않는다는 것을 알 수 있습니다. 물에 용해된 소금은 없어진 것이 아니라, 보이지 않을 만큼 매우 작아져 물에 골고루 섞여 있기 때문입니다.

2 용질이 물에 용해될 때의 변화

기본 개념 문제

1

각설탕을 물에 넣으면 부스러지면서 크기가 점점 작아지다가 물에 모두 (   )되면 보이지 않게 됩니다.

2

설탕 용액의 물이 모두 (   )하면 설탕이 나타나는 것을 통해 물에 용해된 설탕의 존재를 확인할 수 있습니다.

3

각설탕이 물에 용해되기 전의 설탕의 무게와 물의 무게를 합한 무게는 물에 용해된 후 설탕물의 무게와 (   ).

4

물 200 g에 설탕 50 g을 모두 녹였을 때 설탕물의 무게는 (   ) g입니다.

5

용질이 물에 (   )되면 용질이 없어지거나 양이 변하는 것이 아니라, 눈에 보이지 않을 정도로 작아져 물과 고르게 섞인 것입니다.

6 동아, 금성, 미래엔, 아이스크림, 지학사, 천재교과서, 천재교육

오른쪽과 같이 물이 담긴 비커에 각설탕을 넣어 각설탕이 물에 용해되는 과정을 관찰하는 실험을 하였습니다. 이 실험에 대한 설명으로 옳지 <u>않은</u> 것은 어느 것입니까? (   )

각설탕

① 각설탕을 물에 넣으면 부스러진다.
② 각설탕을 물에 넣으면 크기가 점점 작아진다.
③ 각설탕을 물에 넣으면 공기 중으로 날아가 눈에 보이지 않게 된다.
④ 각설탕을 물에 넣으면 작은 크기의 설탕으로 나뉘어 물과 골고루 섞인다.
⑤ 각설탕을 물에 넣으면 물과 골고루 섞여 시간이 지나면 눈에 보이지 않는다.

7 동아, 금성, 미래엔, 아이스크림, 지학사, 천재교과서, 천재교육

각설탕을 물에 넣었을 때 용해되는 모습을 순서 없이 나타낸 것입니다. 순서대로 기호를 쓰시오.

㉠	㉡	㉢

(   ) → (   ) → (   )

8 서술형 동아, 금성, 미래엔, 아이스크림, 지학사, 천재교과서, 천재교육

물에 넣은 각설탕이 용해되는 과정을 위 **7**번에서 볼 수 있는 모습과 관련지어 쓰시오.

_____

_____

9 ⊕ 9종 공통

각설탕이 물에 용해되어 설탕 용액이 되었을 때의 모습으로 옳은 것을 보기 에서 골라 기호를 쓰시오.

보기

㉠ 물에 용해된 설탕이 눈에 보이지 않는다.
㉡ 설탕 용액의 색깔이 어두워지고 뿌옇게 변한다.
㉢ 큰 설탕 덩어리가 설탕 용액 위에 여러 개 떠오른다.

(   )

[10-11] 다음은 각설탕이 물에 용해되기 전과 용해된 후의 무게를 비교하는 실험입니다. 물음에 답하시오.

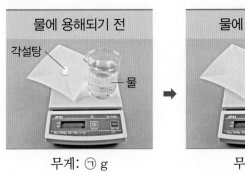 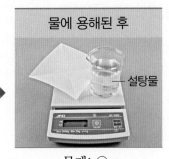

물에 용해되기 전	물에 용해된 후
각설탕, 물	설탕물
무게: ㉠ g	무게: ㉡ g

10 ⊕ 9종 공통

위 ㉠과 ㉡의 무게를 비교하여 ◯ 안에 >, =, <로 나타내시오.

㉠ ◯ ㉡

11 ⊕ 9종 공통

위 **10**번과 같은 결과가 나온 까닭으로 (   ) 안의 알맞은 말에 ◯표 하시오.

각설탕이 물에 완전하게 용해되면 없어지는 것이 아니라 매우 (작아져, 커져) 물에 골고루 섞이기 때문이다.

12 ⊕ 9종 공통

설탕을 물 50 g에 모두 용해시켜 만든 설탕물의 무게가 60 g일 때, 용해시킨 설탕의 무게는 몇 g인지 쓰시오.

설탕(   ) g   물 50 g   용해   설탕물 60 g

(   ) g

13 ⊕ 9종 공통

다음은 소금이 물에 용해되기 전과 용해된 후의 무게를 비교하는 실험의 결과입니다. (   ) 안에 들어갈 알맞은 무게를 쓰시오.

용해되기 전		용해된 후
소금이 담긴 시약포지	물이 담긴 비커	시약포지 + 소금물이 담긴 비커
10 g	135 g	( ) g

(   ) g

14 ⊕ 9종 공통

물 200 g에 소금 20 g이 완전히 용해된 소금물의 무게를 재었더니 220 g이었습니다. 이를 통해 알 수 있는 사실로 옳은 것은 어느 것입니까? (   )

① 소금물은 용액이 아니다.
② 소금이 물에 용해되어 사라졌다.
③ 소금은 물에 용해되어 물속에 골고루 섞여 있다.
④ 물에 용해된 소금은 빛을 반사해서 눈에 보이지 않는다.
⑤ 소금이 많이 용해될수록 물속에서 점점 사라져 짠맛이 약해진다.

3 용질에 따른 물에 용해되는 양, 물의 온도에 따라 용질이 용해되는 양

1 용질에 따른 물에 용해되는 양

① 온도와 양이 같은 물에 소금, 설탕, 베이킹 소다가 각각 용해되는 양 예

(○: 모두 녹음. △: 녹지 않고 바닥에 남는 것이 있음.)

구분	약숟가락으로 용질을 넣은 횟수(회)									
	1	2	3	4	5	6	7	8	9	10
소금	○	○	○	○	○	○	○	△	△	△
설탕	○	○	○	○	○	○	○	○	○	○
베이킹 소다	○	△	△	△	△	△	△	△	△	△

- 각 용질을 한 숟가락씩 넣었을 때 세 가지 용질 모두 녹았습니다.
- 각 용질을 두 숟가락째 넣었을 때 소금과 설탕은 모두 녹았지만, 베이킹 소다는 녹지 않고 바닥에 남았습니다.
- 소금과 설탕을 여덟 숟가락째 넣었을 때 설탕은 모두 녹았지만, 소금은 녹지 않고 바닥에 남았습니다.
- 온도와 양이 같은 물에 설탕, 소금, 베이킹 소다 순으로 많이 녹습니다.

② 용질에 따른 물에 용해되는 양: 물의 온도와 양이 같을 때 용질이 물에 용해되는 양은 용질의 종류에 따라 달라집니다.

2 물의 온도에 따라 용질이 용해되는 양

(1) 물의 온도에 따라 백반이 용해되는 양 → 각각 같은 양의 백반으로 실험해요.

① 따뜻한 물에서는 백반이 모두 용해됩니다.
② 차가운 물에서는 백반의 일부가 어느 정도 용해되다가 용해되지 않은 백반이 바닥에 남아 있습니다.
③ 물의 온도가 높을수록 백반이 더 많이 용해됩니다.

(2) 물의 온도에 따라 용질이 용해되는 양

① 물의 온도에 따라 용질이 물에 용해되는 양이 달라집니다.
② 물의 양이 같을 때, 일반적으로 물의 온도가 높을수록 용질이 더 많이 용해됩니다.
③ 따라서 용질이 완전히 용해되지 않고 남아 있을 때 물의 온도를 높이면 용해되지 않고 남아 있던 용질을 더 많이 용해할 수 있습니다.

- 가라앉음.
- 모두 녹음.

▲ 차가운 물에 주스 가루를 넣은 모습
▲ 따뜻한 물에 주스 가루를 넣은 모습

주스 가루를 차가운 물에 넣었을 때보다 따뜻한 물에 넣었을 때 주스 가루가 더 많이 녹아.

④ 용질이 모두 용해된 용액의 온도를 낮추면, 같은 양의 물에 녹을 수 있는 용질의 양이 적어지므로 더 녹지 못하는 용질이 가루가 되어 바닥에 가라앉습니다.

얼음물 등에 넣어 온도를 낮출 수 있어요.

- 얼음물

➕ **용질의 종류에 따라 물에 용해되는 양을 비교하는 실험의 조건**

- 같게 해야 할 조건: 물의 양, 물의 온도, 용질의 양 등
- 다르게 해야 할 조건: 용질의 종류

➕ **용질을 더 많이 녹이는 방법** 예

- 소금이 일곱 숟가락까지 완전히 용해된 소금물에 소금을 한 숟가락 더 넣었더니 소금이 녹지 않고 가라앉았을 때, 가라앉은 소금을 모두 녹이려면 물을 더 넣어 주면 됩니다.
- 일반적으로 물의 양이 많아지면 용질이 용해되는 양도 많아집니다.

➕ **물의 온도가 올라갈 때 용질이 용해되는 양의 변화**

대부분의 고체 용질은 물의 온도가 올라갈수록 용질이 용해되는 양이 증가하지만, 증가하는 정도가 용질마다 차이가 있으며 계속 증가하는 것은 아닙니다.

용어 사전

- **베이킹 소다** 빵이나 과자를 제조할 때 제품을 부풀려 맛을 좋게 하고, 연하게 하여 소화가 잘되도록 하는 식품 첨가물.
- **백반** 명반이라고도 하며, 물에 잘 녹고 옷감을 염색하는 등에 쓰는 약한 산성을 띠는 물질.

교과서 **통합 대표 실험**

실험 1 용질의 종류에 따라 물에 용해되는 양 비교하기 📖 동아, 미래엔, 비상, 아이스크림, 지학사, 천재교육

❶ 온도와 양이 같은 물을 넣은 각 비커에 소금, 설탕, 제빵 소다를 각각 한 숟가락씩 넣고 유리 막대로 저은 뒤 변화를 관찰해 봅시다. • 베이킹 소다, 탄산수소 나트륨, 중탄산 나트륨, 식용 소다 등의 이름으로 부를 수 있어요.

❷ ❶의 비커에 세 가지 물질을 한 숟가락씩 더 넣어 가면서 용질의 종류에 따라 온도와 양이 같은 물에 용해되는 양은 어떠한지 비교해 봅시다.

실험동영상

유리 막대로 저어 용질이 다 용해된 다음에 용질을 한 숟가락씩 더 넣어요.

실험 결과

소금, 설탕, 제빵 소다가 모두 용해되었어요. •

| 한 숟가락씩 넣고 저었을 때의 변화 | ▲ 소금 | ▲ 설탕 | ▲ 제빵 소다 |

| 두 숟가락째 넣고 저었을 때의 변화 | ▲ 소금 | ▲ 설탕 | ▲ 제빵 소다 |

제빵 소다는 녹지 않고 바닥에 남았어요. •

| 여덟 숟가락째 넣고 저었을 때의 변화 | ▲ 소금 | ▲ 설탕 |

• 소금은 녹지 않고 바닥에 남았어요.

제빵 소다 대신에 백반을 이용해도 좋아요. 같은 조건에서 백반은 세 숟가락째 넣었을 때부터 녹지 않고 바닥에 남아요.

정리 | 온도와 양이 같은 물에 용해되는 용질의 양은 용질의 종류에 따라 다릅니다.

4 단원

실험 2 물의 온도에 따라 백반이 물에 용해되는 양 비교하기 📖 9종 공통

❶ 비커 두 개에 각각 따뜻한 물과 차가운 물을 눈금실린더로 50 mL씩 넣습니다.

❷ 두 비커에 각각 백반을 두 숟가락씩 넣고 유리 막대로 저은 뒤, 백반이 얼마나 녹았는지 관찰해 봅시다.

실험동영상

실험에서 다르게 해야 할 조건은 '물의 온도'이고, 같게 해야 할 조건은 물의 양, 백반의 양 등 다른 모든 조건이에요.

실험 결과

백반이 용해되는 양을 관찰할 때 비커 아래에 검은 종이를 깔면 관찰하기 편리해요.

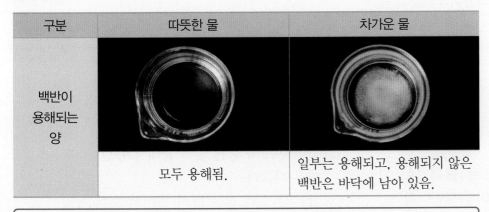

구분	따뜻한 물	차가운 물
백반이 용해되는 양	모두 용해됨.	일부는 용해되고, 용해되지 않은 백반은 바닥에 남아 있음.

정리 | 차가운 물보다 따뜻한 물에서 백반이 더 많이 용해됩니다.

3 용질에 따른 물에 용해되는 양, 물의 온도에 따라 용질이 용해되는 양

기본 개념 문제

1

용질에 따라 물에 용해되는 양을 비교하는 실험을 할 때, 정확한 결과를 얻기 위해 다르게 해야 할 조건은 (   )입니다.

2

소금, 설탕, 베이킹 소다 중 같은 온도와 같은 양의 물에 넣었을 때 가장 많이 용해되는 물질은 (   )입니다.

3

물의 온도에 따라 용질이 용해되는 양을 알아보는 실험에서 물의 온도, 백반의 양, 물의 양 중 다르게 해야 할 조건은 (   )입니다.

4

물의 온도만 다르게 하고 다른 조건은 모두 같을 때, 차가운 물과 따뜻한 물 중 백반이 더 많이 용해되는 것은 (   )입니다.

5

물의 양이 같을 때, 일반적으로 물의 온도가 (   )수록 용질이 더 많이 용해됩니다.

[6-8] 다음은 같은 온도와 같은 양의 물에 여러 가지 용질을 넣고 저었을 때 용해되는 양을 표로 나타낸 것입니다. 물음에 답하시오.

(○: 모두 녹음, △: 녹지 않고 바닥에 남는 것이 있음.)

구분	약숟가락으로 용질을 넣은 횟수(회)							
	1	2	3	4	5	6	7	8
소금	○	○	○	○	○	○	○	△
설탕	○	○	○	○	○	○	○	○
베이킹 소다	○	△	△	△	△	△	△	△

6 동아, 미래엔, 비상, 아이스크림, 지학사, 천재교육

위 소금, 설탕, 베이킹 소다 중 온도와 양이 같은 물에 가장 적게 용해되는 용질을 쓰시오.

(   )

7 동아, 미래엔, 비상, 아이스크림, 지학사, 천재교육

다음은 소금과 베이킹 소다를 약숟가락으로 2회 넣고 저었을 때의 모습입니다. 위 표를 참고하여 소금이 담긴 비커로 알맞은 것의 기호를 쓰시오.

ⓒ 용질이 다 녹지 않고 가라앉는 것이 있음.   ⓒ 용질이 다 용해됨.

(   )

8 동아, 미래엔, 비상, 아이스크림, 지학사, 천재교육

위 표를 보고, 알 수 있는 사실에 ○표 하시오.

(1) 베이킹 소다는 물에 녹지 않는다. (   )
(2) 같은 온도와 같은 양의 물에서 용질마다 용해되는 양은 다르다. (   )
(3) 같은 온도와 같은 양의 물에서 모든 용질이 용해되는 양은 같다. (   )

9 김영사, 천재교과서

온도와 양이 같은 물에 여러 가지 용질이 용해되는 양이 다음과 같을 때, 이 표를 보고 옳게 말한 사람의 이름을 쓰시오.

(○: 모두 용해됨, ●: 모두 용해되지 않고 바닥에 남는 것이 있음.)

구분	약숟가락으로 용질을 넣은 횟수(회)							
	1	2	3	4	5	6	7	8
설탕	○	○	○	○	○	○	○	○
소금	○	○	○	○	○	○	○	●
백반	○	○	●	●	●	●	●	●

- 민아: 백반은 물에 전혀 녹지 않네.
- 하루: 용질마다 물에 용해되는 양은 같아.
- 정신: 온도와 양이 같은 물에서는 설탕>소금>백반 순서로 많이 녹는구나.

(   )

10 ✚ 9종 공통

다음 실험 과정은 무엇을 알아보기 위한 것입니까?

(   )

[실험 과정]
❶ 비커 두 개에 각각 따뜻한 물과 차가운 물을 50 mL씩 넣는다.
❷ 각 비커에 백반을 두 숟가락씩 넣고 유리 막대로 저은 뒤, 백반이 용해된 양을 비교해 본다.

① 물의 양에 따라 백반이 용해되는 양
② 물의 온도에 따라 백반이 용해되는 양
③ 물의 양에 따라 백반이 용해되는 빠르기
④ 물의 온도에 따라 백반이 용해되는 빠르기
⑤ 백반 알갱이의 크기에 따라 백반이 용해되는 빠르기

11 서술형 ✚ 9종 공통

다음은 물의 온도에 따라 백반이 용해되는 양을 알아보는 실험 과정에서 잘못된 부분에 밑줄로 표시한 것입니다. 바르게 고쳐 쓰시오.

⑺ 얼음과 주전자를 이용해 각각 10 ℃와 40 ℃의 물을 준비한다.
⑻ 눈금실린더로 10 ℃의 물 10 mL와 40 ℃의 물 50 mL를 측정해 각각 두 비커에 담는다.
⑼ 두 비커에 백반을 각각 두 숟가락씩 넣고 유리 막대로 저은 뒤, 백반이 용해된 양을 비교한다.

_____

_____

_____

12 ✚ 9종 공통

다음 중 물 100 mL에 백반을 용해할 때, 백반을 가장 많이 용해할 수 있는 물의 온도로 알맞은 것은 어느 것입니까? (   )

①
▲ 10 ℃의 물

②
▲ 20 ℃의 물

③
▲ 50 ℃의 물

④
▲ 90 ℃의 물

4 용액의 진하기 비교

1 색깔과 맛으로 용액의 진하기 비교하기

(1) 용액의 진하기

              용액 속에 용질이 녹아 있는 정도예요.

① 같은 양의 용매에 용해된 용질의 많고 적은 정도를 나타냅니다.

② 용매의 양이 같을 때 용해된 용질의 양이 많을수록 더 진한 용액입니다.

(2) 색깔과 맛으로 용액의 진하기 비교하기

① 색깔이 있는 용액은 색깔이 진할수록 더 진한 용액입니다.

예	황색 각설탕 한 개를 용해한 용액	황색 각설탕 열 개를 용해한 용액
	색깔이 더 연함.	색깔이 더 진함.

② 맛을 볼 수 있는 용액은 맛을 이용하여 용액의 진하기를 비교할 수 있습니다. 맛이 진할수록 더 진한 용액입니다.

2 물체가 뜨는 정도로 용액의 진하기 비교하기

(1) 색깔이나 맛 등으로 구별할 수 없는 용액의 진하기

① 설탕물이나 소금물과 같이 투명한 용액은 색깔로 용액의 진하기를 비교하기 어려우며, 알지 못하는 용액을 함부로 맛보는 행동은 위험합니다.

② 색깔이나 맛으로 구별할 수 없는 용액의 진하기는 방울토마토나 메추리알과 같이 용액의 진하기에 따라 뜨고 가라앉을 수 있는 물체를 용액에 넣어 비교할 수 있습니다.

(2) 물체가 뜨는 정도로 용액의 진하기 비교하기: 용액에 물체를 넣었을 때 용액이 진할수록 물체가 높게 떠오릅니다.

구분	각설탕 한 개를 용해한 용액	각설탕 열 개를 용해한 용액
방울토마토를 넣었을 때	가라앉음.	가라앉음.
메추리알을 넣었을 때	가라앉음.	떠오름.

(3) 생활에서 물체가 뜨는 정도로 용액의 진하기를 확인하는 예

① 장을 담글 때 소금물에 달걀을 띄워 달걀이 떠오르는 정도로 소금물의 진하기를 확인합니다.

② 우리나라의 바다에서보다 요르단과 이스라엘 국경 지대에 있는 사해에서 몸이 잘 뜨는 까닭은 사해의 물이 더 진한 용액이기 때문입니다.

➕ **용액의 진하기를 비교하는 방법**

용액의 색깔, 맛, 비커에 담긴 용액의 높이, 비커에 담긴 용액을 전자저울에 올려놓고 측정한 무게 등으로 비교할 수 있습니다. 용액의 높이나 무게로 용액의 진하기를 비교할 때에는 용매의 양이 일정해야 합니다.

➕ **색깔과 맛으로 용액의 진하기 비교하기** 예

진한 용액

오렌지 맛 주스 가루를 녹인 용액은 색깔과 맛이 진할수록 보다 더 진한 용액입니다.

용어 사전

● **장** 음식의 간을 맞추는 데 쓰는 짠맛이 나는 흑갈색 액체. 메주를 소금물에 30~40일 정도 담가 우려낸 뒤 그 국물을 떠내어 솥에 붓고 달여서 만듦.

● **국경** 나라와 나라의 영역을 가르는 경계.

● **사해** 이스라엘과 요르단에 걸쳐 있는 소금 호수. 요르단강이 흘러 들어오지만 나가는 데가 없고 증발이 심해서 염분 농도가 바닷물의 약 다섯 배에 달하기 때문에 세균과 일부 식물을 제외한 생물이 살 수 없음.

교과서 **통합 대표 실험**

실험1 흑설탕 용액의 진하기 비교하기 📖 9종 공통

❶ 눈금실린더를 이용해 비커 두 개에 같은 양의 물을 넣고, 한 비커에는 흑설탕 한 숟가락, 다른 비커에는 흑설탕 열 숟가락을 넣고 유리 막대로 저어 녹입니다.

❷ 다양한 방법으로 흑설탕 용액의 진하기를 비교해 봅니다.

실험 결과

색깔로 비교하기	맛으로 비교하기
진한 흑설탕 용액의 색깔이 더 진함.	진한 흑설탕 용액의 맛이 더 진함.

높이로 비교하기	전자저울로 측정한 값으로 비교하기
진한 흑설탕 용액의 높이가 더 높음.	진한 흑설탕 용액의 무게를 측정한 값이 더 큼.

정리 | 용액의 진하기는 용액의 특성에 따라 색깔, 맛, 용기에 담긴 용액의 높이, 무게 등으로 비교할 수 있습니다.

흑설탕 대신에 황설탕(황색 각설탕)을 이용해도 좋아요.

• 용액의 색깔을 비교할 때에는 용액이 담긴 비커 뒤에 흰 종이를 대고 관찰해요.
• 흑설탕 용액처럼 맛을 볼 수 있는 용액의 경우, 맛으로 용액의 진하기를 비교할 수 있지만 알지 못하는 용액의 맛을 보는 것은 위험해요.

색깔, 맛, 냄새 등 사람의 감각 기관이나 간단한 도구를 이용하여 구별할 수 있는 물질의 성질을 겉보기 성질이라고 해요.

4 단원

실험2 물체가 뜨는 정도로 용액의 진하기 비교하기 📖 9종 공통

❶ 비커 두 개에 각각 물을 150 mL 넣고 한 비커에는 설탕 한 숟가락, 다른 비커에는 설탕 열 숟가락을 녹인 뒤, 설탕 한 숟가락을 녹인 비커에 방울토마토를 넣고 용액에서 뜨는 정도를 관찰해 봅시다.

❷ 약숟가락으로 방울토마토를 건져 내어 휴지로 잘 닦은 다음, 설탕 열 숟가락을 녹인 비커에 넣고 용액에서 뜨는 정도를 관찰해 봅시다.

실험 결과

방울토마토가 바닥에 가라앉음.

방울토마토가 용액 위로 뜸.

정리 | 용액에 물체를 넣었을 때 용액이 진할수록 물체가 높이 떠오릅니다.

• 투명한 용액은 색깔로 용액의 진하기를 비교할 수 없어요.
• 방울토마토 대신에 메추리알이나 청포도 등을 사용할 수 있어요.
• 방울토마토마다 크기나 무게가 다르기 때문에 한 개를 닦아서 사용해요.

4 용액의 진하기 비교

1

같은 양의 용매에 용해된 (   )의 많고 적은 정도를 '용액의 진하기'라고 합니다.

2

색깔이 있는 용액의 진하기를 비교할 때, 색깔이 (   )수록 더 진한 용액입니다.

3

황색 각설탕 용액의 진하기를 비교할 경우, 맛이 달수록 더 (   ) 용액입니다.

4

같은 양의 물에 각설탕 한 개와 각설탕 열 개를 각각 용해하여 만든 설탕 용액 중 더 진한 용액은 각설탕 (   ) 개를 용해하여 만든 것입니다.

5

진하기가 다른 용액에 각각 방울토마토를 넣었을 때, 진하기가 (   ) 용액일수록 방울토마토가 더 높이 떠오릅니다.

6 ➕ 9종 공통

다음 (   ) 안에 공통으로 들어갈 알맞은 말을 쓰시오.

> • 같은 양의 용매에 용해된 용질의 많고 적은 정도를 용액의 (   )(이)라고 한다.
> • 용액의 (   )은/는 용액의 색깔, 맛, 비커에 담긴 용액의 높이 등으로 비교할 수 있다.

(   )

[7-8] 같은 150 mL의 물에 각각 다른 양의 황설탕을 녹여 (가)~(다)의 황설탕 용액을 만들었습니다. 물음에 답하시오.

(가)   (나)   (다)

7 ➕ 9종 공통

위 황설탕 용액의 진하기를 비교할 수 있는 방법을 옳게 설명한 사람의 이름을 쓰시오.

> • 민규: 맛이 없을수록 진한 용액이야.
> • 지수: 색깔이 진할수록 진한 용액이야.
> • 성우: 쇠구슬을 넣었을 때 높이 떠오를수록 진한 용액이야.

(   )

8 ➕ 9종 공통

위 (가)~(다) 중 용액의 진하기가 가장 진한 황설탕 용액부터 순서대로 기호를 쓰시오.

(   ) → (   ) → (   )

9 ✚ 9종 공통

다음 두 백반 용액의 진하기를 비교할 수 있는 방법으로 옳은 것은 어느 것입니까? (   )

① 맛을 비교한다.
② 색깔을 비교한다.
③ 온도를 비교한다.
④ 용액 속 공기 방울의 개수로 비교한다.
⑤ 방울토마토를 넣어 뜨거나 가라앉는 정도를 보고 비교한다.

[10-12] 다음은 비커 두 개에 같은 양의 물을 담고 한쪽에는 각설탕 한 개, 다른 쪽에는 각설탕 열 개를 넣어 용해한 뒤, 같은 방울토마토를 번갈아 넣었을 때의 모습입니다. 물음에 답하시오.

(가)   (나)

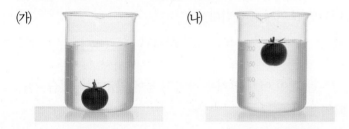

10 동아, 김영사, 미래엔, 비상, 아이스크림, 지학사, 천재교과서, 천재교육

위 실험에서 같은 방울토마토를 번갈아서 사용하는 까닭으로 옳은 것에 ○표 하시오.

(1) 맛이 같은 방울토마토를 사용해야 하기 때문이다. (   )

(2) 크기나 무게가 같은 방울토마토를 사용해야 하기 때문이다. (   )

(3) 색깔과 모양, 느낌이 같은 방울토마토를 사용하기 위해서이다. (   )

11 ✚ 9종 공통

앞 (가)와 (나) 중 각설탕을 열 개 용해한 용액이 담긴 비커로 알맞은 것의 기호를 쓰시오.

(   )

12 서술형 ✚ 9종 공통

위 **11**번 답과 같이 생각한 까닭을 쓰시오.

_____

_____

_____

13 동아, 금성, 김영사, 미래엔, 비상, 아이스크림, 천재교육

오른쪽과 같이 설탕 용액의 중간 높이에 떠 있는 방울토마토를 아래로 가라앉게 하려면 어떻게 해야 합니까? (   )

① 물을 더 넣는다.
② 설탕을 더 넣는다.
③ 물을 빠르게 저어 준다.
④ 물을 천천히 저어 준다.
⑤ 물을 가열하여 온도를 높인다.

4 용해와 용액

1. 여러 가지 물질을 물에 넣었을 때의 변화

(1) 물질이 물에 녹는 현상

❶	소금과 같이 다른 물질에 녹는 물질
용매	물처럼 다른 물질을 녹이는 물질
용액	소금물과 같이 용질이 용매에 골고루 섞여 있는 혼합물
❷	소금이 물에 모두 녹아 소금물이 되는 것처럼 어떤 물질이 다른 물질에 녹아 고르게 섞이는 현상

소금(용질) + 물(용매) → 녹음.(용해) 소금물(용액)

(2) 물에 녹는 물질과 물에 녹지 않는 물질
① 설탕, 소금, 주스 가루 등은 물에 잘 녹습니다.
② 탄산 칼슘, 밀가루, 모래(흙), 멸치 가루 등은 물에 녹지 않습니다.
③ 물에 용해되는 물질을 물에 넣으면 골고루 섞여 [❸   ]이 됩니다.
④ 물에 용해되지 않는 물질을 물에 넣으면 골고루 섞이지 않고 물 위에 뜨거나 바닥에 가라앉습니다.

(3) 용액의 특징: 시간이 지나도 위에 뜨거나 바닥에 가라앉는 물질이 없습니다.

2. 용질이 물에 용해될 때의 변화

(1) 물에 용해된 설탕의 존재 확인하기

각설탕 / 설탕이 보이지 않음.

① 설탕이 물에 모두 용해되면 보이지 않습니다.
② 각설탕이 물에 녹은 설탕 용액의 물을 모두 증발시키면 [❹   ]이 나타납니다.
③ 물에 녹은 설탕은 사라지는 것이 아니라 매우 작아져 물에 골고루 섞였습니다.

(2) 용질이 물에 용해될 때의 변화

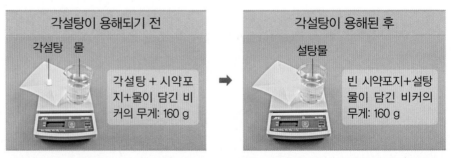

| 각설탕이 용해되기 전 | 각설탕이 용해된 후 |
| 각설탕 + 시약포지+물이 담긴 비커의 무게: 160 g | 빈 시약포지+설탕물이 담긴 비커의 무게: 160 g |

① 각설탕이 물에 용해되기 전과 용해된 후의 무게는 [❺   ].
② 용질이 물에 용해되면 없어지거나 양이 변하는 것이 아니라, 크기가 매우 작아졌을 뿐 물속에 그대로 남아 골고루 섞여 있기 때문입니다.

★ 용액의 특징

이온 음료 / 유리 세정제

• 시간이 지나도 위에 뜨거나 바닥에 가라앉는 물질이 없습니다.
• 색이 있는 경우, 모든 부분의 색깔이 같습니다.

★ 용액의 무게 ⑩

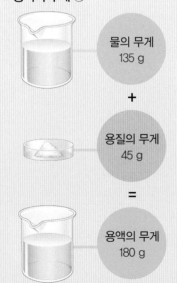

물의 무게 135 g + 용질의 무게 45 g = 용액의 무게 180 g

● 정답과 풀이 14쪽

3. 용질에 따른 물에 용해되는 양, 물의 온도에 따라 용질이 용해되는 양

(1) 용질에 따른 물에 용해되는 양 例

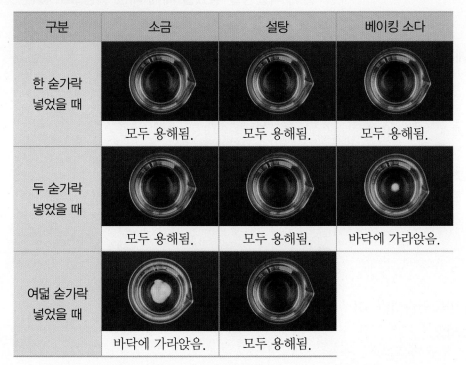

구분	소금	설탕	베이킹 소다
한 숟가락 넣었을 때	모두 용해됨.	모두 용해됨.	모두 용해됨.
두 숟가락 넣었을 때	모두 용해됨.	모두 용해됨.	바닥에 가라앉음.
여덟 숟가락 넣었을 때	바닥에 가라앉음.	모두 용해됨.	

① 20 ℃의 물 50 mL에는 설탕>소금>베이킹 소다 순으로 물에 많이 용해됩니다.

② 물의 온도와 양이 같아도 [❻]마다 물에 용해되는 양은 서로 다릅니다.

(2) 물의 온도에 따라 용질이 용해되는 양: 물의 양이 같을 때, 일반적으로 물의 온도가 높을수록 용질이 더 [❼] 용해됩니다.

4. 용액의 진하기 비교

(1) 용액의 진하기: 같은 양의 용매에 용해된 용질의 많고 적은 정도를 나타냅니다.

(2) 용액의 진하기 비교하기 (같은 용기, 같은 양의 용매에 용질의 양만 다르게 하여 용해한 경우)

비교 방법	진한 용액의 특징
색깔	색깔이 있는 용액은 색깔이 진할수록 진한 용액임.
맛	맛을 볼 수 있는 용액은 맛이 진할수록 진한 용액임.
높이	높이가 높을수록 진한 용액임.
무게	무게가 무거울수록 진한 용액임.
물체가 뜨는 정도	물체가 [❽] 떠오를수록 더욱 진한 용액임.

▲ 각설탕 한 개를 용해한 용액 (가라앉음.) ▲ 각설탕 열 개를 용해한 용액 (떠오름.)

★ 물의 양에 따라 용질이 물에 용해되는 양 例

• 20 ℃의 물 100 mL에 소금, 설탕, 베이킹 소다를 각각 넣었을 때 세 용질 모두 20 ℃의 물 50 mL에서보다 많은 양이 용해됩니다.
• 물의 양이 많을수록 용질이 물에 더 많이 용해됩니다.

★ 용질을 더 많이 용해시키는 방법

• 물의 온도를 높여 줍니다.
• 물의 양을 많게 해 줍니다.

★ 색깔로 용액의 진하기 비교하기

진한 용액임. 흰 종이

색깔이 있는 용액은 용기의 뒤쪽에 흰 종이를 대어 색깔로 진하기를 비교할 수 있습니다.

4. 용해와 용액 **87**

1 ➕ 9종 공통

다음 설명에 알맞은 낱말을 보기 에서 각각 골라 기호를 쓰시오.

보기
⊙ 용해   ⓛ 용질   ⓒ 용매   ⓔ 용액

(1) 물처럼 다른 물질을 녹이는 물질이다. (   )
(2) 소금이 물에 녹는 것처럼 어떤 물질이 다른 물질에 녹아 골고루 섞이는 현상이다. (   )

2 ➕ 9종 공통

황설탕을 물에 녹여 황설탕 용액을 만들었습니다. 이 때 용매와 용질이 무엇인지 각각 쓰시오.

(1) 용매: (   )
(2) 용질: (   )

3 ➕ 9종 공통

같은 양과 온도의 물이 담긴 비커에 여러 가지 물질을 각각 두 숟가락씩 넣고 저었을 때의 결과를 보고, 이에 대한 설명으로 옳은 것을 보기 에서 두 가지 골라 기호를 쓰시오.

구분	소금	밀가루	멸치 가루
물에 넣고 저었을 때	소금이 물에 녹아 투명해짐.	밀가루가 바닥에 가라앉음.	멸치 가루가 물과 섞여 뿌옇게 변함.

보기
⊙ 소금은 물에 녹는 물질이다.
ⓛ 밀가루는 물에 녹는 물질이다.
ⓒ 멸치 가루는 물에 녹지 않는 물질이다.
ⓔ 멸치 가루를 한 숟가락 더 넣으면 물에 모두 녹는다.

(   )

4 ➕ 9종 공통

물에 각설탕을 넣었을 때에 대한 설명으로 옳은 것에 ○표 하시오.

(1) 각설탕이 부스러지면서 크기가 점점 작아진다.
(   )

(2) 물에 넣는 순간, 각설탕 덩어리가 사라져 보이지 않는다. (   )

5 서술형 ➕ 9종 공통

다음은 각설탕이 물에 용해되기 전과 용해된 후의 무게를 비교하는 실험 과정입니다. 이 실험의 결과를 쓰시오.

㈎ 전자저울에 물이 담긴 비커와 각설탕이 담긴 시약포지를 모두 올려 무게를 측정한다.
㈏ 각설탕을 물에 넣어 완전히 용해시킨다.
㈐ 전자저울에 설탕물이 담긴 비커와 빈 시약포지를 올려놓고 무게를 측정한다.

_____

_____

_____

6 ⊕ 9종 공통

다음 (   ) 안의 알맞은 말에 ○표 하시오.

> 용질이 물에 완전히 용해되면 물에 골고루 섞이며,
> (없어진다, 없어지지 않는다).

7 서술형   김영사, 천재교과서

다음은 온도와 양이 같은 물이 담긴 두 개의 비커에 각각 소금과 백반을 넣고 유리 막대로 저은 결과입니다. ㉠에 들어갈 알맞은 내용을 쓰시오.

구분	소금	백반
두 숟가락을 넣었을 때	㉠	모두 용해됨.
세 숟가락을 넣었을 때	모두 용해됨.	바닥에 남음.

_____

_____

8 ⊕ 9종 공통

다음 (   ) 안에 들어갈 알맞은 말을 쓰시오.

> 물의 온도에 따라 백반이 물에 용해되는 양을 알아보는 실험을 할 때 물의 양, 백반의 양 등은 같게 하고, 물의 (   )만 다르게 한다.

(   )

9 ⊕ 9종 공통

따뜻한 물과 차가운 물이 같은 양씩 담긴 두 개의 비커에 백반을 각각 두 숟가락씩 넣고 녹였을 때, 따뜻한 물에 넣은 백반만 모두 용해되었습니다. 이를 통해 알 수 있는 사실로 옳은 것은 어느 것입니까?

(   )

① 물의 양이 많을수록 백반이 많이 용해된다.
② 물의 온도가 낮을수록 백반이 많이 용해된다.
③ 물의 온도가 높을수록 백반이 많이 용해된다.
④ 물의 양과 관계없이 백반이 용해되는 양은 항상 일정하다.
⑤ 물의 온도와 관계없이 백반이 용해되는 양은 항상 일정하다.

10 ⊕ 9종 공통

물의 온도 이외의 조건은 모두 같을 때, 코코아 가루를 용해하여 가장 진한 코코아차를 만들 수 있는 물의 온도로 알맞은 것은 어느 것입니까? (   )

① 30 ℃   ② 40 ℃   ③ 50 ℃
④ 60 ℃   ⑤ 70 ℃

[11-12] 다음은 같은 양의 물에 각각 다른 양의 황설탕을 넣어 만든 황설탕 용액입니다. 물음에 답하시오.

(가)  (나)  (다)

11 ⊕ 9종 공통

위 (가)~(다) 중 황설탕을 가장 많이 용해한 황설탕 용액부터 순서대로 기호를 쓰시오.

(   ) → (   ) → (   )

12 ⊕ 9종 공통

위 황설탕 용액에 대하여 옳게 설명한 사람의 이름을 쓰시오.

- 미정: (나) 용액의 맛이 가장 달아.
- 현우: (가) 용액의 색깔이 가장 진하므로 용액의 진하기가 가장 진한 용액이야.
- 범재: 각 용액에 같은 방울토마토를 번갈아가며 넣으면 (다) 용액에서 가장 아래쪽에 가라앉아.

(   )

13 서술형 ⊕ 9종 공통

용액의 진하기란 무엇인지 쓰시오.

_____

_____

[14-15] 다음은 진하기가 서로 다른 설탕 용액에 같은 방울토마토를 번갈아가며 넣은 모습입니다. 물음에 답하시오.

(가)  (나)  (다)

14 ⊕ 9종 공통

위에서 가장 진한 설탕 용액으로 알맞은 것을 골라 기호를 쓰시오.

(   )

15 ⊕ 9종 공통

위 실험에 대한 설명으로 옳은 것을 보기 에서 골라 기호를 쓰시오.

보기

ㄱ (가) 용액의 맛이 가장 달다.
ㄴ (나) 용액에 설탕을 더 넣으면 방울토마토가 가라앉는다.
ㄷ 용액의 진하기가 진할수록 방울토마토가 더 높이 떠오른다.
ㄹ (다) 용액의 방울토마토를 (가) 용액에서와 같이 비커의 바닥 부분에 가라앉게 하려면 설탕을 더 넣으면 된다.

(   )

[1-3] 다음은 같은 양의 물이 담긴 비커 세 개에 소금, 설탕, 멸치 가루를 각각 두 숟가락씩 넣고 유리 막대로 저어 물에 녹는 물질을 알아보는 실험입니다. 물음에 답하시오.

물
소금   설탕   멸치 가루

1 동아, 아이스크림, 천재교과서, 천재교육

위 실험에서 다르게 한 조건으로 알맞은 것을 보기 에서 골라 기호를 쓰시오.

보기
㉠ 넣는 물질   ㉡ 물질의 양
㉢ 비커의 크기   ㉣ 유리 막대의 종류

(   )

2 동아, 아이스크림, 천재교과서, 천재교육

위에서 각 물질을 두 숟가락씩 넣고 저은 비커를 10분 동안 가만히 두었을 때, 일어나는 변화로 옳은 것은 어느 것입니까? (   )

① 소금이 물에 뜬다.
② 소금이 바닥에 가라앉는다.
③ 멸치 가루가 물에 모두 녹는다.
④ 설탕이 물에 모두 녹아 보이지 않는다.
⑤ 멸치 가루는 물 위에 뜨거나 바닥에 가라앉는 것이 없다.

3 서술형 동아, 아이스크림, 천재교과서, 천재교육

위 실험을 통해 알 수 있는 사실을 쓰시오.

_____

_____

4 ➕ 9종 공통

물에 설탕을 완전히 용해시켜 만든 설탕물에 대한 설명으로 옳은 것을 보기 에서 두 가지 골라 기호를 쓰시오.

보기
㉠ 설탕물은 투명하다.
㉡ 설탕물을 10분 동안 가만히 두면 하얀 설탕이 가라앉는다.
㉢ 설탕물을 10분 동안 가만히 두어도 위에 뜨거나 바닥에 가라앉는 것이 없다.

(   )

5 동아, 금성, 미래엔, 아이스크림, 지학사, 천재교과서, 천재교육

다음은 각설탕이 물에 용해되는 과정입니다. 이 과정에 대한 설명으로 옳지 <u>않은</u> 것에 ×표 하시오.

(1) 각설탕이 작게 부서진다.   (   )
(2) 각설탕이 물에 녹으면서 물에 골고루 섞인다.
                                                      (   )
(3) 각설탕이 점점 작아지다가 다시 뭉쳐지며 커진다.
                                                      (   )

[6-7] 다음은 각설탕이 물에 용해되기 전과 용해된 후의 무게를 비교하는 실험입니다. 물음에 답하시오.

용해되기 전 무게		용해된 후 무게
각설탕 + 시약포지	물 + 비커	빈 시약포지 + 설탕물 + 비커
㉠ g	㉡ g	㉢ g

6 ➕ 9종 공통

위 실험 결과를 옳게 설명한 사람의 이름을 쓰시오.

> • 지성: ㉠과 ㉡을 합한 값은 ㉢보다 커.
> • 현민: ㉠과 ㉡을 합한 값은 ㉢과 같아.
> • 수영: ㉡에서 ㉠을 뺀 값은 ㉢과 같아.

( )

7 서술형 ➕ 9종 공통

다음은 위 실험 결과로부터 알 수 있는 사실입니다. 잘못된 부분의 기호를 쓰고, 바르게 고쳐 쓰시오.

> 각설탕은 물에 용해되면 ㈎ 눈에 보이지 않을만큼 매우 작아져 ㈏ 물에 섞이지 않는다. 따라서 용해되기 전과 용해된 후의 ㈐ 무게가 변하지 않는다.

8 ➕ 9종 공통

물에 설탕 25 g을 완전히 용해한 설탕물의 무게가 100 g일 때 물의 무게는 몇 g인지 쓰시오.

( ) g

[9-10] 다음은 온도와 양이 같은 물을 넣은 비커 세 개에 각각 소금, 설탕, 백반을 넣고 저었을 때 용해되는 양을 표로 나타낸 것입니다. 물음에 답하시오.

(○: 모두 녹음, △: 녹지 않고 바닥에 남는 것이 있음.)

구분	약숟가락으로 용질을 넣은 횟수(회)							
	1	2	3	4	5	6	7	8
소금	○	○	○	○	○	㉠	○	△
설탕	○	○	○	○	○	○	○	○
백반	○	○	△	△	△	△	△	△

9 ➕ 9종 공통

위 표를 보고, ○와 △ 중 ㉠에 들어갈 알맞은 기호를 쓰시오.

( )

10 ➕ 9종 공통

위 표를 보고 알 수 있는 사실로 다음 ( ) 안에 들어갈 알맞은 말을 쓰시오.

> 물의 온도와 양이 같을 때 용질의 종류에 따라 물에 용해되는 양은 ( ).

( )

11 서술형 ➕ 9종 공통

다음 ㉠과 ㉡ 중 잘못된 부분의 기호를 쓰고, 바르게 고쳐 쓰시오.

> 물의 온도에 따라 백반이 물에 용해되는 양을 알아보는 실험을 할 때, ㉠ 물의 양만 다르게 하고 다른 조건은 같게 해야 한다. 이 실험의 결과를 통하여 ㉡ 물의 온도가 높을수록 백반이 더 많이 용해된다는 사실을 알 수 있다.

_____

_____

12 ➕ 9종 공통

다음은 온도가 서로 다른 물 50 mL에 백반을 각각 다섯 숟가락씩 넣고, 유리 막대로 저어 용해한 결과입니다. ㉠에 들어갈 알맞은 물의 온도는 어느 것입니까? (   )

물의 온도	백반이 용해되는 양
10 ℃	백반이 바닥에 많이 남아 있음.
㉠	백반이 바닥에 조금 남아 있음.
60 ℃	백반이 모두 용해됨.

① 10 ℃   ② 30 ℃   ③ 60 ℃
④ 80 ℃   ⑤ 100 ℃

13 ➕ 9종 공통

다음 중 가장 많은 양의 주스 가루를 용해시킬 수 있는 물로 알맞은 것은 어느 것입니까? (   )

① 0 ℃의 물 50 mL   ② 20 ℃의 물 50 mL
③ 40 ℃의 물 50 mL   ④ 60 ℃의 물 100 mL
⑤ 80 ℃의 물 100 mL

14 ➕ 9종 공통

다음 ㉠~㉢은 같은 양의 물에 각각 다른 양의 황설탕을 넣어 만든 황설탕 용액입니다. 다음 설명에 알맞은 황설탕 용액을 골라 기호를 쓰시오.

㉠  ㉡  ㉢

> • 용액의 맛이 가장 달다.
> • 용액에 방울토마토를 넣었을 때 가장 높이 떠오른다.

(   )

15 ➕ 9종 공통

다음은 같은 양의 물에 각각 다른 양의 설탕을 넣어 만든 설탕 용액에 같은 메추리알을 넣은 모습입니다. 가장 진한 설탕 용액부터 순서대로 기호를 쓰시오.

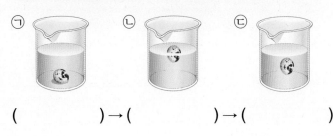

(   ) → (   ) → (   )

평가 주제	여러 가지 물질을 물에 넣었을 때의 변화 알아보기
평가 목표	물에 녹는 물질과 물에 녹지 않는 물질을 비교하여 용해와 용액의 개념을 알 수 있다.

[1-3] 다음은 같은 양과 온도의 물에 각각 소금과 멸치 가루를 한 숟가락씩 넣고 저은 뒤, 10분 동안 가만히 두었을 때 볼 수 있는 모습입니다. 물음에 답하시오.

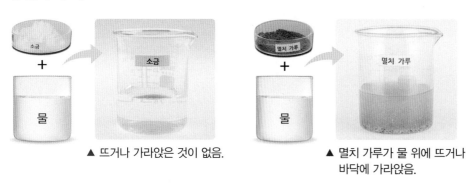

▲ 뜨거나 가라앉은 것이 없음.

▲ 멸치 가루가 물 위에 뜨거나 바닥에 가라앉음.

1 위의 소금과 멸치 가루를 물에 녹는 물질과 물에 녹지 않는 물질로 구분하여 쓰시오.

(1) 물에 녹는 물질	(2) 물에 녹지 않는 물질

도움 소금과 멸치 가루를 물에 넣은 모습을 물질이 물에 모두 녹았을 때의 모습과 비교해 봅니다.

2 위에서 볼 수 있는 모습을 통해 알 수 있는 것을 쓰시오.

_____

_____

도움 실험에서 물의 양과 온도, 넣은 물질의 양 등은 같게 했고, 물질의 종류만 다르게 했습니다. 따라서 물질의 종류에 따라 어떤 차이가 생기는지 알 수 있을 것입니다.

3 위에서 소금이 물에 녹아 소금물이 되는 과정을 다음과 같이 나타내었습니다. 이 과정에서 용해, 용질, 용매, 용액이란 무엇인지 설명하시오.

소금　　　　물　　　　소금물

_____

_____

도움 용해의 '해'는 解(풀 해), 용질의 '질'은 質(바탕 질), 용매의 '매'는 媒(중매 매), 용액의 '액'은 液(진 액)의 한자를 씁니다. 한자의 뜻을 학습한 내용과 연관지어 봅니다.

수행 평가 2회 4. 용해와 용액

평가 주제	용액의 진하기 비교하기
평가 목표	용액의 진하기를 상대적으로 비교하는 방법을 알고, 이를 이용하여 용액의 진하기를 비교할 수 있다.

[1-3] 비커 두 개에 같은 온도의 물을 각각 80 mL씩 넣고, 한 비커에는 황설탕 한 숟가락, 다른 비커에는 황설탕 열 숟가락을 용해하여 진하기가 다른 용액을 만들었습니다. 물음에 답하시오.

(가)  (나)

1 다음의 세 물체를 각각 이용하여 위 (가), (나) 용액의 진하기를 비교하는 방법과, 각 방법으로 용액의 진하기를 비교했을 때 더 진한 용액의 특징으로 ㉠~㉡에 들어갈 알맞은 말을 써넣으시오.

물체	비교하는 방법	더 진한 용액의 특징
입(혀)	㉠	㉡
방울토마토	㉢	㉣
흰 종이	㉤	㉥

도움 각 물체의 특징을 떠올리고, 이 특징이 용액의 진하기를 비교하는 데 어떻게 쓰일 수 있을지 생각해 봅니다.

2 용액의 진하기를 비교하기 위해 위 **1**번의 방울토마토 대신에 이용할 수 있는 것으로 알맞은 것을 모두 골라 ○표 하시오.

탁구공,	청포도,	종이배,	메추리알,	멸치 가루

도움 방울토마토는 용액의 진한 정도에 따라 뜨고 가라앉는 정도가 다릅니다.

3 위 (가), (나) 용액 중 황설탕을 열 숟가락 용해한 용액과 용액의 진하기가 더 진한 용액을 골라 각각 기호를 쓰시오.

(1) 황설탕을 열 숟가락 용해한 용액: (   )

(2) 용액의 진하기가 더 진한 용액: (   )

도움 (가) 용액과 (나) 용액의 모습에는 어떤 차이가 있는지 관찰해 봅니다.

미로를 따라 길을 찾아보세요.

● 정답과 풀이 16쪽

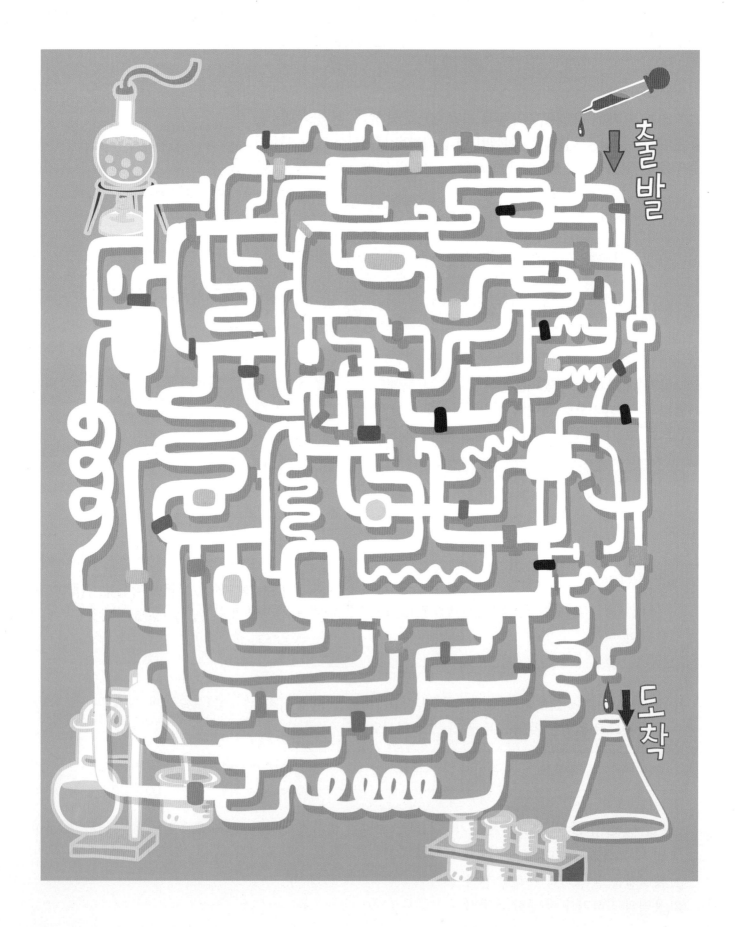

5

다양한 생물과 우리 생활

▶ 학습 내용과 교과서별 해당 쪽수를 확인해 보세요.

학습 내용	백점 쪽수	교과서별 쪽수				
		동아출판	비상교과서	아이스크림 미디어	지학사	천재교과서
1 곰팡이와 버섯의 특징	98~101	100~103	96~105	98~99, 102~103	94~97	100~105
2 짚신벌레와 해캄의 특징, 세균의 특징	102~105	94~99		100~101, 104~105	98~103	106~113
3 다양한 생물이 우리 생활에 미치는 영향, 첨단 생명 과학의 활용	106~109	104~107	106~109	106~109	104~107	114~117

★ 동아출판, 김영사, 미래엔, 지학사, 천재교과서, 천재교육의 「5. 다양한 생물과 우리 생활」 단원에 해당합니다.
★ 금성출판사, 비상교과서, 아이스크림미디어의 「4. 다양한 생물과 우리 생활」 단원에 해당합니다.

1 ## 곰팡이와 버섯의 특징

개념 강의

(1) 맨눈과 돋보기로 관찰하기

구분	곰팡이	버섯
맨눈	• 흰색, 검은색, 푸른색 등 여러 가지 색깔이 있음. • 빵 전체에 일정하지 않게 퍼져 있음.	• 윗부분은 둥글고 납작함. • 아랫부분은 길쭉함. • 우산을 펼친 것과 비슷하게 생김.
돋보기	• 실처럼 생긴 가는 털이 많이 나 있음. • 가는 털의 끝부분에 작은 알갱이가 보임.	버섯 윗부분의 안쪽에 주름이 많이 있음.

(2) 실체 현미경으로 관찰하기

① 실체 현미경 사용 방법

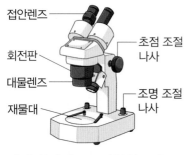

접안렌즈
회전판
대물렌즈
재물대
초점 조절 나사
조명 조절 나사

❶ 회전판을 돌려 대물렌즈를 가장 낮은 배율로 맞추고, 관찰할 대상이 담긴 페트리 접시를 재물대 위에 올립니다.
❷ 전원을 켜고, 조명 조절 나사로 빛의 양을 조절합니다.
❸ 초점 조절 나사로 대물렌즈를 관찰 대상에 최대한 가깝게 내립니다.
❹ 접안렌즈로 보면서 초점 조절 나사로 대물렌즈를 천천히 올려 초점을 맞춥니다.

→ 필요하면 대물렌즈의 배율을 높여 관찰해요.

② 실체 현미경으로 관찰한 모습

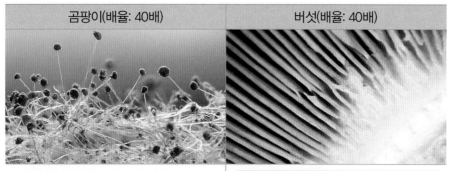

곰팡이(배율: 40배)	버섯(배율: 40배)
• 머리카락 같은 가는 실 모양이 서로 엉켜 있음. • 가는 실 모양의 끝에는 작고 둥근 알갱이가 있음.	• 버섯 윗부분 안쪽에는 주름이 많고 깊게 파여 있음. • 버섯의 윗부분 겉면은 가죽처럼 주름이 있음.

(3) 곰팡이와 버섯의 특징

① 몸 전체가 가는 실 모양의 균사로 이루어져 있으며, 포자를 이용하여 번식합니다.
② 곰팡이와 버섯과 같은 생물은 '균류'에 속합니다. → 식물이나 동물이 아닌 생물이에요.
③ 곰팡이와 버섯과 같은 균류는 스스로 양분을 만들지 못하고 대부분 죽은 생물이나 다른 생물에서 양분을 얻어 살아갑니다.

(4) 균류가 잘 자라는 환경

① 주로 따뜻하고 축축한 환경에서 잘 자랍니다. → 곰팡이가 잘 자라지 못하게 하려면 햇빛과 바람이 잘 통하게 해요.
② 양분을 쉽게 얻을 수 있는 동물의 몸이나 배설물, 낙엽 밑, 나무 밑동 등에서 잘 자랍니다.

곰팡이와 버섯을 본 경험 ⑩

• 오래 둔 과일에 곰팡이가 핀 것을 보았습니다.
• 욕실 구석이나 벽면에 곰팡이가 핀 것을 보았습니다.
• 시장에서 음식 재료로 쓰이는 버섯을 팔고 있는 것을 보았습니다.
• 산에서 나무 기둥 밑에 붙어 있는 버섯을 본 적이 있습니다.

실체 현미경은 작은 물체를 입체적으로 확대해서 관찰할 때 사용해요.

곰팡이의 생김새

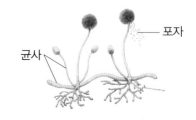

포자
균사

버섯의 생김새

포자
갓
자루
균사

용어 사전

● 균사 균류의 몸을 이루는 섬세한 실 모양의 세포로 거미줄과 같이 가늘고 긴 모양임.
● 포자 식물 등이 자손을 퍼뜨리기 위하여 만드는 세포.

실험 | **곰팡이와 버섯 관찰하기** 📖 9종 공통

활동 1 실체 현미경 사용 방법 알아보기

실체 현미경 각 부분의 이름과 하는 일, 사용 방법을 알아봅시다.

실험 결과

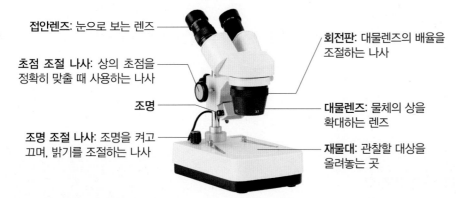

접안렌즈: 눈으로 보는 렌즈

초점 조절 나사: 상의 초점을 정확히 맞출 때 사용하는 나사

조명

조명 조절 나사: 조명을 켜고 끄며, 밝기를 조절하는 나사

회전판: 대물렌즈의 배율을 조절하는 나사

대물렌즈: 물체의 상을 확대하는 렌즈

재물대: 관찰할 대상을 올려놓는 곳

실험TIP!

실험동영상

형태를 손상하지 않고 있는 그대로 입체적으로 관찰할 때는 실체 현미경을 사용하고, 관찰하고자 하는 대상의 단면이나 속 구조를 관찰할 때에는 광학 현미경을 사용하는 것이 좋아요.

실체 현미경 사용 방법

❶ 회전판을 돌려 대물렌즈의 배율을 가장 낮게 하고, 관찰하고자 하는 대상을 페트리 접시에 담아 재물대 위에 올려놓습니다.
❷ 전원을 켠 다음 조명 조절 나사로 빛의 양을 조절합니다.
❸ 현미경을 옆에서 보면서 초점 조절 나사로 대물렌즈를 관찰 대상에 최대한 가깝게 내립니다.
❹ 접안렌즈로 보면서 대물렌즈를 천천히 올려 초점을 맞춥니다. 필요하면 대물렌즈의 배율을 높여 관찰합니다.

활동2 곰팡이와 버섯 관찰하기

곰팡이와 버섯을 맨눈과 돋보기, 실체 현미경으로 관찰해 봅시다.

실험 결과

관찰이 끝난 뒤, 곰팡이가 자란 빵은 일반 쓰레기로 종량제 봉투에 넣어 폐기하고, 버섯은 음식물 쓰레기로 처리해요.

구분	곰팡이	버섯
맨눈	• 정확한 모양을 알기 어려움. • 검은색, 푸른색 등으로 얼룩이 져 보임.	• 윗부분이 우산처럼 생겼음. • 아랫부분은 기둥처럼 생겼으며 길쭉함.
돋보기	솜털 같은 것이 많이 나 있고 그 끝부분에 알갱이가 많이 붙어 있음.	우산처럼 생긴 부분의 안쪽에 주름이 많음.
실체 현미경	• 매우 가는 실 같은 것이 거미줄처럼 엉켜 있음. • 가는 실 끝부분에 작고 둥근 모양의 알갱이가 붙어 있음.	• 버섯 윗부분의 안쪽에 주름이 많고 깊게 파여 있음. • 곰팡이에서 관찰할 수 있었던 포자를 관찰하기 어려움.

정리 | 몸 전체가 가는 실 모양의 균사로 이루어져 있으며, 포자를 이용하여 번식하는 곰팡이와 버섯과 같은 생물은 '균류'에 속합니다.

1 곰팡이와 버섯의 특징

기본 개념 문제

1

햇빛이 들지 않는 따뜻한 곳에 오랫동안 음식을 놓아두면 (   )이/가 생깁니다.

2

곰팡이와 버섯 중, 윗부분은 둥글납작하고 아랫부분은 길쭉하여 우산을 펼친 것과 같이 생긴 것은 (   )입니다.

3

실체 현미경의 (   )을/를 돌리면 대물렌즈의 배율을 맞출 수 있습니다.

4

곰팡이와 버섯과 같은 생물인 (   )은/는 스스로 양분을 만들지 못합니다.

5

곰팡이와 버섯은 (   )을/를 이용하여 번식합니다.

6 ➕ 9종 공통

곰팡이에 대한 설명으로 옳은 것을 보기 에서 골라 기호를 쓰시오.

> **보기**
> ㉠ 스스로 양분을 만든다.
> ㉡ 뿌리, 줄기, 잎으로 구분된다.
> ㉢ 꽃이 피지 않고 열매를 맺지 않는다.

(   )

[7-8] 오른쪽은 분무기로 물을 뿌린 후, 따뜻한 곳에서 며칠 동안 놓아둔 빵입니다. 물음에 답하시오.

7 ➕ 9종 공통

위 빵에 흰색, 검은색, 푸른색 등으로 자란 생물을 무엇이라고 하는지 쓰시오.

(   )

8 ➕ 9종 공통

위 7번 답인 생물의 특징으로 옳은 것은 어느 것입니까? (   )

① 주름이 많다.
② 만지면 매끈매끈하다.
③ 수염같이 생긴 하얀색 뿌리가 있다.
④ 맨눈으로 크기를 쉽게 확인할 수 있다.
⑤ 머리카락 같은 가는 실 모양이 서로 엉켜 있다.

9 ➕ 9종 공통

오른쪽과 같이 옥수수에 자란 곰팡이를 관찰할 때 사용할 수 있는 도구로 알맞은 것을 보기 에서 골라 기호를 쓰시오.

보기
ㄱ 자석   ㄴ 비커
ㄷ 용수철   ㄹ 실체 현미경

(   )

10 ➕ 9종 공통

곰팡이가 사는 환경의 특징으로 (   ) 안에 들어갈 알맞은 말에 ○표 하시오.

곰팡이는 주로 따뜻하고 (건조, 축축)한 환경에서 잘 자란다.

11 ➕ 9종 공통

버섯에 대한 설명으로 옳은 것을 보기 에서 골라 기호를 쓰시오.

보기
ㄱ 버섯은 더운 여름철에만 볼 수 있다.
ㄴ 버섯은 주로 건조한 곳에서 살아간다.
ㄷ 버섯 윗부분의 안쪽에 주름이 많이 있다.

(   )

12 ➕ 9종 공통

다음은 버섯과 식물의 특징을 비교한 것입니다. 밑줄 친 부분에 들어갈 말로 가장 알맞은 것을 두 가지 고르시오. (   )

비슷한 점	• 생물이다. • 살아가는 데 물과 공기가 필요하다.
다른 점	버섯은 _____.

① 줄기가 없다.
② 먹을 수 없다.
③ 꽃과 잎이 있다.
④ 포자로 번식한다.
⑤ 살아 있는 생물이 아니다.

13 서술형 ➕ 9종 공통

오른쪽과 같은 표고버섯이 양분을 얻는 방법을 쓰시오.

_____

_____

14 ➕ 9종 공통

균류로 분류할 수 있는 생물로 알맞은 것을 보기 에서 두 가지 골라 기호를 쓰시오.

보기
ㄱ 버섯   ㄴ 해캄   ㄷ 토끼
ㄹ 곰팡이   ㅁ 봉숭아   ㅂ 짚신벌레

(   )

2 짚신벌레와 해캄의 특징, 세균의 특징

1 짚신벌레와 해캄의 특징

(1) 짚신벌레의 특징

① 짚신벌레는 끝이 둥글고 길쭉한 모양이며, 바깥 쪽에 가는 털이 있습니다.
② 짚신벌레는 몸 전체에 나 있는 가는 털을 이용하여 물속에서 빠르게 돌아다닙니다.
③ 짚신벌레는 동물이 갖고 있는 눈, 코, 귀 등과 같은 여러 기관이 발달되어 있지 않으며, 보통의 동물과는 다른 모습을 하고 있습니다.

▲ 짚신벌레(배율: 400배)

(2) 해캄의 특징

① 해캄은 초록색을 띠며 가늘고 긴 머리카락 모양으로 뭉쳐서 삽니다. → 만져 보면 미끈미끈해요.
② 여러 개의 마디로 이루어져 있고 여러 개의 가는 선이 보이며, 작고 둥근 초록색 알갱이가 있습니다.
③ 해캄은 스스로 양분을 만들 수 있지만 보통의 식물처럼 뿌리, 줄기, 잎 등의 특징을 가지고 있지 않습니다.

→ 100배로 확대한 모습이에요.

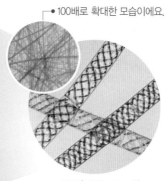
▲ 해캄(배율: 200배)

(3) 짚신벌레와 해캄: 짚신벌레와 해캄은 동물이나 식물, 균류로 분류되지 않으며 생김새가 동물이나 식물보다 단순한 생물로, 이와 같은 생물을 '원생생물'이라고 합니다. → 짚신벌레와 해캄은 온도가 맞으면 물속에서 빠른 시간에 많은 수로 늘어나요.

2 세균의 특징

→ 세균은 매우 작아서 맨눈이나 돋보기로 볼 수 없어요.
(1) 세균: 균류나 원생생물보다 크기가 더 작고 구조가 단순한 생물입니다.
(2) 여러 가지 세균의 생김새: 세균은 종류가 매우 많고 공 모양, 막대 모양, 나선 모양 등 형태가 다양합니다. → 하나씩 떨어져 있기도 하고, 여러 개가 서로 붙어 있기도 해요.

공 모양 세균	막대 모양 세균	나선 모양 세균
(17000배)	(40000배)	(3500배)

(3) 세균의 특징

① 세균은 움직일 수 있는 것도 있고 움직일 수 없는 것도 있습니다.
② 세균은 흙, 물, 공기 중 등 자연환경뿐만 아니라 생활용품, 생물의 몸 등 우리 주변 어느 곳에나 살고 있습니다.
③ 세균은 살기에 알맞은 조건이 되면 짧은 시간 안에 많은 수로 늘어날 수 있습니다.

원생생물이 사는 곳

• 대부분 논, 연못과 같이 고인 물이나 하천, 도랑 등 물살이 느린 곳에서 삽니다.
• 축축한 토양이나 낙엽, 바닷속, 다른 생물 내부에 서식하기도 합니다.

여러 가지 원생생물 예

▲ 아메바   ▲ 유글레나

▲ 종벌레   ▲ 반달말

이외에도 김, 미역, 다시마, 우뭇가사리 등은 대표적인 원생생물입니다.

여러 가지 세균 예

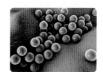 
▲ 포도상 구균   ▲ 대장균

▲ 헬리코박터 파일로리

• 공 모양의 포도상 구균은 식중독, 패혈증 등을 일으키는 세균입니다.
• 막대 모양의 대장균은 사람이나 동물의 대장에서 많이 발견되며, 장 이외의 부위에서는 병을 일으킵니다.
• 나선 모양의 헬리코박터 파일로리는 위암을 발생시키는 원인이 됩니다.
꼬리가 있어요.

용어 사전

● 도랑 매우 좁고 작은 개울.
● 패혈증 고름이 생긴 상처 등에서 병원균이나 독소가 계속 혈관으로 들어가 심한 중독 증상이나 급성 염증을 일으키는 병.

교과서 **통합 대표 실험**

실험 해캄과 짚신벌레 관찰하기 📖 9종 공통

활동1 광학 현미경 사용 방법 알아보기

광학 현미경 각 부분의 이름과 하는 일, 사용 방법을 알아봅시다.

실험 결과

실험동영상

접안렌즈: 눈으로 보는 렌즈로 물체의 상을 확대함.

클립

조동 나사: 상을 찾고 대강의 초점을 맞출 때 사용하는 나사

미동 나사: 상의 초점을 정확하게 맞출 때 사용하는 나사

조명 조절 장치: 조명의 밝기를 조절하는 부분

회전판: 대물렌즈의 배율을 조절하는 부분

대물렌즈: 물체 쪽에 있는 렌즈로 물체의 상을 확대함.

재물대: 관찰할 현미경 표본을 올려놓는 곳

조리개: 빛의 양을 조절하는 부분

조명

낮은 배율로 먼저 관찰하는 까닭은 낮은 배율에서는 상이 작게 보이는 대신 넓은 시야를 확보할 수 있어서 관찰하고자 하는 대상을 쉽게 찾을 수 있기 때문이에요.

광학 현미경 사용 방법

❶ 배율이 가장 낮은 대물렌즈가 가운데로 오도록 회전판을 돌립니다.
❷ 전원을 켜고 조리개로 빛의 양을 조절한 다음, 재물대 위에 표본을 올려놓고 클립으로 고정합니다.
❸ 현미경을 옆에서 보면서 조동 나사를 돌려 대물렌즈와 표본의 거리가 최대한 가까워지도록 재물대를 위로 올립니다.
❹ 접안렌즈로 보면서 조동 나사로 재물대를 천천히 내려 현미경의 상을 찾은 다음, 미동 나사로 초점을 정확하게 맞춥니다. 필요에 따라 회전판을 돌려 대물렌즈를 저배율에서 고배율로 높이고 다시 미동 나사로 초점을 맞추어 관찰합니다. ——현미경의 배율은 접안렌즈 배율과 대물렌즈의 배율을 곱한 값이에요.

활동2 해캄과 짚신벌레 관찰하기

해캄과 짚신벌레를 맨눈과 돋보기로 관찰하고, 표본을 만들어 광학 현미경으로 관찰해 봅시다.

실험 결과

구분	해캄	짚신벌레
맨눈	초록색이고, 머리카락처럼 가늘고 길며 여러 가닥이 뭉쳐져 보임.	• 점 모양으로 보임. • 어떤 모습인지 관찰하기 어려움.
돋보기	• 머리카락처럼 가는 실 모양이 여러 가닥 엉켜 있음. • 맨눈보다 잘 보임. 	• 작은 점들이 여러 개 보임. • 짚신벌레 생김새는 보이지 않음. 
광학 현미경	• 여러 개의 마디로 이루어져 있음. • 여러 개의 가는 선과 작고 둥근 초록색 알갱이가 있음. 	• 끝이 둥글고 길쭉한 짚신 모양이며, 바깥쪽에 가는 털이 있음. • 안쪽에 여러 가지 모양이 보임. 

해캄 표본 만들기

❶ 해캄 한 가닥을 핀셋으로 집어서 받침 유리 가운데에 겹치지 않게 놓습니다.
❷ 덮개 유리를 해캄 위에 비스듬히 기울여 공기 방울이 생기지 않게 천천히 덮어 해캄 표본을 만듭니다.

짚신벌레 영구 표본을 이용하여 관찰할 때, 표본을 만드는 과정에서 고정시키거나 염색을 하기 때문에 실제와 모양, 색깔 등이 다를 수 있어요. 영구 표본은 표본을 오랫동안 보존하여 관찰할 수 있게 만든 것으로, 살아 있거나 움직이는 모습은 볼 수 없어요.

기본 개념 문제

1

짚신벌레는 몸 전체에 나 있는 (   )
을/를 이용하여 물속에서 빠르게 돌아다닙니다.

2

해캄은 (   )색을 띠며, 가늘고 긴 머리카
락 모양으로 뭉쳐서 삽니다.

3

짚신벌레와 해캄은 동물이나 식물, 균류로 분류되지
않으며 생김새가 동물이나 식물보다 단순한 생물로,
(   )(이)라고 합니다.

4

(   )은/는 균류나 원생생물보다 크기가
더 작고 구조가 단순한 생물입니다.

5

세균은 종류가 매우 많고 (   ) 모양, 막
대 모양, 나선 모양 등 형태가 다양합니다.

6 ➕ 9종 공통

광학 현미경으로 작은 생물을 관찰하려고 합니다. 사
용 방법에 맞게 순서대로 기호를 쓰시오.

> ㈎ 접안렌즈로 보면서 조동 나사로 재물대를 천천
> 히 내려 현미경의 상을 찾은 다음, 미동 나사로
> 초점을 정확하게 맞춘다. 회전판을 돌려 대물렌
> 즈를 저배율에서 고배율로 높이고 다시 미동 나
> 사로 초점을 맞추어 관찰한다.
> ㈏ 배율이 가장 낮은 대물렌즈가 가운데로 오도록
> 회전판을 돌린다.
> ㈐ 전원을 켜고 조리개로 빛의 양을 조절한 다음, 재
> 물대 위에 표본을 올려놓고 클립으로 고정한다.
> ㈑ 현미경을 옆에서 보면서 조동 나사를 돌려 대물
> 렌즈와 표본의 거리가 최대한 가까워지도록 재
> 물대를 위로 올린다.

(   ) → (   ) → (   ) → ㈎

7 ➕ 9종 공통

광학 현미경으로 관찰한 짚신벌레의 모습으로 알맞
은 것의 기호를 쓰시오.

㉠ 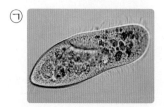   ㉡

(   )

8 ⊕ 9종 공통

짚신벌레에 대한 설명으로 옳은 것에 ○표 하시오.

(1) 생물이다. ( )

(2) 주로 물살이 빠르고 깊은 곳에서 산다. ( )

(3) 몸의 바깥쪽에 가는 털이 있다. ( )

9 ⊕ 9종 공통

다음 중 해캄의 특징을 잘못 말한 사람의 이름을 쓰시오.

> • 선하: 해캄은 물속에서 살아.
> • 연준: 해캄을 만져 보면 미끈미끈해.
> • 지예: 해캄은 식물의 일종으로 뿌리, 줄기, 잎의 형태를 갖추고 있어.

( )

10 서술형 ⊕ 9종 공통

다음은 짚신벌레와 해캄의 모습입니다. 짚신벌레와 해캄의 공통점을 한 가지 쓰시오.

▲ 짚신벌레　　　　　　▲ 해캄

_____

_____

11 ⊕ 9종 공통

세균의 특징에 대한 설명으로 옳지 <u>않은</u> 것을 보기 에서 골라 기호를 쓰시오.

> 보기 ●
> ㉠ 종류가 매우 많다.
> ㉡ 크기가 매우 작아서 맨눈이나 돋보기로 볼 수 없다.
> ㉢ 동물과 같이 여러 가지 기관이 있으며, 구조가 매우 복잡한 생물이다.

( )

12 ⊕ 9종 공통

세균이 사는 곳에 대한 설명으로 옳은 것은 어느 것입니까? ( )

① 세균은 공기 중에서는 살 수 없다.

② 세균은 생물의 몸속에서만 살아간다.

③ 세균은 따뜻하고 습한 곳에서만 살 수 있다.

④ 세균은 수가 늘어나는 데 매우 오랜 시간이 걸린다.

⑤ 세균은 휴대 전화나 리모컨과 같은 물체에서도 산다.

13 동아, 금성, 김영사, 미래엔, 비상, 지학사, 천재교육

다음 세균의 생김새를 보고, 공 모양 세균으로 알맞은 것을 골라 기호를 쓰시오.

㉠ 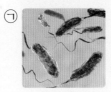　㉡ 　㉢

▲ 콜레라균　　▲ 포도상 구균　　▲ 헬리코박터 파일로리

( )

5 단원

3 다양한 생물이 우리 생활에 미치는 영향, 첨단 생명 과학의 활용

개념 강의

1 다양한 생물이 우리 생활에 미치는 영향

(1) 균류, 원생생물, 세균을 일상생활에서 보았던 경험 (예)

① 간장과 된장을 만드는 메주에 하얗게 곰팡이가 생긴 것을 보았습니다.

② 원생생물인 김, 미역, 다시마 등을 요리하여 음식으로 먹은 적이 있습니다.

③ 화장실 변기에 사는 다양한 세균이 나오는 동영상을 본 적이 있습니다.

먹어도 될까?
▲ 메주에 핀 곰팡이

(2) 다양한 생물이 우리 생활에 미치는 영향: 균류, 원생생물, 세균은 우리 생활에 이로운 영향을 미치기도 하고, 때로는 해로운 영향을 미치기도 합니다.

이로운 영향

사람에게 유익한 세균은 된장, 김치, 요구르트와 같은 발효식품을 만드는 데 이용됨.
↳ 우리 몸을 건강하게 해 주는 음식이에요.

균류와 세균은 죽은 생물이나 배설물을 분해하여 주변을 깨끗하게 해 줌.

원생생물은 다른 생물의 먹이가 되거나 물속에 산소를 공급해 줌.

해로운 영향

곰팡이는 음식이나 물을 상하게 하고 생물에게 병을 일으킬 수 있음.

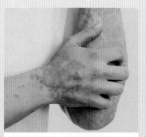

사람이나 동물에게 해로운 세균은 몸속이나 피부에 질병을 일으킴.

일부 원생생물이 급격히 번식하면 다른 생물이 살기 어려운 환경을 만듦.

(3) 다양한 생물이 우리 생활에 미치는 해로운 영향을 줄이는 방법

곰팡이가 생긴 음식을 먹지 않도록 유통 기한을 확인하고, 음식은 건조하고 시원한 곳에 보관함.

외출 후 집에 돌아오면 손을 깨끗이 씻어 세균으로 인한 질병을 예방함.

적조 현상을 줄이기 위해 음식을 먹을 만큼만 만들어, 음식물 쓰레기에서 발생하는 생활 하수를 줄임.

➕ 발효 식품

발효는 세균이나 곰팡이 등을 이용하여 우리 생활에 유익한 물질이나 식품을 만드는 과정을 말합니다. 간장, 된장, 김치, 요구르트, 치즈 등의 음식은 모두 발효 과정을 거쳐 만들어진 식품입니다.

➕ 적조 현상

적조 현상은 바다에 사는 특정한 원생생물이 급격하게 늘어나 바닷물이 붉은색을 띠는 현상입니다. 적조가 발생하면 물속의 산소가 부족해지고, 늘어난 원생생물이 물고기나 조개의 아가미에 달라붙어 호흡을 방해함으로써 살기 어렵게 합니다.

↳ 바다에 흘러드는 생활 하수에 포함된 영양 성분이 바다에 사는 원생생물의 양을 급격하게 증가시킬 수 있어요.

용어 사전

● **분해** 여러 부분이 결합되어 이루어진 것을 낱낱으로 나누는 것.

● **생활 하수** 일상생활을 하는 데에 쓰이고 난 뒤 하천으로 내려오는 물.

2 첨단 생명 과학의 활용

(1) 첨단 생명 과학

① 첨단 생명 과학은 생명 과학 기술이나 연구 결과를 활용하여 일상생활의 다양한 문제를 해결하는 것입니다.

② 첨단 생명 과학은 최신 생명 과학 기술과 생물의 기능을 연구하여 우리 생활 속 문제를 해결하며, 다양한 생물이 우리 생활에 도움이 되게 합니다.

(2) 첨단 생명 과학의 활용

┌─● 모든 세균이나 곰팡이에서 얻을 수 있는 것은 아니에요.

세균이나 균류가 만들어 내는 물질로 세균 감염을 치료하는 항생제를 개발함.

기름을 분해하는 세균을 이용하면 기름 오염을 친환경적으로 제거할 수 있음.

곰팡이의 균사를 이용하여 가죽과 비슷하면서 자연에서 분해가 잘되는 가방의 재료를 만듦.

바다에 사는 원생생물에서 기름이나 당 성분을 추출하여 생물 연료를 생산할 수 있음.

클로렐라와 같은 원생생물은 여러 가지 영양소가 많기 때문에 건강식품으로 이용하거나 우주 식량으로 이용됨.

플라스틱의 원료를 가진 세균을 이용하여 자연에서 쉽게 분해되는 친환경 플라스틱 제품을 생산하는 데 활용함.

세균과 곰팡이를 이용한 생물 농약은 농작물의 피해를 줄이고, 환경 오염을 일으키지 않음.

물질을 분해하는 곰팡이, 원생생물, 세균의 특성을 이용하여 오염된 물을 깨끗하게 만듦.

➕ 곰팡이를 이용한 치료제

페니실린은 푸른곰팡이에서 얻은 화학 물질로, 세균을 자라지 못하도록 하는 특성을 활용해 세균 감염을 치료하는 데 쓰이는 최초의 항생제입니다. 페니실린은 폐렴, 수막염, 패혈증 등을 치료하는 데 쓰입니다.

➕ 곰팡이의 균사를 이용하여 만든 물질의 좋은 점

곰팡이의 균사를 이용하여 가죽과 비슷한 물질을 만들면 가죽을 얻기 위해 동물을 무분별하게 사냥하거나 죽이지 않아도 되고, 만든 물질은 자연에서 분해가 잘 되기 때문에 환경 오염 문제도 해결할 수 있습니다.

➕ 해충을 없애는 세균과 곰팡이를 이용한 생물 농약

토양, 곤충, 곡물 창고, 낙엽 등 다양한 환경에서 서식하는 특정 세균이 만드는 단백질은 해충의 몸속에서 독성을 나타내어 해충을 죽게 만듭니다.

용어 사전

● **첨단** 학문, 유행 등의 맨 앞.
● **항생제** 미생물이 만들어내는 항생 물질로 된 약제. 다른 미생물이나 생물 세포를 선택적으로 억제하거나 죽임으로써 사람의 몸속에 침입한 세균의 감염을 치료할 수 있음.

3 다양한 생물이 우리 생활에 미치는 영향, 첨단 생명 과학의 활용

기본 개념 문제

1

원생생물은 다른 생물의 먹이가 되거나 물속에 (   )을/를 공급해 줍니다.

2

바다에 사는 (   )이/가 급격히 늘어나 적조 현상이 발생하면, 물속 산소가 부족해져 물에 사는 생물에게 영향을 미칩니다.

3

(   )은/는 생명 과학 기술이나 연구 결과를 활용하여 일상생활의 다양한 문제를 해결하는 데 도움을 줍니다.

4

해충을 없애는 세균과 곰팡이를 이용하여 만든 (   )은/는 농작물의 피해를 줄일뿐만 아니라 환경 오염을 일으키지 않습니다.

5

페니실린은 (   )에서 얻은 화학 물질로, 세균 감염을 치료하는 데 쓰이는 최초의 항생제입니다.

6 ➕ 9종 공통

다양한 생물이 우리 생활에 미치는 이로운 영향에 대한 설명으로 옳은 것에 모두 ○표 하시오.

(1) 곰팡이는 음식을 상하게 한다. (   )
(2) 세균은 오염된 물질을 분해한다. (   )
(3) 균류와 세균은 죽은 생물이나 배설물을 분해한다.
(   )

7 ➕ 9종 공통

다양한 생물이 우리 생활에 미치는 해로운 영향에 대해 옳게 말한 사람의 이름을 쓰시오.

> • 우연: 원생생물은 음식을 오랫동안 보관할 수 있게 해.
> • 대영: 곰팡이는 집의 화장실이나 벽지 등에서 자라 물건을 상하게 해.
> • 세희: 어떤 세균은 된장, 김치와 같은 음식을 만드는 데 이용할 수 있어.

(   )

8 서술형 ➕ 9종 공통

지구에서 곰팡이나 세균이 전부 사라진다면 우리 생활이 어떻게 달라질지 한 가지 쓰시오.

_____

9 ✚ 9종 공통

다음 ( ) 안에 들어갈 알맞은 말을 보기 에서 골라 쓰시오.

( )은/는 생명 과학 기술이나 연구 결과를 활용하여 일상생활의 다양한 문제를 해결하는 것이다.

보기 ●

균사, 태양계, 생태계, 첨단 생명 과학

( )

10 ✚ 9종 공통

첨단 생명 과학에 대한 설명으로 옳지 <u>않은</u> 것을 두 가지 고르시오. ( )

① 동물에 관련된 생명 기술만을 연구한다.
② 문제 해결을 위한 방법을 역사 속에서 찾아낸다.
③ 생명 기술의 연구 결과를 우리 생활에 활용한다.
④ 다양한 생물의 특성을 우리 생활에 도움이 되게 한다.
⑤ 생명 과학 기술과 생물의 기능을 연구하여 문제를 해결한다.

11 ✚ 9종 공통

생물 연료로 이용되는 생물로 알맞은 것에 ○표 하시오.

(1)

▲ 포도에 핀 곰팡이
( )

(2)

▲ 바다에 사는 원생생물
( )

12 ✚ 9종 공통

다음 ( ) 안에 공통으로 들어갈 생물의 이름을 보기 에서 골라 쓰시오.

• ( )에서 페니실린이라는 화학 물질을 얻을 수 있다.
• ( )을/를 활용하여 세균 감염을 치료하는 항생제를 만들 수 있다.

보기 ●

해캄, 짚신벌레, 클로렐라, 푸른곰팡이, 포도상 구균

( )

13 ✚ 9종 공통

다음의 다양한 생물과 활용되는 예를 알맞게 선으로 이으시오.

(1)	플라스틱의 원료를 가진 세균	•	• ㉠	기름 오염을 친환경적으로 해결함.
(2)	물질을 분해하는 특성을 가진 균류와 세균	•	• ㉡	친환경 플라스틱 제품을 생산함.
(3)	기름을 분해하는 세균	•	• ㉢	오염된 물을 깨끗하게 만듦.

5 다양한 생물과 우리 생활

1. 곰팡이와 버섯의 특징

(1) 실체 현미경으로 곰팡이를 관찰하는 방법

❶ [❶]을 돌려 대물렌즈의 배율을 가장 낮게 하고, 곰팡이를 재물대 위에 올려놓음.
❷ 전원을 켜고, 조명 조절 나사로 빛의 양을 조절함.
❸ 초점 조절 나사로 대물렌즈를 곰팡이에 최대한 가깝게 내림.
❹ 접안렌즈로 보면서 대물렌즈를 올려 초점을 맞추고, 필요시 배율을 높여 관찰함.

(2) 곰팡이와 버섯의 특징

▲ 곰팡이의 생김새   ▲ 버섯의 생김새

곰팡이와 버섯의 특징	• 스스로 양분을 만들지 못하고, 대부분 죽은 생물이나 다른 생물에서 양분을 얻음. • 몸이 가는 실 모양의 균사로 이루어져 있으며, [❷]를 이용하여 번식함. • 곰팡이와 버섯과 같은 생물을 [❸]라고 함.
잘 자라는 환경	• 주로 따뜻하고 축축한 환경에서 잘 자람. • 양분을 쉽게 얻을 수 있는 동물의 몸이나 배설물, 낙엽 밑 등에서 잘 자람.

2. 짚신벌레와 해캄의 특징, 세균의 특징

(1) 광학 현미경으로 짚신벌레를 관찰하는 방법

❶ 배율이 가장 낮은 [❹]가 가운데로 오도록 회전판을 돌림.
❷ 전원을 켜고 조리개로 빛의 양을 조절한 다음, 재물대 위에 표본을 고정함.
❸ 조동 나사로 대물렌즈와 표본이 최대한 가까워지도록 재물대를 위로 올림.
❹ 접안렌즈로 보면서 조동 나사로 재물대를 천천히 내려 현미경의 상을 찾은 다음, 미동 나사로 초점을 정확하게 맞추고, 회전판을 돌려 대물렌즈를 고배율로 높인 뒤 다시 미동 나사로 초점을 맞추어 관찰함.

★ 실체 현미경

초점 조절 나사 — 접안렌즈
— 회전판
조명 — 대물렌즈
조명 조절 나사 — 재물대

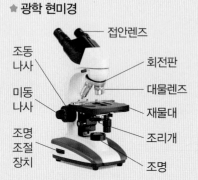

★ 광학 현미경

접안렌즈
조동 나사 — 회전판
미동 나사 — 대물렌즈
— 재물대
조명 조절 장치 — 조리개
— 조명

(2) 짚신벌레와 해캄의 특징

▲ **⑤**[   ]   ▲ **⑥**[   ]

짚신벌레와 해캄의 특징	• 짚신벌레와 해캄은 생김새가 동물이나 식물보다 단순하며 동물이나 식물, 균류로 분류되지 않음. • 짚신벌레와 해캄과 같은 생물을 **❼**[ ]이라고 함.
사는 환경	• 대부분 고인 물이나 물살이 느린 곳에서 삶. • 토양, 낙엽, 다른 생물 내부, 바닷속에서 사는 종류도 있음.

(3) 세균의 특징

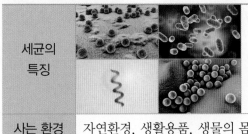

세균의 특징	• 크기가 매우 작아 맨눈이나 돋보기로 볼 수 없음. • 다른 생물에 비해 구조가 단순함. • 공 모양, 막대 모양, 나선 모양 등 형태가 다양함.
사는 환경	자연환경, 생활용품, 생물의 몸 등 우리 주변의 어느 곳에나 삶.

3. 다양한 생물이 우리 생활에 미치는 영향, 첨단 생명 과학의 활용

(1) **다양한 생물이 우리 생활에 미치는 영향**: 균류, 원생생물, 세균은 우리 생활에 이로운 영향을 미치기도 하고, 해로운 영향을 미치기도 합니다.

이로운 영향

   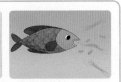

발효 식품 등 음식을 만드는 데 이용함.　죽은 생물이나 배설물을 분해함.　물속에 산소를 공급해 주기도 함.

해로운 영향

음식을 상하게 함.　질병을 일으킴.　물건을 상하게 만듦.

(2) 첨단 생명 과학의 활용

항생제 개발　생물 연료　건강식품　생물 농약

★ **짚신벌레의 특징**

끝이 둥글고 길쭉한 모양이며, 바깥쪽에 가는 털이 있어 물속에서 빠르게 돌아다닙니다.

★ **해캄의 특징**

여러 개의 마디로 이루어져 있고 여러 개의 가는 선이 보이며, 작고 둥근 초록색 알갱이가 있습니다.

★ **다양한 발효 식품**

된장　　　요거트

세균이나 곰팡이 등을 이용하여 만든 식품을 발효 식품이라고 합니다.

★ **첨단 생명 과학**

생명 과학 기술이나 연구 결과를 활용하여 일상생활의 다양한 문제를 해결하는 것입니다.

5
단원

[1-3] 다음 여러 가지 생물을 보고, 물음에 답하시오.

(가)  (나)   (다)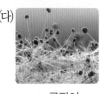

▲ 버섯　　　▲ 해캄　　　▲ 곰팡이

1 ➕ 9종 공통

위 (가) 생물의 특징으로 옳은 것을 보기 에서 골라 기호를 쓰시오.

보기
㉠ 식물이다.
㉡ 꽃이 피고 열매를 맺어 번식한다.
㉢ 따뜻하고 축축한 곳에서 잘 자란다.
㉣ 매우 작아서 맨눈으로는 관찰할 수 없다.

(　　　　　　)

2 ➕ 9종 공통

위 (가)~(다) 중 균류가 아닌 것의 기호를 쓰시오.

(　　　　　　)

3 서술형 ➕ 9종 공통

위 (다) 생물이 잘 자라는 환경의 특징을 한 가지 쓰시오.

_____

_____

4 ➕ 9종 공통

다음은 여러 가지 생물을 현미경으로 관찰한 모습입니다. 버섯의 모습으로 알맞은 것은 어느 것입니까?

(　　　　　)

① 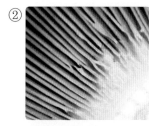　　②

③ 　　④

5 ➕ 9종 공통

곰팡이와 버섯의 특징을 옳지 않게 말한 사람의 이름을 쓰시오.

• 주영: 포자를 이용해서 번식해.
• 예림: 뿌리와 줄기는 있지만 잎은 없어.
• 혜빈: 몸이 가는 실 모양의 균사로 이루어져 있어.
• 민호: 죽은 생물이나 다른 생물에서 양분을 얻는 균류야.

(　　　　　)

6 ● 9종 공통

짚신벌레의 특징으로 옳은 것을 보기 에서 골라 기호를 쓰시오.

보기 ●

ㄱ 균류에 속한다.
ㄴ 여럿이 서로 뭉쳐서 산다.
ㄷ 길쭉한 모양이고 바깥쪽에 가는 털이 있다.
ㄹ 초록색 알갱이들이 사선 모양으로 연결되어 있다.

( )

7 서술형 ● 9종 공통

오른쪽은 해캄의 모습입니다. 해캄을 볼 수 있는 곳은 어디인지 쓰시오.

_____

_____

8 ● 9종 공통

다음 중 원생생물이 아닌 것은 어느 것입니까?

( )

①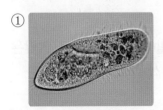
▲ 짚신벌레

②
▲ 종벌레

③
▲ 유글레나

④
▲ 곰팡이

9 ● 9종 공통

세균의 특징으로 알맞은 것에 ○표, 알맞지 않은 것에 ×표 하시오.

(1) 음식이 상하는 것을 막아 준다. ( )

(2) 지구의 물이 순환할 수 있도록 돕는다. ( )

(3) 낙엽을 작게 분해하여 주변을 깨끗하게 해 준다.

( )

10 ● 9종 공통

세균의 특징으로 ( ) 안에 들어갈 알맞은 말을 보기 에서 골라 각각 쓰시오.

보기 ●

작고, 크고, 알맞고, 귀여운, 단순한, 복잡한

균류나 원생생물보다 크기가 더 (㉠), 생김새가 (㉡) 생물로, 알맞은 조건이 되면 짧은 시간 안에 많은 수로 늘어난다.

㉠ ( ), ㉡ ( )

5 단원

11 ➕ 9종 공통

다음 중 알맞은 조건이 되면 짧은 시간 안에 많은 수로 늘어날 수 있는 생물로 알맞은 것의 기호를 쓰시오.

▲ 표고버섯

▲ 포도상 구균

(   )

12 서술형 ➕ 9종 공통

균류, 원생생물, 세균과 같은 다양한 생물이 우리 생활에 미치는 영향을 각각 한 가지씩 쓰시오.

(1) 이로운 영향: _____

_____

(2) 해로운 영향: _____

_____

13 ➕ 9종 공통

곰팡이나 세균이 사라졌을 때 일어날 수 있는 일에 대한 설명으로 ( ) 안에 들어갈 알맞은 말을 쓰시오.

> 죽은 생물이나 배설물이 ( )되지 못해 우리 주변이 죽은 생물이나 배설물로 가득 찰 수 있다.

(   )

14 ➕ 9종 공통

첨단 생명 과학 중 세균이 만드는 단백질이 해충의 몸 속에서 독성을 나타내어 해충을 죽게 하는 특성을 활용한 것은 어느 것입니까? (   )

① 건강식품   ② 생물 농약
③ 하수 처리   ④ 제품 생산
⑤ 음식 쓰레기 처리

15 ➕ 9종 공통

첨단 생명 과학을 우리 생활에 활용한 예로 알맞은 것을 보기 에서 골라 기호를 쓰시오.

> **보기**
> ㉠ 해캄이 사는 곳에서 수영을 한다.
> ㉡ 곰팡이가 핀 빵은 먹지 않고 버린다.
> ㉢ 산에서 식용 버섯을 따서 음식을 만든다.
> ㉣ 곰팡이의 균사를 이용하여 자연에서 분해가 잘 되는 가방의 재료를 만든다.

(   )

5. 다양한 생물과 우리 생활

1 ✚ 9종 공통

오른쪽 빵에 자란 곰팡이의 특징으로 옳은 것은 어느 것입니까? ( )

① 주름이 있다.
② 색깔은 검은색 한 가지만 있다.
③ 손으로 만지면 단단하게 뭉쳐진다.
④ 따뜻하고 축축한 곳에서 잘 자란다.
⑤ 맨눈으로도 정확한 모양을 확인할 수 있다.

2 ✚ 9종 공통

다음 버섯과 식물의 비슷한 점으로 알맞은 것을 두 가지 고르시오. ( )

① 뿌리가 없다.
② 잎과 줄기가 있다.
③ 물이 있어야 살 수 있다.
④ 양분이 있어야 살 수 있다.
⑤ 건조하고 추운 곳에서 잘 자란다.

3 서술형 ✚ 9종 공통

곰팡이와 버섯의 공통점을 한 가지 쓰시오.

_____

_____

4 ✚ 9종 공통

다음 중 균류에 해당하는 생물을 두 가지 골라 기호를 쓰시오.

㉠
▲ 버섯

㉡
▲ 해캄

㉢
▲ 곰팡이

㉣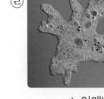
▲ 아메바

( )

5 ✚ 9종 공통

광학 현미경으로 짚신벌레 표본을 관찰하는 방법을 잘못 말한 사람의 이름을 쓰시오.

> • 지혜: 짚신벌레 표본을 재물대 위에 올려놓고 클립으로 고정해.
> • 은석: 가장 먼저 배율이 가장 높은 대물렌즈가 가운데로 오도록 회전판을 돌려야 해.
> • 효주: 조동 나사로 재물대를 천천히 내리면서 접안렌즈로 짚신벌레의 상을 찾고, 미동 나사로 초점을 정확하게 맞춰.

( )

6 ➕ 9종 공통

다음 보기 에서 짚신벌레와 해캄의 특징을 구분하여 각각 기호를 쓰시오.

보기

ㄱ 머리카락처럼 가늘고 길다.
ㄴ 바깥쪽에 가는 털이 나 있다.
ㄷ 끝이 둥글고 길쭉한 짚신 모양이다.
ㄹ 작고 둥근 초록색 알갱이들이 보인다.

(1) 짚신벌레의 특징: (   )
(2) 해캄의 특징: (   )

7 ➕ 9종 공통

다음 중 원생생물이 <u>아닌</u> 것은 어느 것입니까?
(   )

① ▲ 미역

② ▲ 솔이끼

③ ▲ 반달말

④ ▲ 다시마

8 서술형 ➕ 9종 공통

오른쪽은 광학 현미경의 모습입니다. 대물렌즈는 어떤 역할을 하는지 쓰시오.

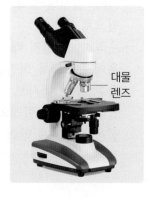
대물 렌즈

_____

_____

_____

9 ➕ 9종 공통

다음 중 세균이 살고 있는 곳으로 알맞은 곳을 모두 골라 기호를 쓰시오.

ㄱ ▲ 책상

ㄴ ▲ 칫솔

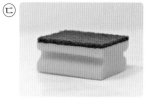
ㄷ ▲ 수세미

ㄹ ▲ 키보드

(   )

10 ➕ 9종 공통

대장균과 포도상 구균의 특징으로 옳지 <u>않은</u> 것은 어느 것입니까? (   )

① 생물이다.
② 질병을 일으킬 수 있다.
③ 맨눈으로 관찰할 수 있다.
④ 물, 공기 중 등 자연환경에도 있다.
⑤ 다른 생물의 몸에서 살아가기도 한다.

11 ➕ 9종 공통

다음 중 세균의 특징으로 옳은 것을 보기 에서 골라 기호를 쓰시오.

보기
㉠ 공 모양, 막대 모양, 나선 모양 등의 형태가 있다.
㉡ 균류나 원생생물보다 크기가 크고 복잡한 구조의 생물이다.
㉢ 살기에 알맞은 조건이 되어도 많은 수로 늘어나는 데에는 오랜 시간이 걸린다.

(   )

12 ➕ 9종 공통

세균이 우리 생활에 미치는 이로운 영향으로 알맞은 것은 어느 것입니까? (   )

① 지구의 환경을 깨끗하게 한다.
② 다른 생물에게 병을 일으킨다.
③ 지구의 온도가 높아지게 한다.
④ 우리 주변의 물건을 상하게 한다.
⑤ 우리 몸속이나 피부에 질병을 일으킨다.

13 ➕ 9종 공통

다음 보기 의 곰팡이나 세균이 우리 생활에 미치는 영향을 이로운 영향과 해로운 영향으로 구분하여 각각 기호를 쓰시오.

보기
㉠ 음식을 상하게 한다.
㉡ 죽은 동물이나 낙엽을 분해한다.
㉢ 세균 감염을 치료하는 데 쓰인다.
㉣ 세균에 의하여 눈병 등의 질병이 전염된다.

(1) 이로운 영향: (   )
(2) 해로운 영향: (   )

14 서술형 ➕ 9종 공통

푸른곰팡이로 만든 항생제는 어떤 역할을 하는지 쓰시오.

_____

_____

15 ➕ 9종 공통

다음은 하수 처리장에 대하여 인터넷으로 검색한 내용입니다. 밑줄 친 부분에서 활용하는 생물의 특성으로 옳은 것은 어느 것입니까? (   )

하수 처리장은 오염된 하수를 처리하여 강이나 바다로 흘려보내기 위해 설치되는 처리 시설 및 이것을 보완하는 시설이다.

1차로 부유물을 제거하고, 2차로 생물을 활용하여 오염된 물을 깨끗하게 만든다.

① 얼음을 만든다.
② 질병을 일으킨다.
③ 물질을 분해한다.
④ 스스로 양분을 만든다.
⑤ 세균의 수를 빠르게 늘린다.

5. 다양한 생물과 우리 생활

| 평가 주제 | 곰팡이와 버섯의 특징 알아보기 |
| 평가 목표 | 현미경을 사용하여 곰팡이와 버섯을 관찰하고 생물의 종류와 특징을 설명할 수 있다. |

[1-3] 다음은 곰팡이와 버섯을 맨눈, 돋보기, 실체 현미경으로 관찰한 결과를 정리한 것입니다. 물음에 답하시오.

구분	곰팡이	버섯
맨눈	• 정확한 모양을 알기 어려움. • 검은색, 푸른색 등으로 얼룩져 보임.	• 윗부분이 우산처럼 생겼음. • 아랫부분은 ㉠ 기둥처럼 생겼으며 길쭉함.
돋보기	솜털 같은 것이 많이 나 있고 끝부분에 알갱이가 많이 붙어 있음.	㉡ 우산처럼 생긴 부분의 안쪽에 주름이 많음.
실체 현미경	(가)	• 버섯 윗부분의 안쪽에 주름이 많고 ㉢ 깊게 파여 있음. • 버섯 전체에서 ㉣ 보통 식물에 있는 뿌리, 줄기, 잎 등을 볼 수 있음.

1 위 (가)에 들어갈 곰팡이의 특징을 한 가지 쓰시오.

_____

_____

도움 맨눈보다는 돋보기, 돋보기보다는 실체 현미경을 이용해서 관찰할 때 작은 생물을 더욱 확대하여 자세하게 관찰할 수 있습니다.

2 위에서 버섯을 관찰한 결과 ㉠~㉣ 중 잘못된 것의 기호를 쓰고, 바르게 고쳐 쓰시오.

_____

_____

도움 버섯을 관찰한 내용과 버섯의 모습을 비교하며 잘못된 부분을 찾아봅니다.

3 다음 ( ) 안의 알맞은 말에 ○표 하시오.

> 곰팡이와 버섯은 (씨, 포자, 꼬투리)를 이용하여 번식한다.

도움 곰팡이와 버섯의 생김새로 미루어 볼 때, 어떤 방법으로 번식할지 생각해 봅니다.

5. 다양한 생물과 우리 생활

● 정답과 풀이 20쪽

평가 주제	짚신벌레와 해캄의 특징 알아보기
평가 목표	현미경을 사용하여 짚신벌레와 해캄을 관찰하고 생물의 종류와 특징을 설명할 수 있다.

[1-3] 다음은 짚신벌레와 해캄을 다양한 방법으로 관찰한 결과를 정리한 것입니다. 물음에 답하시오.

구분	짚신벌레	해캄
맨눈	점 모양으로 보이지만, 어떤 모습인지 관찰하기 어려움.	초록색이고 머리카락처럼 가늘고 길며, 뭉쳐 있음.
돋보기	작은 점들이 여러 개 보이지만 짚신벌레의 생김새는 보이지 않음.	머리카락처럼 가는 실 모양이 여러 가닥 엉켜 있음.
광학 현미경	▲ 광학 현미경으로 본 짚신벌레 • _____ • 안쪽에 여러 가지 모양이 보임.	(가) ▲ 광학 현미경으로 본 해캄 • 여러 개의 마디로 이루어져 있음. • 여러 개의 가는 선이 보임. • 작고 둥근 초록색 알갱이가 있음.

1 위 (가)에 들어갈 모습으로 알맞은 것을 골라 기호를 쓰시오.

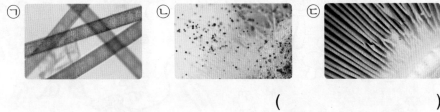

ㄱ　　　　　ㄴ　　　　　ㄷ

(　　　　　)

도움 광학 현미경으로 본 해캄의 모습에 대한 설명을 잘 읽고, ㄱ~ㄷ과 비교해 봅니다.

2 위에서 밑줄 친 부분에 들어갈 짚신벌레의 특징으로 알맞은 것을 한 가지 쓰시오.

_____

_____

도움 광학 현미경으로 본 짚신벌레의 모습에서 특징을 찾아 봅니다.

3 위 짚신벌레와 해캄은 어떤 생물로 분류할 수 있는지 쓰시오.

(　　　　　)

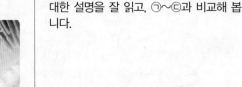

도움 짚신벌레와 해캄과 같은 생물로 분류할 수 있는 생물에는 아메바, 유글레나, 종벌레, 반달말, 김, 미역, 다시마, 우뭇가사리 등이 있습니다.

숨은 그림을 찾아보세요.

● 정답 20쪽

동아출판 초등 무료 스마트러닝

동아출판 초등 **무료 스마트러닝**으로
초등 전 과목·전 영역을 쉽고 재미있게!

과목별·영역별 특화 강의

전 과목 개념 강의

국어 독해 지문 분석 강의

구구단 송

그림으로 이해하는 비주얼씽킹 강의

과학 실험 동영상 강의

과목별 문제 풀이 강의

서비스 제공 교재   동아전과 | 백점 시리즈 | 큐브수학 | 빠작 초등 국어 | 초능력 | 초고필 | 하이탑 초등 과학

강의가 더해진, **교과서 맞춤 학습**

백점

과학 5·1

평가북

- 묻고 답하기
- 단원 평가
- 수행 평가

동아출판

평가북 구성과 특징

1 **단원별 개념 정리**가 있습니다.
- **묻고 답하기**: 단원의 핵심 내용을 묻고 답하기로 빠르게 정리할 수 있습니다.

2 **단원별 다양한 평가**가 있습니다.
- **단원 평가, 수행 평가**: 다양한 유형의 문제를 풀어봄으로써 수시로 실시되는 학교 시험을 완벽하게 대비할 수 있습니다.

백점

BOOK 2 평가북

● 차례

과학 5·1

1 물체가 차갑거나 따뜻한 정도를 숫자로 나타낸 것을 무엇이라고 합니까?

2 온도를 측정할 물체의 표면 쪽으로 온도계를 겨누고 레이저 빛을 물체의 표면에 맞춰, 주로 고체의 표면 온도를 측정하는 온도계는 무엇입니까?

3 같은 물체의 온도를 다른 장소와 다른 시각에 측정하면 온도가 같습니까, 다릅니까?

4 온도가 다른 두 물체가 접촉하면 두 물체 사이에서 열이 이동하는 방향은 어떻습니까?

5 얼음 위에 생선을 올려놓았을 때 시간이 지날수록 온도가 점점 높아지는 것은 얼음입니까, 생선입니까?

6 고체에서 온도가 높은 곳에서 낮은 곳으로 고체 물질을 따라 열이 이동하는 현상을 무엇이라고 합니까?

7 열 변색 붙임딱지를 붙인 구리판, 유리판, 철판을 동시에 뜨거운 물에 넣었을 때, 붙임딱지의 색깔이 변하는 빠르기는 같습니까, 다릅니까?

8 두 물질 사이에서 열의 이동을 줄이는 것을 무엇이라고 합니까?

9 액체에서 온도가 높아진 물질이 위로 올라가고, 위에 있던 온도가 낮은 물질이 아래로 밀려 내려오면서 열이 전달되는 과정을 무엇이라고 합니까?

10 오른쪽 은박 접시 아래의 초에 불을 켜지 않았을 때, 은박 접시의 움직임은 어떻습니까?

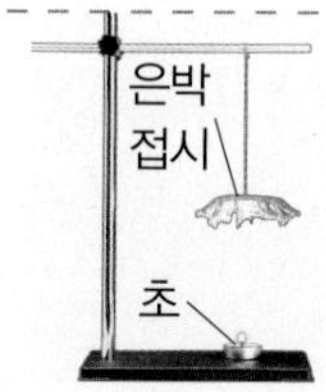

은박
접시
초

1 온도는 숫자에 어떤 단위를 붙여 나타냅니까?

2 귀 체온계와 알코올 온도계 중에서 비커에 담긴 물의 온도를 측정하기에 알맞은 것은 무엇입니까?

3 온도가 다른 두 물체가 접촉할 때, 온도가 낮은 물질의 온도는 어떻게 변합니까?

4 고체 물질이 끊겨 있을 때, 끊긴 부분으로는 열이 전도됩니까, 전도되지 않습니까?

5 열 변색 붙임딱지를 붙인 구리판, 나무판, 플라스틱판을 동시에 뜨거운 물에 넣었을 때, 붙임딱지의 색깔이 가장 빠르게 변하는 것은 무엇입니까?

6 유리, 나무, 금속 중에서 열이 이동하는 빠르기가 가장 빠른 물질은 무엇입니까?

7 물이 담긴 주전자의 바닥을 가열할 때, 바닥 근처의 온도가 높아진 물은 어떻게 움직입니까?

8 욕조에 담긴 따뜻한 물의 윗부분과 아랫부분 중에서 어느 부분의 물이 더 따뜻합니까?

9 주변보다 온도가 높아진 공기는 어떻게 움직입니까?

10 기체에서 온도가 높아진 공기가 위로 올라가고, 이보다 온도가 낮은 공기는 아래로 밀려 내려오면서 열이 전달되는 과정을 무엇이라고 합니까?

1 ⊕ 9종 공통

온도에 대한 설명으로 옳지 <u>않은</u> 것은 어느 것입니까? (   )

① 온도는 저울로 측정한다.
② 온도의 단위는 ℃를 사용한다.
③ 온도는 숫자에 단위를 붙여 나타낸다.
④ 온도는 물질의 차갑거나 따뜻한 정도를 나타낸다.
⑤ 공기의 온도는 기온, 물의 온도는 수온이라고 한다.

2 ⊕ 9종 공통

우리 생활에서 온도를 정확하게 측정해야 할 경우로 옳은 것을 두 가지 고르시오. (   )

①
▲ 비닐 온실에서 배추를 재배할 때

②
▲ 운전을 할 때

③
▲ 분유를 탈 때

④
▲ 연필을 깎을 때

3 ⊕ 9종 공통

오른쪽 온도계에 대한 설명으로 옳지 않은 것을 보기 에서 골라 기호를 쓰시오.

보기
㉠ 적외선 온도계이다.
㉡ 고체 물질의 온도를 측정할 때 사용한다.
㉢ 측정하려는 물질 속에 충분히 넣어 사용한다.
㉣ 측정 버튼을 누르면 온도 표시 창에 물질의 온도가 나타난다.

(   )

4 ⊕ 9종 공통

여러 가지 온도계에 대한 설명으로 옳은 것은 어느 것입니까? (   )

① 체온은 적외선 온도계로 측정한다.
② 귀 체온계는 고리, 몸체, 액체샘으로 되어 있다.
③ 알코올 온도계는 측정하고자 하는 물질에 넣자마자 눈금을 읽는다.
④ 귀 체온계는 온도계 속 빨간색 액체가 움직임을 멈추면 눈금을 읽는다.
⑤ 알코올 온도계는 빨간색 액체 기둥의 끝이 닿은 부분의 눈금을 읽는다.

[5-6] 다음은 여러 장소에서 물질의 온도를 측정한 결과입니다. 물음에 답하시오.

장소와 물질	온도(℃)	장소와 물질	온도(℃)
㉠ 교실의 기온	13.5	㉡ 운동장 흙	18.0
교실에 있는 책상	13.2	운동장의 기온	18.0
교실의 벽	13.1	나무 그늘의 흙	17.1

5 서술형 ⊕ 9종 공통

위 ㉠과 ㉡의 온도는 각각 어떤 온도계로 측정하는 것이 좋은지 쓰시오.

_____

_____

6 ➕ 9종 공통

앞 결과로 알 수 있는 사실로 옳은 것은 어느 것입니까? (   )

① 장소에 관계없이 기온은 모두 같다.
② 교실에 있는 물질의 온도는 모두 같다.
③ 같은 물질이라도 온도가 다를 수 있다.
④ 물질이 놓인 장소는 물질의 온도에 영향을 주지 않는다.
⑤ 교실에 있는 물질이 운동장에 있는 물질보다 온도가 높다.

[7-8] 오른쪽과 같이 따뜻한 물이 담긴 삼각 플라스크를 차가운 물이 담긴 비커에 넣고, 2분마다 물의 온도를 측정하였습니다. 물음에 답하시오.

알코올 온도계
따뜻한 물
차가운 물

7 ➕ 9종 공통

시간이 지날수록 위 삼각 플라스크와 비커에 담긴 물의 온도는 어떻게 되는지 보기 에서 각각 골라 기호를 쓰시오.

보기
㉠ 낮아진다.   ㉡ 높아진다.   ㉢ 변하지 않는다.

⑴ 삼각 플라스크에 담긴 물: (   )
⑵ 비커에 담긴 물: (   )

8 서술형 ➕ 9종 공통

위 삼각 플라스크와 비커에 담긴 물의 온도가 위 **7**번 답과 같이 되는 까닭을 쓰시오.

_____

_____

9 ➕ 9종 공통

다음과 같이 온도가 다른 두 물체가 접촉할 때 두 물체 사이에서 열이 이동하는 방향을 (   ) 안에 화살표로 나타내시오.

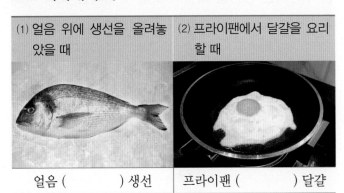

⑴ 얼음 위에 생선을 올려놓았을 때	⑵ 프라이팬에서 달걀을 요리할 때
얼음 ( ) 생선	프라이팬 ( ) 달걀

10 ➕ 9종 공통

두 물체가 접촉할 때 온도가 높아지는 경우는 어느 것입니까? (   )

① 냉장고에 넣어 둔 주스의 온도
② 차가운 물에 담가 둔 수박의 온도
③ 얼음물이 든 컵을 잡고 있는 손의 온도
④ 여름철 공기 중에 둔 아이스크림의 온도
⑤ 얼음주머니를 올려놓은 열이 나는 이마의 온도

11 동아, 금성, 김영사, 미래엔, 아이스크림, 천재교과서, 천재교육

다음과 같이 열 변색 붙임딱지를 붙인 ⊏ 모양 구리판의 한 꼭짓점을 가열할 때, 열 변색 붙임딱지의 색깔이 변하는 방향을 화살표로 옳게 나타낸 것의 기호를 쓰시오.

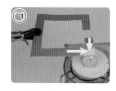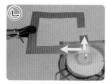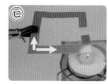

( )

12 동아, 금성, 김영사, 미래엔, 아이스크림, 천재교과서, 천재교육

오른쪽은 열 변색 붙임딱지를 붙인 정사각형 구리판을 가열하였을 때, 열 변색 붙임딱지의 색깔이 변하는 방향을 화살표로 나타낸 것입니다. ㉠~㉣ 중 가열한 부분의 기호를 쓰시오.

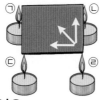

( )

13 ✚ 9종 공통

고체에서 열의 이동에 대한 설명으로 옳은 것은 어느 것입니까? ( )

① 대류를 통해 열이 이동한다.
② 열은 고체 물질을 따라 이동한다.
③ 고체에서는 열이 이동하지 않는다.
④ 열은 온도가 낮은 곳에서 높은 곳으로 이동한다.
⑤ 고체 물질이 접촉하고 있지 않아도 열의 전도가 잘 일어난다.

14 동아

다음과 같이 버터 조각을 붙인 구리판, 유리판, 철판을 넣은 비커에 같은 온도의 뜨거운 물을 붓고, 시간이 지나는 동안 각 판에 붙어 있는 버터의 변화를 관찰한 결과로 옳은 것은 어느 것입니까? ( )

① 철판에 붙인 버터는 녹지 않는다.
② 구리판에 붙인 버터가 가장 늦게 녹는다.
③ 유리판에 붙인 버터가 가장 빨리 녹는다.
④ 세 개의 판에 붙인 버터가 동시에 녹는다.
⑤ 구리판 → 철판 → 유리판 순서로 버터가 빨리 녹는다.

15 김영사, 미래엔, 비상, 아이스크림, 천재교육

열 변색 붙임딱지를 붙인 구리판, 유리판, 철판을 뜨거운 물이 담긴 비커에 넣었더니 열 변색 붙임딱지의 색깔이 오른쪽과 같이 변했을 때, ㉠~㉢ 중 구리판을 골라 기호를 쓰시오.

( )

16 ➕ 9종 공통

고체 물질의 종류에 따라 열이 이동하는 빠르기가 다른 성질을 이용한 예에 대한 설명으로 옳지 <u>않은</u> 것은 어느 것입니까? (   )

① 주전자 바닥은 금속으로 만든다.

② 다리미 손잡이는 플라스틱으로 만든다.

③ 빵을 굽는 틀은 열이 이동하는 빠르기가 빠른 물질로 만든다.

④ 다리미의 옷을 다리는 부분은 열이 잘 이동하는 물질로 만든다.

⑤ 냄비 바닥은 금속보다 플라스틱으로 만들어야 열이 더 빨리 이동할 수 있다.

17 ➕ 9종 공통

물이 담긴 주전자를 가열할 때, 물에서 열이 이동하는 방향을 화살표로 옳게 나타낸 것을 골라 ○표 하시오.

(1)
(   )

(2)
(   )

18 ➕ 9종 공통

다음과 같은 열의 이동 과정을 무엇이라고 하는지 쓰시오.

> 액체에서 온도가 높아진 물질이 위로 올라가고, 위에 있던 물질이 아래로 밀려 내려오는 과정이다.

(   )

19 서술형 동아, 금성, 미래엔, 비상, 천재교육

에어컨을 낮은 곳보다는 높은 곳에 설치하는 것이 좋은 까닭을 쓰시오.

_____

_____

_____

20 동아, 금성, 미래엔, 비상, 천재교육

기체에서 열의 이동을 이용한 예를 두 가지 고르시오. (   )

① 물을 데우기 위해 주전자를 가열한다.

② 에어컨을 켜서 거실을 시원하게 한다.

③ 집 안에 난방 기구를 켜서 방의 공기를 따뜻하게 한다.

④ 프라이팬 바닥을 가열하여 프라이팬 전체가 뜨거워지게 한다.

⑤ 욕조 한쪽에 따뜻한 물을 넣어 욕조의 물 전체를 따뜻하게 한다.

1 서술형 + 9종 공통

차갑거나 따뜻한 정도를 말로만 표현하면 차갑거나 따뜻한 정도를 정확히 알 수 없어 불편합니다. 물질의 차갑거나 따뜻한 정도를 정확하게 전달하려면 어떻게 해야 하는지 쓰시오.

_____

_____

2 동아, 김영사, 미래엔, 천재교과서

다음과 같은 온도에 해당하는 알맞은 단어를 찾아 바르게 선으로 이으시오.

(1)   몸의 온도   •   •⊙ 수온

(2)   물의 온도   •   •ⓒ 기온

(3)   공기의 온도 •   •ⓒ 체온

3 + 9종 공통

오른쪽은 알코올 온도계로 물의 온도를 측정하는 모습입니다. 이 온도계에 대한 설명으로 옳지 <u>않은</u> 것은 어느 것입니까? (   )

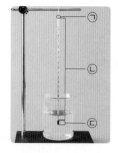

① ⊙ 고리, ⓒ 몸체, ⓒ 액체샘이라고 한다.
② 액체나 기체의 온도를 측정할 때 사용한다.
③ ⓒ 부분이 비커 바닥이나 옆면에 닿지 않도록 해야 한다.
④ 온도계 속 빨간색 액체가 움직임을 멈추면 눈금을 읽는다.
⑤ 눈금을 읽을 때는 위에서 온도계를 내려다보면서 읽는다.

[4-6] 다음은 여러 장소에서 물질의 온도를 측정한 결과입니다. 물음에 답하시오.

장소와 물질	온도(℃)	장소와 물질	온도(℃)
⊙ 교실의 기온	13.5	ⓔ 운동장의 기온	18.0
ⓒ 교실의 벽	13.1	ⓜ 연못 속 물	16.1
ⓒ 교실에 있는 책상	13.2	ⓗ 나무 그늘의 흙	17.1

4 + 9종 공통

위 ⊙~ⓗ 중 오른쪽 온도계로 측정하기에 알맞은 온도끼리 옳게 짝 지은 것은 어느 것입니까? (   )

① ⊙, ⓒ
② ⊙, ⓔ, ⓜ
③ ⓒ, ⓒ, ⓗ
④ ⓔ, ⓜ, ⓗ
⑤ ⓒ, ⓒ, ⓜ, ⓗ

5 + 9종 공통

위 ⊙~ⓗ 중 다음과 같은 사실을 확인하기 위해 서로 비교해야 할 온도로 옳은 것은 어느 것입니까?

(   )

> 같은 물질이라도 장소에 따라 온도가 다르다.

① ⊙과 ⓒ   ② ⊙과 ⓔ   ③ ⓒ과 ⓒ
④ ⓔ과 ⓜ   ⑤ ⓜ과 ⓗ

6 서술형 ➕9종 공통

앞 **5**번의 답 이외에 같은 물질이라도 장소에 따라 온도가 다른 예를 생활 속에서 찾아 한 가지 쓰시오.

_____

_____

[7-8] 오른쪽과 같이 따뜻한 물이 담긴 삼각 플라스크를 차가운 물이 담긴 비커에 넣고, 2분마다 물의 온도를 측정하였습니다. 물음에 답하시오.

알코올 온도계
따뜻한 물
차가운 물

7 ➕9종 공통

위 삼각 플라스크에 담긴 물과 비커에 담긴 물 중 온도가 점점 낮아지는 것은 무엇인지 쓰시오.

(   )

8 ➕9종 공통

위 실험에서 1시간이 지난 뒤 삼각 플라스크와 비커에 담긴 물의 온도를 비교하여 ○ 안에 >, =, <로 나타내시오.

┌─────────────┐   ┌─────────────┐
│ 삼각 플라스크에 │ ◯ │ 비커에 담긴 │
│ 담긴 물의 온도 │   │ 물의 온도 │
└─────────────┘   └─────────────┘

9 ➕9종 공통

다음과 같이 온도가 다른 두 물체가 접촉하고 있을 때, 열이 이동하는 방향을 화살표로 옳게 나타낸 것은 어느 것입니까? (   )

①
프라이팬 → 고기

②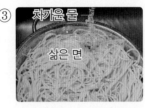
식어 있는 국
뜨거운 냄비
국 → 뜨거운 냄비

③
차가운 물
삶은 면
차가운 물 → 삶은 면

④
얼음물이 담긴 컵
손
컵 → 손

10 ➕9종 공통

오른쪽과 같이 얼음 위에 생선을 올려놓았을 때 온도가 낮아지는 물질을 골라 ○표 하시오.

(얼음, 생선   )

11 동아, 금성, 김영사, 미래엔, 아이스크림, 천재교과서, 천재교육

열 변색 붙임딱지를 붙인 세 가지 모양의 구리판을 가열할 때, 열 변색 붙임딱지의 색깔이 변하는 방향을 화살표로 나타낸 것으로 옳지 않은 것을 골라 기호를 쓰시오.

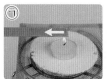

▲ 길게 자른 구리판 가열하기   ▲ 정사각형 구리판 가열하기   ▲ ㄷ 모양 구리판 가열하기

(   )

12 동아, 금성, 김영사, 미래엔, 아이스크림, 천재교과서, 천재교육

위 **11**번 실험으로 알 수 있는 사실로 옳은 것에 ○ 표, 옳지 않은 것에 ×표 하시오.

⑴ 구리판을 가열하면 열은 구리판을 따라 이동한다.
(   )

⑵ 고체에서 열은 온도가 낮은 곳에서 높은 곳으로 이동한다. (   )

⑶ 고체 물질이 끊겨 있으면 열은 그 방향으로 이동하지 않는다. (   )

13 서술형 ➕ 9종 공통

오른쪽과 같이 뜨거운 불 위에 올려놓은 팬에서는 열이 어떻게 이동하는지 쓰시오.

_____

_____

[14-15] 오른쪽과 같이 열 변색 붙임딱지를 붙인 구리판, 유리판, 철판을 동시에 뜨거운 물이 담긴 비커에 넣고 열 변색 붙임딱지의 색깔이 변하는 빠르기를 비교하였습니다. 물음에 답하시오.

14 김영사, 미래엔, 비상, 아이스크림, 천재교육

위 열 변색 붙임딱지의 색깔이 변하는 순서대로 옳게 나타낸 것은 어느 것입니까? (   )

① 철판 → 구리판 → 유리판
② 철판 → 유리판 → 구리판
③ 유리판 → 구리판 → 철판
④ 구리판 → 유리판 → 철판
⑤ 구리판 → 철판 → 유리판

15 김영사, 미래엔, 비상, 아이스크림, 천재교육

위 실험 결과로 알 수 있는 사실로 옳은 것은 어느 것입니까? (   )

① 구리보다 철에서 열이 더 빠르게 이동한다.
② 금속보다 유리에서 열이 더 빠르게 이동한다.
③ 금속의 종류에 따라 열이 이동하는 빠르기가 다르다.
④ 고체 물질 중에서 열이 가장 빠르게 이동하는 것은 유리이다.
⑤ 고체 물질은 종류에 관계없이 열이 이동하는 빠르기가 모두 같다.

16 ➕ 9종 공통

오른쪽과 같은 다리미의 옷을 다리는 부분은 어떤 물질로 만듭니까? (   )

옷을 다리는 부분

① 금속   ② 유리
③ 고무   ④ 나무
⑤ 플라스틱

17 ➕ 9종 공통

물이 담긴 주전자를 가열할 때 물 전체가 뜨거워지는 현상을 순서대로 기호를 쓰시오.

> ㉠ 온도가 높아진 물이 위로 올라간다.
> ㉡ 위에 있던 물은 아래로 밀려 내려온다.
> ㉢ 주전자 바닥에 있는 물의 온도가 높아진다.
> ㉣ 주전자에 있는 물 전체의 온도가 높아져 따뜻해진다.

(   ) → (   ) → (   ) → (   )

18 ➕ 9종 공통

차가운 물이 담긴 수조 바닥에 뜨거운 빨간색 물이 담긴 병을 두고 뚜껑을 열었을 때, 빨간색 물이 이동하는 모습을 화살표로 옳게 나타낸 것의 기호를 쓰시오.

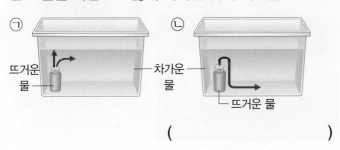

㉠ 뜨거운 물   ㉡ 차가운 물 / 뜨거운 물

(   )

19 ➕ 9종 공통

기체에서 열의 이동에 대한 설명으로 옳은 것은 어느 것입니까? (   )

① 전도를 통해 열이 이동한다.
② 가열해도 열이 이동하지 않는다.
③ 온도가 낮은 물질이 위로 이동한다.
④ 기체가 없는 곳에서만 열이 이동한다.
⑤ 주변보다 온도가 높아진 물질이 위로 올라가고 위에 있던 물질이 아래로 밀려 내려오면서 열이 이동한다.

20 서술형 ➕ 9종 공통

겨울철에 난방 기구를 한 곳에만 켜 놓아도 집 안 전체의 공기가 따뜻해지는 까닭을 쓰시오.

_____

_____

_____

평가 주제	온도가 다른 두 물체가 접촉할 때 두 물체의 온도 변화 알아보기
평가 목표	온도가 다른 두 물체를 접촉하였을 때, 물체의 온도가 변하는 것을 열이 이동하는 방향과 연관지어 설명할 수 있다.

[1-2] 수지는 냉장고에서 꺼낸 차가운 우유를 따뜻하게 마시려고 합니다. 물음에 답하시오.

1 위 ㉠과 ㉡ 중 어느 그릇에 차가운 우유갑을 넣어야 우유를 따뜻하게 마실 수 있을지 알맞은 것의 기호를 쓰시오.

(   )

2 위 **1**번 답과 같이 생각한 까닭을 열의 이동과 관련지어 쓰시오.

_____

_____

3 다음 (1), (2)의 접촉한 두 물체에서 열이 이동하는 방향을 오른쪽 보기 와 같이 그림 위에 화살표를 그려 나타내시오.

(1)

차가운 물이 담긴 컵   손

(2)

그릇   뜨거운 국

보기
▲ 그릇에 담긴 차가운 아이스크림

평가 주제	고체에서 열의 이동, 단열 알아보기
평가 목표	고체 물질의 종류에 따라 열이 이동하는 빠르기가 다른 것을 알고, 일상생활에서 단열을 이용하는 예를 이해할 수 있다.

[1-2] 다음은 옷을 다릴 때 사용하는 다양한 다리미의 모습입니다. 물음에 답하시오.

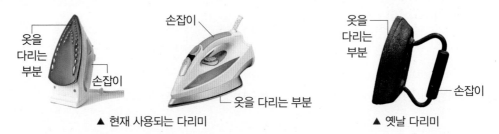

▲ 현재 사용되는 다리미   ▲ 옛날 다리미

1 위 다리미의 각 부분은 어떤 물질로 만드는 것이 가장 알맞을지 보기 에서 각각 골라 쓰시오.

> 보기
>
> 금속, 종이, 유리, 섬유, 암석, 플라스틱

⑴ 옷을 다리는 부분: (   ), ⑵ 손잡이: (   )

2 위 1번 답과 같이 생각한 까닭을 열의 이동과 물질의 특성에 관련지어 쓰시오.

_____

_____

3 다음은 보온병에 들어 있는 사용 설명서입니다. 열의 이동을 줄이는 부분이 많은 까닭을 보온병의 쓰임새와 관련지어 쓰시오.

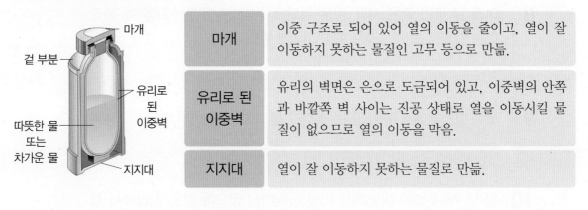

마개	이중 구조로 되어 있어 열의 이동을 줄이고, 열이 잘 이동하지 못하는 물질인 고무 등으로 만듦.
유리로 된 이중벽	유리의 벽면은 은으로 도금되어 있고, 이중벽의 안쪽과 바깥쪽 벽 사이는 진공 상태로 열을 이동시킬 물질이 없으므로 열의 이동을 막음.
지지대	열이 잘 이동하지 못하는 물질로 만듦.

_____

_____

✏️ 빈칸에 알맞은 답을 쓰세요.

1 태양계 구성원 중 지구에 있는 물이 순환하는 데 필요한 에너지를 끊임없이 공급해 주는 것은 무엇입니까?

2 태양과 태양의 영향이 미치는 공간, 그 공간에 있는 천체를 통틀어 무엇이라고 합니까?

3 태양계 행성 중 지구와 크기가 가장 비슷한 행성은 무엇입니까?

4 태양계 행성 중 천왕성과 상대적인 크기가 가장 비슷한 행성은 무엇입니까?

5 태양계 행성 중 지구보다 크기가 큰 행성 네 개는 무엇입니까?

6 태양계 행성 중 태양에서 가장 가까운 거리에 있는 행성은 무엇입니까?

7 태양에서 거리가 멀어질수록 행성 사이의 거리는 대체로 가까워집니까, 멀어집니까?

8 여러 날 동안 같은 시각, 같은 위치에서 밤하늘을 관측했을 때 움직이는 것처럼 보이는 것은 행성입니까, 별입니까?

9 북쪽 밤하늘에서 볼 수 있는 별자리 세 가지는 무엇입니까?

10 일 년 내내 북쪽 하늘에서 거의 움직이지 않으며 같은 자리에서 볼 수 있기 때문에 방위를 찾는 길잡이 역할을 하는 별은 무엇입니까?

✏️ 빈칸에 알맞은 답을 쓰세요.

1　태양계에서 유일하게 스스로 빛을 내는 천체는 무엇입니까?

2　태양계를 구성하는 여덟 개의 행성은 무엇입니까?

3　태양계 행성 중 수성과 상대적인 크기가 비슷한 행성은 무엇입니까?

4　태양계 행성 중 지구보다 크기가 작은 행성 세 개는 무엇입니까?

5　태양의 반지름은 지구의 반지름보다 약 몇 배가 큽니까?

6　태양계 행성 중 태양에서 가장 먼 거리에 있는 행성은 무엇입니까?

7　태양과 별 중 매우 먼 거리에 있어서 반짝이는 밝은 점으로 보이는 것은 무엇입니까?

8　스스로 빛을 내는 천체는 행성입니까, 별입니까?

9　밤하늘에 무리 지어 있는 별을 연결하여 사람이나 동물, 물건 등의 이름을 붙인 것을 무엇이라고 합니까?

10　북극성을 찾을 때 이용할 수 있는 북쪽 밤하늘의 별자리 두 가지는 무엇입니까?

3
단원

1 ⊕ 9종 공통

태양이 생물에게 소중한 까닭으로 옳지 <u>않은</u> 것은 어느 것입니까? (   )

① 태양 빛으로 전기를 만들기 때문에

② 사람이나 동식물이 춥게 살 수 있기 때문에

③ 식물이 양분을 만드는 데 도움을 주기 때문에

④ 물을 증발시켜 물의 순환이 일어나게 하기 때문에

⑤ 밝은 낮에 야외에서 활동할 수 있도록 하기 때문에

2 서술형 ⊕ 9종 공통

만약 태양이 없다면 어떤 일이 일어날지 한 가지만 쓰시오.

_____

_____

3 ⊕ 9종 공통

태양계에 대한 설명으로 옳은 것을 두 가지 고르시오.

(   )

① 지구는 태양계의 중심에 있다.

② 태양의 주위를 도는 둥근 천체를 혜성이라고 한다.

③ 태양과 행성, 위성, 소행성, 혜성 등으로 구성된다.

④ 태양계에서 스스로 빛을 내는 천체는 달과 태양이다.

⑤ 태양과 태양의 영향이 미치는 공간, 그 공간에 있는 천체를 말한다.

4 ⊕ 9종 공통

지구의 주위를 도는 달처럼 행성의 주위를 도는 천체를 무엇이라고 하는지 쓰시오.

(   ) ▲ 달

5 ⊕ 9종 공통

오른쪽 행성에 대한 설명으로 옳지 <u>않은</u> 것은 어느 것입니까? (   )

① 붉은색이다.

② 고리가 없다.

③ 지구보다 크다.

④ 수성과 크기가 비슷하다.

⑤ 표면은 지구의 사막처럼 암석과 흙으로 이루어져 있다.

▲ 화성

6 동아, 김영사, 비상, 아이스크림, 지학사, 천재교과서

태양계 행성을 분류하는 기준으로 알맞은 것을 보기
에서 모두 골라 기호를 쓰시오.

> 보기 ●
>
> ㉠ 고리가 있는 것과 고리가 없는 것
> ㉡ 스스로 빛을 내는 것과 스스로 빛을 내지 않는 것
> ㉢ 태양의 주위를 도는 것과 지구의 주위를 도는 것
> ㉣ 표면에 땅(암석)이 있는 것과 표면이 기체로 되어 있는 것

(   )

7 ✚ 9종 공통

태양계 행성의 표면의 상태가 나머지와 <u>다른</u> 하나는
어느 것입니까? (   )

① ▲ 지구   ② ▲ 목성
③ ▲ 토성   ④ ▲ 천왕성

[8-10] 다음은 지구의 반지름을 1로 보았을 때 태양
계 행성의 상대적인 반지름을 나타낸 것입니다. 물음
에 답하시오.

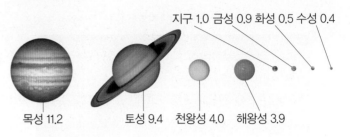

지구 1.0 금성 0.9 화성 0.5 수성 0.4
목성 11.2   토성 9.4   천왕성 4.0   해왕성 3.9

8 ✚ 9종 공통

상대적인 크기가 비슷한 행성끼리 옳게 짝 지은 것은
어느 것입니까? (   )

① 수성 – 화성   ② 수성 – 토성
③ 지구 – 목성   ④ 토성 – 천왕성
⑤ 금성 – 해왕성

9 동아, 비상, 아이스크림, 지학사, 천재교과서

지구의 크기가 반지름이 1 cm인 구슬과 같다면, 천왕
성과 크기가 비슷한 물체를 골라 기호를 쓰시오.

㉠   ㉡   ㉢
▲ 반지름 2 cm인   ▲ 반지름 4 cm인   ▲ 반지름 11.2 cm인
   탁구공   야구공   축구공

(   )

10 ✚ 9종 공통

위와 같이 행성의 상대적인 크기 비교로 알 수 있는
사실로 옳은 것은 어느 것입니까? (   )

① 금성은 지구보다 크기가 약간 크다.
② 태양계 행성의 크기는 모두 비슷하다.
③ 가장 작은 행성은 수성이고 가장 큰 행성은 토성
   이다.
④ 수성, 화성, 해왕성은 지구보다 크기가 작은 행성
   이다.
⑤ 목성, 토성, 천왕성, 해왕성은 상대적으로 크기가
   큰 행성에 속한다.

3
단원

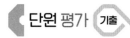

[11-12] 다음은 태양에서 지구까지의 거리를 1로 보았을 때 태양에서 행성까지의 상대적인 거리를 나타낸 것입니다. 물음에 답하시오.

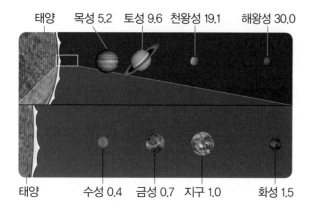

태양　목성 5.2　토성 9.6　천왕성 19.1　해왕성 30.0

태양　수성 0.4　금성 0.7　지구 1.0　화성 1.5

11 ➕ 9종 공통

태양계 행성 중 태양에서 가장 먼 행성은 무엇인지 쓰시오.

(　　　　　　　)

12 서술형 ➕ 9종 공통

태양에서 지구보다 가까이 있는 행성과 지구보다 멀리 있는 행성으로 분류하여 쓰시오.

＿＿＿＿＿＿＿＿＿＿＿＿＿＿＿＿＿＿＿＿＿＿

＿＿＿＿＿＿＿＿＿＿＿＿＿＿＿＿＿＿＿＿＿＿

13 ➕ 9종 공통

태양계에서 행성까지의 거리를 상대적인 거리로 비교하는 까닭으로 옳은 것을 보기 에서 모두 골라 기호를 쓰시오.

보기

㉠ 거리가 너무 멀어 km로 표현하기 복잡하기 때문이다.

㉡ 행성이 조금씩 이동해 실제 거리가 계속 달라지기 때문이다.

㉢ 실제 거리로 나타내면 거리를 쉽게 비교하기가 어렵기 때문이다.

㉣ 실제로는 거리가 가깝지만 태양과 행성의 크기가 너무 크기 때문이다.

(　　　　　　　)

14 ➕ 9종 공통

오른쪽은 여러 날 동안 관측한 밤하늘에서 위치가 변하는 천체를 표시한 것입니다. 위치가 변한 천체는 별과 행성 중 어느 것인지 쓰시오.

(　　　　　　　　　　　　)

15 서술형 ➕ 9종 공통

다음과 같은 행성이 주위의 별보다 더 밝고 또렷하게 보이는 까닭을 쓰시오.

▲ 금성　　　▲ 화성　　　▲ 목성

＿＿＿＿＿＿＿＿＿＿＿＿＿＿＿＿＿＿＿＿＿＿

＿＿＿＿＿＿＿＿＿＿＿＿＿＿＿＿＿＿＿＿＿＿

[16-18] 다음 여러 가지 별자리를 보고, 물음에 답하시오.

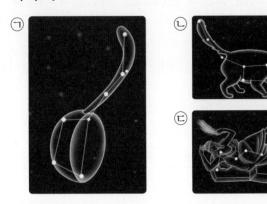

㉠ ㉡ ㉢

16 서술형 ➕ 9종 공통

별자리란 무엇인지 쓰시오.

_____

_____

17 ➕ 9종 공통

위 별자리를 볼 수 있는 곳은 어디입니까? (   )

① 서쪽 밤하늘   ② 동쪽 밤하늘
③ 북쪽 밤하늘   ④ 남쪽 밤하늘
⑤ 계절에 따라 볼 수 있는 위치가 다르다.

18 ➕ 9종 공통

위 별자리의 이름을 옳게 짝 지은 것은 어느 것입니까? (   )

① ㉠ – 사자자리   ② ㉢ – 북두칠성
③ ㉡ – 큰곰자리   ④ ㉠ – 작은곰자리
⑤ ㉢ – 카시오페이아자리

19 ➕ 9종 공통

별자리를 관측하기에 알맞은 시각과 장소로 옳은 것은 어느 것입니까? (   )

① 해가 뜬 직후에 관측한다.
② 밝지 않은 곳에서 관측한다.
③ 해가 지기 시작하면 관측한다.
④ 주변이 꽉 막힌 곳에서 관측한다.
⑤ 주변에 높은 건물이 많은 곳에서 관측한다.

20 ➕ 9종 공통

다음은 북쪽 밤하늘의 모습입니다. 북쪽 밤하늘에 대한 설명으로 옳은 것은 어느 것입니까? (   )

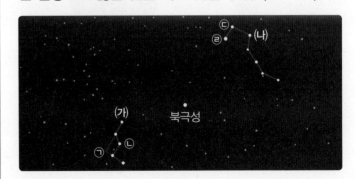

① 북극성의 위치는 계속 변한다.
② ㉮는 작은곰자리, ㉯는 카시오페이아자리이다.
③ 북극성을 이용하면 ㉮와 ㉯ 별자리를 쉽게 찾을 수 있다.
④ ㉮의 ㉠과 ㉡을 연결하고, 그 거리의 세 배만큼 떨어진 곳에서 북극성을 찾을 수 있다.
⑤ ㉯의 ㉢과 ㉣을 연결하고, 그 거리의 다섯 배만큼 떨어진 곳에서 북극성을 찾을 수 있다.

1 ⊕ 9종 공통

태양이 생물과 우리 생활에 미치는 영향이 <u>아닌</u> 것은 어느 것입니까? (　　　)

① 동식물이 살기 어렵게 한다.
② 태양 빛은 물체를 볼 수 있게 한다.
③ 우리가 따뜻하게 생활할 수 있게 한다.
④ 물이 순환하는 데 필요한 에너지를 공급한다.
⑤ 태양 빛을 이용해 전기를 만들어 생활에 이용한다.

2 ⊕ 9종 공통

다음 (　　　) 안에 공통으로 들어갈 알맞은 말을 쓰시오.

> • (　　　)이/가 없으면 지구의 생물이 살기 어렵다.
> • 우리가 살아가는 데 필요한 대부분의 에너지는 (　　　)에서 얻는다.

(　　　　　　　　)

[3-4] 다음 여러 천체를 보고, 물음에 답하시오.

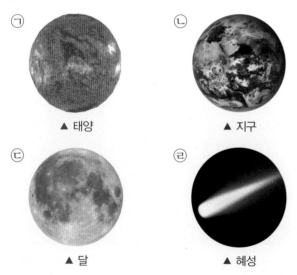

ㄱ ▲ 태양　　ㄴ ▲ 지구
ㄷ ▲ 달　　ㄹ ▲ 혜성

3 ⊕ 9종 공통

위 천체 중 태양계를 구성하는 것을 모두 고른 것은 어느 것입니까? (　　　)

① ㄱ, ㄴ
② ㄴ, ㄹ
③ ㄱ, ㄴ, ㄷ
④ ㄱ, ㄴ, ㄹ
⑤ ㄱ, ㄴ, ㄷ, ㄹ

4 ⊕ 9종 공통

앞 천체 중 다음 설명과 관계있는 것을 골라 기호를 쓰시오.

> 태양계의 중심에 있고, 태양계에서 유일하게 스스로 빛을 내는 천체이다.

(　　　　　　　　)

5 서술형 ⊕ 9종 공통

오른쪽은 토성의 위성인 타이탄입니다. 위성이란 무엇인지 쓰시오.

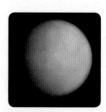

_____

_____

6 ➕ 9종 공통

다음은 화성과 천왕성의 특징을 비교하여 나타낸 것입니다. **잘못** 비교한 것을 골라 기호를 쓰시오.

	화성	천왕성
㉠	붉은색	청록색
㉡	지구보다 큼.	지구보다 작음.
㉢	고리가 없음.	희미한 고리가 있음.
㉣	표면이 암석과 흙으로 이루어져 있음.	표면이 기체로 이루어져 있음.

(   )

7 ➕ 9종 공통

다음은 태양계 행성을 표면의 상태에 따라 분류한 것입니다. **잘못** 분류한 행성을 골라 이름을 쓰시오.

표면이 땅(암석)으로 되어 있는 행성	표면이 기체로 되어 있는 행성
수성, 지구, 해왕성	목성, 토성, 천왕성

(   )

8 김영사, 비상, 지학사

오른쪽은 태양과 지구의 크기를 비교한 것입니다. 태양과 지구의 크기에 대한 설명으로 옳은 것은 어느 것입니까?

(   )

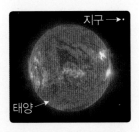

① 태양의 반지름은 지구의 반지름보다 약 90배 크다.
② 지구 109개가 일렬로 늘어서면 태양의 지름만큼 된다.
③ 지구의 반지름을 1로 보았을 때 태양의 반지름은 10이다.
④ 지구의 크기가 반지름이 1 cm인 구슬과 같다면 태양의 크기는 반지름이 11.2 cm인 축구공과 비슷하다.
⑤ 태양과 지구의 크기는 비슷하지만 서로 너무 멀리 떨어져 있어 지구는 작은 점처럼 보인다.

[9-10] 다음은 지구의 반지름을 1로 보았을 때 태양계 행성의 상대적인 크기를 나타낸 표입니다. 물음에 답하시오.

수성	금성	지구	화성	목성	토성	천왕성	해왕성
0.4	0.9	1.0	0.5	11.2	9.4	4.0	3.9

9 ➕ 9종 공통

행성의 상대적인 크기를 비교하여 크기가 큰 행성부터 순서대로 쓰시오.

(   )

10 ➕ 9종 공통

지구보다 크기가 큰 행성끼리 옳게 짝 지은 것은 어느 것입니까? (   )

① 수성, 금성   ② 수성, 목성
③ 금성, 화성   ④ 화성, 해왕성
⑤ 토성, 천왕성

[11-13] 다음은 태양에서 지구까지의 거리를 1로 보았을 때 태양에서 행성까지의 상대적인 거리를 나타낸 것입니다. 물음에 답하시오.

11 + 9종 공통

위를 참고하여 태양에서 지구까지의 거리를 두루마리 휴지 한 칸으로 정했을 때, 태양에서 각 행성까지의 상대적인 거리를 나타내는 데 필요한 휴지 칸 수로 옳지 않은 것은 어느 것입니까? ( )

① 수성 – 0.4칸　　　② 금성 – 0.7칸
③ 화성 – 0.5칸　　　④ 토성 – 9.6칸
⑤ 해왕성– 30.0칸

12 + 9종 공통

위에서 태양에서 지구보다 가까이 있는 행성끼리 옳게 짝 지은 것은 어느 것입니까? ( )

① 수성, 금성　　　② 금성, 화성
③ 화성, 목성　　　④ 수성, 금성, 화성
⑤ 목성, 토성, 해왕성

13 + 9종 공통

앞 태양에서 행성까지의 상대적인 거리를 보고, 알 수 있는 사실로 옳은 것은 어느 것입니까? ( )

① 태양에서 가장 먼 행성은 천왕성이다.
② 태양에서 거리가 멀수록 행성의 크기가 커진다.
③ 지구와 크기가 비슷한 행성은 태양에서 비교적 멀리 있다.
④ 태양에서 거리가 멀어질수록 행성 사이의 거리는 가까워진다.
⑤ 수성, 금성, 지구, 화성은 목성, 토성, 천왕성, 해왕성에 비하면 상대적으로 태양 가까이에 있다.

14 서술형 + 9종 공통

여러 날 동안 밤하늘을 관측했을 때 알 수 있는 행성과 별의 차이점을 쓰시오.

_____

_____

15 + 9종 공통

별과 별자리에 대한 설명으로 옳지 않은 것은 어느 것입니까? ( )

① 별은 스스로 빛을 내는 천체이다.
② 별자리의 모습과 이름은 나라와 시대에 따라 다르다.
③ 별자리는 망원경으로 볼 수 있는 별만 연결한 것이다.
④ 북쪽 밤하늘에서는 북두칠성, 작은곰자리, 카시오페이아자리를 볼 수 있다.
⑤ 별자리는 밤하늘에 무리 지어 있는 별을 연결해 사람이나 동물 또는 물건의 이름을 붙인 것이다.

16 ✚ 9종 공통

별자리를 관측하는 순서대로 기호를 쓰시오.

> ㉠ 별자리를 관측할 시각과 장소를 정한다.
> ㉡ 북쪽 밤하늘에서 어떤 별자리가 보이는지 관측한다.
> ㉢ 정해진 시각에 정해진 장소에서 나침반을 이용해 북쪽을 확인한다.
> ㉣ 주변 건물이나 나무 등의 위치를 표현하고 별자리의 위치와 모양을 기록한다.

(   ) – (   ) – (   ) – (   )

17 ✚ 9종 공통

다음 설명과 관계있는 별자리는 어느 것입니까?

(   )

> • 북쪽 밤하늘의 대표적인 별자리이다.
> • 엠(M) 자나 더블유(W) 자 모양이다.
> • 북극성을 찾는 데 이용한다.

① 북두칠성   ② 작은곰자리
③ 오리온자리   ④ 쌍둥이자리
⑤ 카시오페이아자리

18 서술형 ✚ 9종 공통

밤하늘에서 북극성을 찾는 것이 우리 생활에 도움이 되는 까닭은 무엇인지 쓰시오.

_____

19 ✚ 9종 공통

다음 ( ) 안에 들어갈 알맞은 말은 어느 것입니까? ( )

> 바다 한가운데에서 항해하는 배는 ( )을/를 보면 방위를 알 수 있으므로, 예로부터 밤에 뱃길을 찾아내는 데 많이 이용했다.

① 달   ② 혜성
③ 북극성   ④ 북두칠성
⑤ 카시오페이아자리

20 ✚ 9종 공통

다음 ( ) 안에 들어갈 알맞은 말을 각각 쓰시오.

> • (㉠)의 국자 모양 끝부분의 두 별을 연결하고, 그 거리의 (㉡) 배만큼 떨어진 곳에서 북극성을 찾을 수 있다.
> • 카시오페이아자리의 바깥쪽 두 선을 연장해 만나는 점과 중앙의 별을 연결하고, 그 거리의 (㉢) 배만큼 떨어진 곳에서 (㉣)을/를 찾을 수 있다.

㉠ (   ), ㉡ (   )
㉢ (   ), ㉣ (   )

평가 주제	태양계 구성원의 특징 알아보기
평가 목표	태양계 구성원 중 여덟 행성의 특징을 알고, 기준에 따라 두 무리로 분류할 수 있다.

[1-3] 태양계 구성원에는 다음의 여덟 행성이 있습니다. 물음에 답하시오.

수성 　금성 　지구 　화성

목성 　토성 　천왕성 　해왕성

1 위 여덟 행성을 일정한 기준에 따라 두 무리로 분류하려고 할 때, 분류할 수 있는 기준으로 알맞은 것을 보기 에서 골라 기호를 쓰시오.

> 보기
> ㉠ 태양계에 속한 행성인가? 　　㉡ 행성 표면의 상태가 기체인가?
> ㉢ 태양보다 크기가 작은 행성인가? 　　㉣ 태양을 중심으로 공전하는 행성인가?

(　　　　　　　　)

2 위 1번 답의 분류 기준에 따라 여덟 행성을 두 무리로 분류하여 쓰시오.

　(1) 분류 기준: (　　　　　　　　　　　　　　　　　　　　　　　)

그렇다. ┌─────────────────────┴─────────────────────┐ 그렇지 않다.

(2)　　　　　　　　　　　　　　　　(3)

3 위 2번의 (3)에 분류한 행성을 다시 두 무리로 분류할 수 있는 기준을 한 가지 쓰시오.

_____

_____

평가 주제	행성과 별의 차이점 알아보기
평가 목표	여러 날 동안 관측한 밤하늘의 모습을 보고 행성과 별을 구별할 수 있으며, 차이점을 이해할 수 있다.

[1-3] 다음은 여러 날 동안 같은 시각, 같은 위치에서 밤하늘을 관측한 모습입니다. 물음에 답하시오.

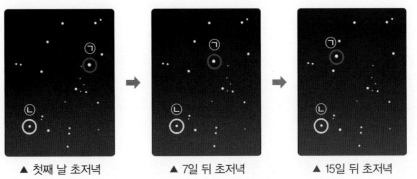

▲ 첫째 날 초저녁   ▲ 7일 뒤 초저녁   ▲ 15일 뒤 초저녁

1 위 ㉠, ㉡ 중 태양계 행성인 금성일 것으로 추측할 수 있는 것을 골라 기호를 쓰시오.

(   )

2 위 1번 답과 같이 생각한 까닭을 행성과 별의 차이점에 관련지어 쓰시오.

_____

_____

3 다음 중 별에 대한 설명에는 ☆, 행성에 대한 설명에는 ○에 각각 색칠하시오.

(1)	태양처럼 스스로 빛을 내는 천체이다.	☆	○
(2)	상대적으로 해왕성보다도 더 먼 거리에 있다.	☆	○
(3)	태양 주위를 공전하며, 밤하늘에서 위치가 변하는 것을 볼 수 있다.	☆	○
(4)	스스로 빛을 내는 것이 아니라 태양 빛이 반사되어 우리 눈에 보인다.	☆	○

✏️ 빈칸에 알맞은 답을 쓰세요.

1 소금처럼 다른 물질에 녹는 물질을 무엇이라고 합니까?

2 물처럼 다른 물질을 녹이는 물질을 무엇이라고 합니까?

3 소금물과 같이 용질이 용매에 골고루 섞여 있는 혼합물을 무엇이라고 합니까?

4 소금, 설탕, 밀가루 중 물에 용해되지 않는 것은 무엇입니까?

5 소금, 설탕, 베이킹 소다 중 온도와 양이 같은 물에 용해되는 양이 가장 많은 용질은 어느 것입니까?

6 온도가 같은 물 50 mL와 100 mL 중 소금을 넣었을 때 더 많이 용해되는 것은 어느 것입니까?

7 백반이 완전히 용해된 용액에서 백반이 바닥에 가라앉도록 하려면 용액의 온도를 낮춰야 합니까, 높여야 합니까?

8 같은 양의 용매에 용해된 용질의 많고 적은 정도를 무엇이라고 합니까?

9 색깔이 있는 용액에서 진한 용액은 색깔이 연한 것입니까, 색깔이 진한 것입니까?

10 용액에 넣은 방울토마토가 높이 떠오를수록 연한 용액입니까, 진한 용액입니까?

1   소금이 물에 모두 녹아 소금물이 되는 것처럼 어떤 물질이 다른 물질에 녹아 골고루 섞이는 현상을 무엇이라고 합니까?

2   소금, 설탕, 백반, 멸치 가루 중 물에 넣고 저었을 때 가장 용해되지 않는 것은 어느 것입니까?

3   소금이 물에 완전히 용해되어 소금물이 되었을 때, 용해되기 전 소금과 물의 무게를 합한 것과 용해된 후 소금물의 무게를 비교하면 어떻습니까?

4   소금, 설탕, 베이킹 소다 중 온도와 양이 같은 물에 용해되는 양이 가장 적은 용질은 어느 것입니까?

5   물의 온도와 양이 같을 때 용질이 물에 용해되는 양은 용질의 종류에 따라 같습니까, 다릅니까?

6   물의 양이 많아질수록 소금이 물에 용해되는 양은 적어집니까, 많아집니까?

7   물의 온도가 높을수록 백반이 물에 용해되는 양은 적어집니까, 많아집니까?

8   맛을 볼 수 있는 용액일 때 진한 용액은 맛이 연한 것입니까, 맛이 진한 것입니까?

9   물체가 뜨는 정도로 용액의 진하기를 비교할 때 이용할 수 있는 물체로 알맞은 것은 바둑돌입니까, 메추리알입니까?

10   설탕 용액의 위쪽에 떠 있는 방울토마토를 바닥으로 가라앉히려면 어떻게 해야 합니까?

4
단원

[1-3] 다음과 같이 비커 세 개에 물을 각각 50 mL씩 넣은 뒤 각 비커에 소금, 설탕, 멸치 가루를 각각 두 숟가락씩 넣고 유리 막대로 저었습니다. 물음에 답하시오.

▲ 소금   ▲ 설탕   ▲ 멸치 가루

1 동아, 아이스크림, 천재교과서, 천재교육

위 실험 결과, 각 가루 물질이 어떻게 되는지 바르게 선으로 이으시오.

(1) 소금 •

(2) 설탕 •

(3) 멸치 가루 •

• ㉠ 가루가 물에 잘 녹음.

• ㉡ 가루가 물에 녹지 않아 뿌옇게 변함.

2 동아, 아이스크림, 천재교과서, 천재교육

위 실험에서 각 비커를 10분 동안 그대로 두었을 때의 결과가 다음과 같았다면, 용액이 <u>아닌</u> 것으로 알맞은 것의 기호를 쓰시오.

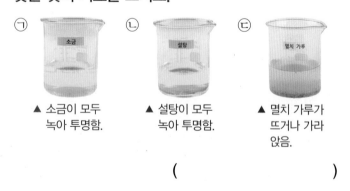

㉠   ㉡   ㉢

▲ 소금이 모두 녹아 투명함.   ▲ 설탕이 모두 녹아 투명함.   ▲ 멸치 가루가 뜨거나 가라앉음.

(   )

3 서술형   동아, 아이스크림, 천재교과서, 천재교육

위 **2**번 답이 용액이 아니라고 생각한 까닭을 쓰시오.

_____

_____

4 ➕ 9종 공통

다음 모습에서 용질과 용매를 옳게 고른 것은 어느 것입니까? (   )

> • 각설탕을 물에 다 녹여 설탕물을 만든다.
> • 주스 가루를 물에 다 녹여 주스 음료를 만든다.

	용질	용매
①	물	각설탕
②	물	주스 음료
③	주스 가루	물, 설탕물
④	각설탕, 주스 가루	물
⑤	각설탕, 주스 가루	설탕물, 주스 음료

5 ➕ 9종 공통

용해와 관계있는 현상은 어느 것입니까? (   )

① 식탁 위에 둔 아이스크림이 녹는다.

② 설탕을 가열하면 끈적끈적하게 변한다.

③ 소금을 물에 모두 녹여서 소금물을 만든다.

④ 얼음 위에 생선을 올려놓으면 얼음은 녹고 생선은 차가워진다.

⑤ 소금물을 접시에 담아 햇빛이 비치는 곳에 두면 소금이 생긴다.

6 동아, 금성, 미래엔, 아이스크림, 지학사, 천재교과서, 천재교육

각설탕을 물에 넣었을 때 나타나는 현상으로 옳지 않은 것을 두 가지 고르시오. (   )

① 각설탕이 부스러지면서 물속에서 없어진다.
② 시간이 많이 흐른 뒤에는 투명한 설탕물만 남는다.
③ 작아진 설탕은 더 작은 크기의 설탕으로 나뉘어 물에 골고루 섞인다.
④ 시간이 많이 흐른 뒤에는 각설탕이 완전히 용해되어 눈에 보이지 않게 된다.
⑤ 각설탕이 작은 설탕 가루로 부서졌다가 시간이 많이 흐른 뒤에는 뭉쳐져 다시 각설탕이 된다.

[7-8] 다음과 같이 각설탕이 물에 용해되기 전과 용해된 후의 무게를 측정하였습니다. 물음에 답하시오.

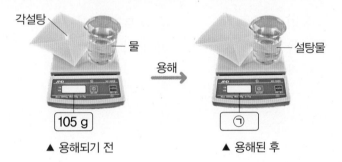

▲ 용해되기 전   ▲ 용해된 후

7 ➕ 9종 공통

위 실험에서 ㉠에 알맞은 무게는 몇 g인지 쓰시오.

(   ) g

8 ➕ 9종 공통

위 실험으로 알 수 있는 사실로 옳은 것은 어느 것입니까? (   )

① 설탕이 물에 용해되면 없어진다.
② 설탕은 물에 용해되지 않고 물과 섞여 뿌옇게 변한다.
③ 설탕이 물에 적게 용해될수록 점점 단맛이 강해진다.
④ 물에 용해되어 작아졌던 설탕은 뭉쳐져서 다시 커진다.
⑤ 물에 용해된 설탕은 매우 작게 변하여 물속에 남아 있다.

[9-12] 다음은 여러 가지 용질에 따른 물에 용해되는 양을 비교하는 실험입니다. 물음에 답하시오.

㉮ 20 ℃의 물을 각각 50 mL씩 넣은 세 비커에 소금, 설탕, 베이킹 소다를 각각 한 숟가락씩 넣고 유리 막대로 저은 뒤에 변화를 관찰한다.

㉯ 각 비커에 소금, 설탕, 베이킹 소다를 각각 한 숟가락~여덟 숟가락까지 넣으면서 유리 막대로 저어 용해되는 양을 비교한다.

9 동아, 미래엔, 비상, 아이스크림, 지학사, 천재교육

위 실험에서 다르게 해야 할 조건을 쓰시오.

(   )

10 동아, 미래엔, 비상, 아이스크림, 지학사, 천재교육

위 실험 결과로 옳은 것은 어느 것입니까? (   )

① 소금이 가장 적게 용해된다.
② 세 용질이 용해되는 양은 같다.
③ 설탕이 용해되는 시간이 가장 길다.
④ 베이킹 소다는 소금보다 더 많이 용해된다.
⑤ 설탕 > 소금 > 베이킹 소다 순으로 많이 용해된다.

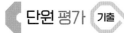
11 동아, 미래엔, 비상, 아이스크림, 지학사, 천재교육

온도가 같은 물 100 mL를 사용하여 앞 실험을 했을 때의 결과를 옳게 말한 사람의 이름을 쓰시오.

- 희진: 세 용질이 용해되는 양이 모두 같아.
- 수민: 세 용질 모두 50 mL의 물에서보다 적은 양이 용해돼.
- 성현: 50 mL의 물에서와 같이 설탕 > 소금 > 베이킹 소다 순으로 많이 용해되지.

(   )

12 서술형 ➕ 9종 공통

앞 실험으로 보아, 온도와 양이 같은 물에 여러 가지 용질을 넣었을 때 각 용질이 용해되는 양은 어떠한지 쓰시오.

_____

_____

13 ➕ 9종 공통

물의 온도에 따라 백반이 용해되는 양을 비교하기 위한 실험 과정을 설계하려고 합니다. 다르게 해야 할 조건은 어느 것입니까? (   )

① 물의 양   ② 백반의 양
③ 물의 온도   ④ 젓는 빠르기
⑤ 백반 알갱이의 크기

[14-15] 다음은 물의 온도에 따라 백반이 용해되는 양을 비교하기 위한 실험 과정을 설계한 것입니다. 물음에 답하시오.

❶ 얼음과 (   )을/를 이용해 10 ℃와 40 ℃의 물을 준비한다.
❷ 눈금실린더로 10 ℃와 40 ℃의 물을 50 mL씩 측정하여 두 비커에 각각 담는다.
❸ 각 비커에 백반을 두 숟가락씩 넣고 유리 막대로 젓는다.
❹ 각 비커에 넣은 백반이 용해된 양을 비교한다.

14 ➕ 9종 공통

40 ℃의 물을 준비하기 위하여 필요한 것으로 위 ❶의 (   ) 안에 들어갈 알맞은 준비물은 어느 것입니까? (   )

① 유리 막대   ② 페트리 접시
③ 눈금실린더   ④ 전기 주전자
⑤ 막자와 막자사발

15 서술형 ➕ 9종 공통

다음 실험 결과를 보고 알 수 있는 사실을 위 실험에서 알고자 하는 것과 관련지어 쓰시오.

| 10 ℃의 물 | 어느 정도 용해되다가 용해되지 않은 백반이 바닥에 남아 있음. |
| 40 ℃의 물 | 백반이 다 용해됨. |

_____

_____

16 ⊕ 9종 공통

물이 담긴 비커에 백반을 넣고 충분히 저은 뒤에도 백반이 다 용해되지 않고 바닥에 가라앉았을 때, 가라앉은 백반을 모두 용해할 수 있는 방법은 어느 것입니까? (   )

① 물을 조금 덜어 낸다.
② 백반을 더 넣고 비커를 흔들어 준다.
③ 백반 용액을 유리 막대로 계속 젓는다.
④ 약숟가락으로 가라앉은 백반을 건져 낸다.
⑤ 백반 용액이 든 비커를 가열하여 온도를 높여 준다.

[17-18] 같은 온도와 같은 양의 물에 황색 각설탕의 개수를 각각 다르게 용해하여, 다음과 같이 진하기가 다른 황설탕 용액을 만들었습니다. 물음에 답하시오.

㉠    ㉡

17 서술형 ⊕ 9종 공통

위 황설탕 용액의 진하기를 비교하는 방법을 두 가지 쓰시오.

_____

_____

18 ⊕ 9종 공통

위의 두 황설탕 용액에 용해된 황색 각설탕의 개수를 비교하여 (   ) 안에 >, =, <로 나타내시오.

┌───┐
│ ㉠ 황설탕 용액 (   ) ㉡ 황설탕 용액 │
└───┘

19 ⊕ 9종 공통

다음 ㉠~㉢ 중 가장 진한 설탕물부터 순서대로 기호를 쓰시오.

㉠    ㉡    ㉢

(   )

20 동아, 금성, 김영사, 미래엔, 비상, 아이스크림, 천재교육

위 19번 ㉢의 방울토마토를 위로 띄우기 위한 방법으로 옳은 것은 어느 것입니까? (   )

① 비커를 흔든다.   ② 설탕물을 젓는다.
③ 물을 더 넣는다.   ④ 설탕을 더 넣는다.
⑤ 설탕물을 큰 비커에 옮긴다.

[1-3] 다음은 물에 여러 가지 물질을 넣었을 때의 변화를 관찰하는 실험입니다. 물음에 답하시오.

> ⑺ 비커 세 개에 물을 각각 50 mL씩 넣는다.
> ⑻ ⑺의 각 비커에 소금, 설탕, 멸치 가루를 두 숟가락씩 넣고 유리 막대로 저으면서 변화를 관찰한다.
> ⑼ 각 비커를 10분 동안 그대로 두고 일어나는 변화를 관찰한다.

1 동아, 아이스크림, 천재교과서, 천재교육

위 실험을 할 때 다르게 해야 할 조건은 어느 것입니까? (　　)

① 물의 양
② 가루 물질의 양
③ 물을 젓는 빠르기
④ 가루 물질의 종류
⑤ 물을 저은 뒤 놓아두는 시간

2 동아, 아이스크림, 천재교과서, 천재교육

다음은 위 실험 결과를 나타낸 것입니다. ㉠~㉣ 중 옳게 나타낸 것을 모두 골라 기호를 쓰시오.

구분	⑻ 과정에서의 결과	⑼ 과정에서의 결과
소금	㉠ 물에 녹음.	㉣ 뿌옇게 변함.
설탕	㉡ 물 위에 뜸.	㉤ 투명함.
멸치 가루	㉢ 물에 녹음.	㉥ 물 위에 뜨거나 바닥에 가라앉음.

(　　　　　　　)

3 ✚ 9종 공통

위 실험으로 알 수 있는 사실로 옳은 것은 어느 것입니까? (　　)

① 물질이 물에 용해되면 색깔이 변한다.
② 모든 물질은 물에 용해되어 용액이 된다.
③ 물에 용해되었던 물질도 시간이 지나면 다시 바닥에 가라앉는다.
④ 물에 용해되지 않던 물질도 시간이 지나면 다 용해되어 용액이 된다.
⑤ 어떤 물질은 물에 용해되어 용액이 되고 어떤 물질은 물에 용해되지 않는다.

4 ✚ 9종 공통

용액이 <u>아닌</u> 것은 어느 것입니까? (　　)

① ▲ 식초　　② ▲ 구강 청정제　　③ ▲ 흙탕물

④ ▲ 이온 음료　　⑤ ▲ 손 세정제

5 서술형　✚ 9종 공통

다음은 설탕을 물에 녹여 설탕물이 만들어지는 용해 과정을 나타낸 것입니다. 이와 같이 생활에서 볼 수 있는 용해 현상을 한 가지 쓰시오.

▲ 설탕　　＋　　▲ 물　　용해→　　▲ 설탕물

_____

_____

6 동아, 금성, 미래엔, 아이스크림, 지학사, 천재교과서, 천재교육

각설탕을 물에 넣었을 때 시간에 따른 변화에 맞게 순서대로 기호를 쓰시오.

> ㉠ 투명한 설탕물만 남는다.
> ㉡ 각설탕이 부스러지면서 크기가 작아진다.
> ㉢ 작은 설탕 가루가 물에 골고루 섞이고 완전히 용해되어 눈에 보이지 않게 된다.

(   ) → (   ) → ㉠

7 ✚ 9종 공통

용질이 물에 완전히 용해되기 전과 용해된 후의 무게를 비교하여 (   ) 안에 >, =, <로 나타내시오.

> 용해되기 전의 무게 (   ) 용해된 후의 무게

8 ✚ 9종 공통

위 **7**번 답으로 보아, 용질이 물에 완전히 용해되면 어떻게 됩니까? (   )

① 용질이 서로 뭉쳐 크기가 커진다.
② 용질이 없어지고 결국 물만 남는다.
③ 물이 모두 없어지고 용질만 남는다.
④ 용질이 물과 골고루 섞여 용액이 된다.
⑤ 용질이 매우 작게 변하여 바닥에 가라앉는다.

9 동아, 미래엔, 비상, 아이스크림, 지학사, 천재교육

다음은 온도가 같은 물 50 mL가 담긴 비커 세 개에 소금, 설탕, 베이킹 소다를 각각 같은 양씩 넣고 저었을 때의 결과입니다. ㉠~㉢ 중 베이킹 소다로 알맞은 것의 기호를 쓰시오.

용질	한 숟가락씩 넣었을 때	두 숟가락씩 넣었을 때
㉠	모두 용해됨.	모두 용해됨.
㉡	모두 용해됨.	모두 용해됨.
㉢	모두 용해됨.	바닥에 가라앉음.

(   )

10 동아, 미래엔, 비상, 아이스크림, 지학사, 천재교육

위 **9**번 비커에 소금, 설탕, 베이킹 소다를 각각 여섯 숟가락씩 더 넣고 저은 뒤의 결과가 다음과 같았습니다. 같은 온도와 같은 양의 물에서 소금, 설탕, 베이킹 소다 중 용해되는 양이 가장 많은 용질을 쓰시오.

▲ 소금   ▲ 설탕   ▲ 베이킹 소다

(   )

11 동아, 미래엔, 비상, 아이스크림, 지학사, 천재교육

앞 **9**, **10**번 실험으로 알 수 있는 사실로 옳은 것은 어느 것입니까? (　　　)

① 물의 양이 많을수록 용질이 물에 많이 용해된다.

② 물의 온도가 높을수록 용질이 물에 많이 용해된다.

③ 물의 온도와 관계없이 용질이 물에 용해되는 양은 모두 같다.

④ 물의 온도와 물의 양이 같을 때 용질마다 물에 용해되는 양이 다르다.

⑤ 물의 온도와 물의 양이 같을 때 용질이 물에 용해되는 양은 모두 같다.

12 서술형 ➕ 9종 공통

다음 ㉠ 용질과 ㉡ 용질을 각각 같은 온도와 같은 양의 물에 넣었을 때의 결과를 보고, 두 용질이 물에 용해되는 양을 비교하여 쓰시오.

> • 한 숟가락씩 넣었을 때: 두 용질 모두 다 용해되었다.
> • 세 숟가락씩 넣었을 때: ㉠ 용질은 바닥에 가라앉았고, ㉡ 용질은 다 용해되었다.

_____

_____

13 ➕ 9종 공통

다음 실험 조건으로 보아, 이 실험에서 알고자 하는 것으로 가장 알맞은 것은 어느 것입니까? (　　　)

다르게 해야 할 조건	물의 온도
같게 해야 할 조건	용질의 종류(백반), 물의 양 등

① 물의 양에 따라 백반이 용해되는 양

② 물의 온도에 따라 백반이 용해되는 양

③ 백반의 양에 따라 백반이 용해되는 양

④ 젓는 빠르기에 따라 백반이 용해되는 양

⑤ 물의 양에 따라 백반이 용해되는 빠르기

14 ➕ 9종 공통

다음은 물의 온도에 따라 백반이 용해되는 양을 비교하기 위한 실험 과정을 설계한 것입니다. ㈎~㈐ 중 잘못 설계한 방법을 골라 기호를 쓰시오.

> ㈎ 얼음과 전기 주전자를 이용해 10 ℃와 40 ℃의 물을 준비한다.
> ㈏ 한쪽 비커에는 10 ℃의 물 50 mL를 담고, 다른 한쪽 비커에는 40 ℃의 물 100 mL를 담는다.
> ㈐ 각 비커에 백반을 두 숟가락씩 넣고 유리 막대로 젓는다.
> ㈑ 각 비커에 넣은 백반이 용해된 양을 비교한다.

(　　　　　　)

15 ➕ 9종 공통

다음은 온도가 다른 100 mL의 물이 담긴 두 비커에 같은 양의 백반을 넣고 저어 준 결과입니다. 온도가 더 높은 물이 담긴 비커를 골라 기호를 쓰시오. (단, 물의 온도 이외의 조건은 모두 같게 하였습니다.)

㉠ 　　㉡

(　　　　　　)

16 서술형 동아, 금성, 김영사, 미래엔, 비상, 아이스크림, 천재교육

오른쪽과 같이 따뜻한 물에서 모두 용해된 백반 용액이 든 비커를 얼음물에 넣으면 어떻게 되는지 쓰시오.

얼음물

_____

_____

17 ➕ 9종 공통

같은 온도와 같은 양의 물에 황색 각설탕의 개수를 다르게 용해하여 진하기가 다른 황설탕 용액을 만들었을 때 색깔이 더 진한 용액의 기호를 쓰시오.

㉠ 황색 각설탕 한 개   ㉡ 황색 각설탕 열 개

(   )

18 ➕ 9종 공통

황설탕 용액에 메추리알을 넣은 모습을 보고, ㉠과 ㉡ 중 황설탕을 더 많이 용해한 용액의 기호를 쓰시오.

 ㉠    ㉡

(   )

19 동아, 미래엔, 비상, 아이스크림, 지학사, 천재교과서, 천재교육

우리나라의 물보다 사해에서 몸이 더 잘 뜨는 까닭으로 알맞은 것은 어느 것입니까? (   )

① 사해의 물이 덜 짜서

② 사해의 물이 더 진해서

③ 사해의 물이 덜 따뜻해서

④ 사해의 물이 더 깨끗해서

⑤ 사해의 물에 소금이 더 적게 포함되어 있어서

20 서술형 ➕ 9종 공통

생활에서 물체가 용액에 뜨는 정도로 용액의 진하기를 확인하는 예를 한 가지 쓰시오.

_____

_____

_____

| 평가 주제 | 용질이 물에 용해되기 전과 후의 무게 비교하기 |
| 평가 목표 | 용질이 물에 용해되기 전과 후의 무게를 비교하여, 용액의 특징을 설명할 수 있다. |

[1-3] 다음은 각 모둠에서 각설탕이 물에 용해되기 전과 용해된 후의 무게를 측정한 결과입니다. 물음에 답하시오. (단, 각 모둠마다 실험에 사용한 각설탕의 양은 다름.)

| 모둠 | 용해되기 전의 무게 | 용해된 후의 무게 |
	물이 담긴 비커+시약포지+각설탕	빈 시약포지+설탕물이 담긴 비커
1	105 g	㉠ g
2	㉡ g	120 g
3	140 g	140 g
4	150 g	150 g

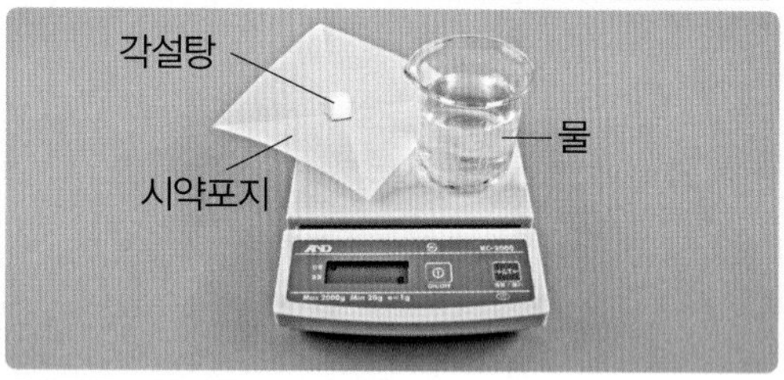

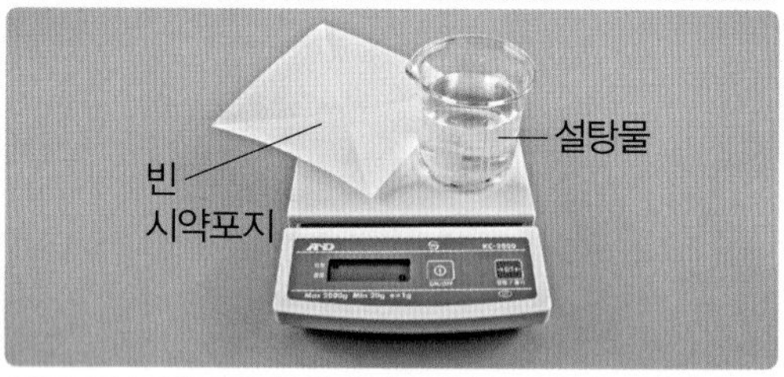

1 위 ㉠, ㉡에 들어갈 알맞은 숫자를 각각 쓰시오.

㉠ (   ), ㉡ (   )

2 위 측정 결과와 연관지어, 용질이 물에 용해되기 전과 용해된 후의 무게를 비교하여 쓰시오.

_____

_____

3 위와 연관지어, 각설탕이 물에 용해되는 과정에 대한 설명으로 옳지 않은 것을 보기 에서 골라 기호를 쓰시오.

보기
㉠ 각설탕이 물에 용해되면 물의 양이 두 배로 늘어난다.
㉡ 각설탕이 물에 녹아 골고루 섞이는 현상을 용해라고 한다.
㉢ 각설탕이 물에 완전히 용해되면 우리 눈에 보이지 않게 된다.

(   )

평가 주제	용액의 진하기 비교하기
평가 목표	다양한 성질을 이용하여 용액의 진하기를 상대적으로 비교할 수 있다.

[1-2] 다음은 진하기가 다른 황설탕 용액 세 개와 백설탕 용액 세 개를 보고, 진주와 우민이가 나눈 대화입니다. 물음에 답하시오.

1 위에서 황설탕 용액의 맛을 보지 않고 진하기를 비교하는 방법을 한 가지 쓰고, 진한 황설탕 용액부터 기호를 쓰시오.

(1) 진하기를 비교하는 방법: _____

_____

(2) 황설탕 용액의 진하기 비교: (   ) > (   ) > (   )

2 위에서 백설탕 용액의 맛을 보지 않고 진하기를 비교하는 방법을 한 가지 쓰시오.

_____

_____

3 소금물에 용액의 진하기를 비교할 수 있는 도구를 넣었더니 도구가 떠오른 높이가 오른쪽과 같았습니다. 이 용액에 소금을 세 숟가락 더 넣어 모두 용해한 다음, 같은 도구를 다시 넣었을 때 도구의 높이로 알맞은 것을 골라 기호를 쓰시오. (단, 도구의 높이는 가장 아랫부분을 기준으로 함.)

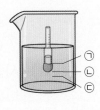

(   )

✏️ 빈칸에 알맞은 답을 쓰세요.

1 실체 현미경에서 물체의 상을 확대해 주는 것은 재물대입니까, 대물 렌즈입니까?

2 곰팡이와 버섯 중 현미경으로 관찰했을 때 가는 실 모양의 끝에 작고 둥근 알갱이가 보이는 것은 어느 것입니까?

3 곰팡이와 버섯과 같이 균사로 이루어져 있으며, 포자를 이용하여 번식하는 생물을 무엇이라고 합니까?

4 균류는 주로 어떤 환경에서 잘 자랍니까?

5 짚신벌레와 해캄 중 끝이 둥글고 길쭉한 모양이며, 바깥쪽에 가는 털이 있는 것은 어느 것입니까?

6 짚신벌레와 해캄은 균류입니까, 원생생물입니까?

7 세균은 원생생물보다 크기가 작습니까, 큽니까?

8 포도상 구균과 대장균 중에서 막대 모양인 것은 어느 것입니까?

9 세균이 사는 곳은 어디입니까?

10 사람에게 유익한 세균을 이용해서 만드는 음식에는 어떤 것이 있습니까?

✏ 빈칸에 알맞은 답을 쓰세요.

1 광학 현미경에서 관찰할 표본을 올려 놓는 곳은 어디입니까?

2 곰팡이와 버섯 중 돋보기로 관찰했을 때 윗부분의 안쪽에 주름이 많이 있는 것은 어느 것입니까?

3 곰팡이와 버섯은 씨와 포자 중 대부분 무엇으로 번식합니까?

4 짚신벌레와 해캄 중 돋보기로 관찰했을 때 머리카락처럼 가는 실 모양이 여러 가닥 엉켜 있는 것은 어느 것입니까?

5 세균은 맨눈이나 돋보기로 볼 수 있습니까, 없습니까?

6 포도상 구균과 헬리코박터 파일로리 중 나선 모양인 것은 어느 것입니까?

7 균류나 세균이 죽은 생물이나 배설물을 분해하여 주변을 깨끗하게 해 주는 것은 우리에게 이로운 영향입니까, 해로운 영향입니까?

8 생명 과학 기술이나 연구 결과를 활용하여 일상생활의 다양한 문제를 해결하고, 우리 생활에 도움이 되게 하는 것을 무엇이라고 합니까?

9 세균 감염으로 인한 질병을 치료하는 항생제를 만들 때 이용되는 것은 해캄입니까, 푸른곰팡이입니까?

10 오염된 물을 깨끗하게 만들기 위해 필요한 생물의 특징으로 알맞은 것은 영양소가 풍부한 것입니까, 물질을 분해하는 것입니까?

5 단원

1 ⊕ 9종 공통

오른쪽 실체 현미경에서, 대상에 초점을 정확히 맞출 때 사용하는 부분의 기호와 이름을 옳게 짝 지은 것은 어느 것입니까? (   )

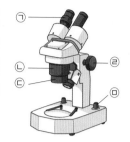

① ㄱ, 접안렌즈
② ㄴ, 회전판
③ ㄷ, 대물렌즈
④ ㄹ, 초점 조절 나사
⑤ ㅁ, 조명 조절 나사

2 서술형   ⊕ 9종 공통

오른쪽과 같은 곰팡이를 관찰할 때 주의할 점을 한 가지 쓰시오.

▲ 빵에 자란 곰팡이

_____

_____

3 ⊕ 9종 공통

곰팡이와 버섯을 실체 현미경으로 관찰한 결과를 그린 것을 통해 알 수 있는 사실로 옳은 것은 어느 것입니까? (   )

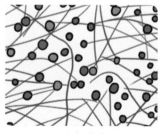
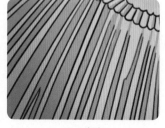

▲ 곰팡이   ▲ 버섯

① 버섯의 포자가 맨눈으로 잘 보인다.
② 곰팡이는 식물과 같이 씨로 번식한다.
③ 곰팡이는 뿌리, 줄기, 잎으로 구분된다.
④ 버섯은 식물처럼 꽃이 피거나 열매를 맺는다.
⑤ 곰팡이의 균사는 거미줄처럼 서로 엉켜 있다.

4 ⊕ 9종 공통

곰팡이와 버섯이 사는 환경에 대한 설명으로 옳은 것을 두 가지 고르시오. (   )

① 버섯은 죽은 나무나 죽은 곤충에서도 자란다.
② 곰팡이는 여름철에만 볼 수 있고 생물에서만 자란다.
③ 곰팡이와 버섯은 따뜻하고 축축한 환경에서 잘 자란다.
④ 곰팡이와 버섯은 햇빛이 많이 드는 곳에서만 잘 자란다.
⑤ 곰팡이와 버섯은 주로 그늘지고 습기가 적은 곳에서 잘 자란다.

5 ⊕ 9종 공통

곰팡이와 버섯의 공통점으로 옳은 것은 어느 것입니까? (   )

① 식물이다.
② 포자로 번식한다.
③ 스스로 양분을 만든다.
④ 꽃이 피고 열매를 맺는다.
⑤ 뿌리, 줄기, 잎으로 구분된다.

6 ➕ 9종 공통

균류와 식물의 차이점을 비교한 것으로 옳지 <u>않은</u> 것을 골라 기호를 쓰시오.

	균류	식물
㉠	생물이 아니고 자라지 않음.	생물이고 자람.
㉡	균사로 이루어져 있고 포자로 번식함.	주로 꽃이 피고 씨로 번식함.
㉢	줄기, 잎과 같은 모양이 없음.	대체로 뿌리, 줄기, 잎 등이 있음.
㉣	다른 생물이나 죽은 생물에서 양분을 얻음.	햇빛으로 광합성을 하여 스스로 양분을 만듦.

(   )

7 서술형 ➕ 9종 공통

오른쪽은 광학 현미경입니다. ㉠ 부분의 이름과 하는 일을 쓰시오.

_____

_____

8 ➕ 9종 공통

다음은 광학 현미경으로 해캄을 관찰하는 과정을 순서 없이 나타낸 것입니다. 순서에 맞게 (   ) 안에 번호를 써넣으시오.

(가) 해캄 표본을 재물대 위에 올려놓는다. (   )

(나) 받침 유리와 덮개 유리로 해캄 표본을 만든다.
(   )

(다) 대물렌즈를 해캄 표본에 가까워지게 조정한다.
(   )

(라) 대물렌즈의 배율을 높이고, 미동 나사로 초점을 맞추어 관찰한 내용을 기록한다. (   )

(마) 조동 나사로 재물대를 내리면서 접안렌즈로 해캄 표본을 찾고, 미동 나사로 초점을 맞춘다.
(   )

9 ➕ 9종 공통

다음은 어떤 생물을 맨눈과 돋보기로 관찰한 결과입니까? (   )

- 맨눈으로 관찰했을 때: 색깔이 초록색이고 가늘고 길다.
- 돋보기로 관찰했을 때: 여러 가닥이 서로 뭉쳐져 있고, 머리카락 같은 모양이다.

① 버섯   ② 해캄
③ 곰팡이   ④ 아메바
⑤ 짚신벌레

10 ➕ 9종 공통

짚신벌레와 해캄의 특징으로 옳은 것은 어느 것입니까? (   )

① 해캄은 뿌리, 줄기, 잎으로 구분된다.
② 해캄은 식물에 비해 복잡한 모양이다.
③ 짚신벌레는 물속에서 살고 짧은 시간 안에 많은 수로 늘어난다.
④ 짚신벌레는 동물로 분류할 수 있고, 해캄은 식물로 분류할 수 있다.
⑤ 짚신벌레는 동물이 가지고 있는 눈, 코, 귀와 같은 감각 기관을 가지고 있다.

11 서술형 ✚9종 공통

짚신벌레와 해캄이 사는 환경의 특징을 쓰시오.

_____

_____

12 ✚9종 공통

원생생물이 <u>아닌</u> 것은 어느 것입니까? (   )

▲ 해캄

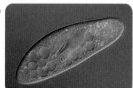
▲ 짚신벌레

▲ 반달말

▲ 나사말

13 ✚9종 공통

세균의 특징으로 옳지 <u>않은</u> 것은 어느 것입니까?

(   )

① 다양한 곳에서 산다.
② 종류와 수가 매우 많다.
③ 모양과 크기가 다양하다.
④ 균류나 원생생물보다 크기가 더 작다.
⑤ 맨눈으로 관찰할 수 있을 정도의 크기이다.

14 ✚9종 공통

세균이 사는 곳에 대한 설명으로 옳은 것은 어느 것입니까? (   )

① 생물의 몸에서만 살아간다.
② 짠 바닷물에서는 살 수 없다.
③ 컴퓨터 자판이나 연필 같은 물체에서도 산다.
④ 온도가 적당하고 사람이 살 수 있는 곳에서만 산다.
⑤ 대부분 땅이나 물속에서 살고 공기 중에서는 살 수 없다.

15 서술형 ✚9종 공통

다음과 같은 여러 가지 세균은 살기에 알맞은 조건이 되면 어떻게 되는지 쓰시오.

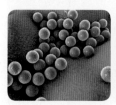

_____

_____

16 ➕ 9종 공통

곰팡이나 세균이 사라진다면 우리 생활이 어떻게 달라질지 옳게 설명한 것을 보기 에서 모두 골라 기호를 쓰시오.

보기 ●
ㄱ 음식이나 물건 등이 상하지 않는다.
ㄴ 김치, 요구르트, 된장 등의 음식을 만들 수 없다.
ㄷ 우리 주변이 죽은 생물이나 배설물로 가득 차게 된다.
ㄹ 사람이나 동물은 먹은 음식을 잘 소화하게 되고 면역력이 강해진다.
ㅁ 곰팡이나 세균은 해로운 영향만 주기 때문에 사라져도 우리 생활이 크게 달라지지 않는다.

( )

17 ➕ 9종 공통

다양한 생물이 우리 생활에 미치는 이로운 영향은 어느 것입니까? ( )

① 원생생물은 적조를 일으킨다.
② 곰팡이는 음식을 상하게 한다.
③ 세균은 다른 생물에게 질병을 일으킨다.
④ 독버섯을 먹으면 생명이 위험할 수 있다.
⑤ 우리 몸에 사는 이로운 세균이 해로운 세균으로부터 건강을 지켜 준다.

18 서술형 ➕ 9종 공통

첨단 생명 과학이란 무엇인지 쓰시오.

_____

19 ➕ 9종 공통

첨단 생명 과학이 활용되는 예로 옳지 않은 것은 어느 것입니까? ( )

① 해캄을 이용하여 기름을 만든다.
② 된장으로 여러 가지 음식을 만들어 먹는다.
③ 스키장에서 인공 눈을 만드는 데 세균을 활용한다.
④ 영양소가 풍부한 원생생물을 건강식품으로 활용한다.
⑤ 번식이 빠른 세균의 특징을 이용하여 약을 대량으로 빠르게 생산한다.

20 ➕ 9종 공통

첨단 생명 과학이 우리 생활에 활용되는 예와 활용되는 생물을 바르게 선으로 이으시오.

(1) 질병 치료 ·   · ㄱ 영양소가 풍부한 클로렐라

(2) 친환경 제품 생산 ·   · ㄴ 플라스틱의 원료를 가진 세균

(3) 건강식품 생산 ·   · ㄷ 세균을 자라지 못하게 하는 푸른곰팡이

5 단원

1 ➕ 9종 공통

다음은 곰팡이와 버섯 중 어느 것을 관찰한 결과인지 쓰시오.

- 촉감이 부드럽고 매끈하다.
- 실체 현미경으로 관찰하면 윗부분의 안쪽에 주름이 많고 깊게 파여 있다.

(   )

2 ➕ 9종 공통

다음은 실체 현미경입니다. 각 부분의 이름을 잘못 짝 지은 것은 어느 것입니까? (   )

① 조리개
② 대물렌즈
③ 재물대
④ 접안렌즈
⑤ 초점 조절 나사

3 ➕ 9종 공통

곰팡이를 실체 현미경으로 관찰할 때 가장 먼저 할 일은 어느 것입니까? (   )

① 곰팡이를 재물대 위에 올린다.
② 전원을 켜고 빛의 양을 조절한다.
③ 대물렌즈를 곰팡이에 최대한 가깝게 내린다.
④ 회전판을 돌려 대물렌즈의 배율을 가장 낮게 한다.
⑤ 접안렌즈로 곰팡이를 보면서 대물렌즈를 올려 초점을 맞추어 관찰한다.

4 서술형 ➕ 9종 공통

곰팡이와 버섯이 양분을 얻는 방법을 쓰시오.

_____

_____

5 ➕ 9종 공통

곰팡이와 버섯에 대한 설명으로 옳은 것은 어느 것입니까? (   )

① 꽃과 열매를 볼 수 있다.
② 따뜻하고 축축한 환경에서 잘 자란다.
③ 곰팡이는 식물이지만 버섯은 균류이다.
④ 생김새와 생활 방식이 식물과 비슷하다.
⑤ 곰팡이는 여름철에만 볼 수 있고 버섯은 겨울철에 잘 자란다.

6 ➕ 9종 공통

균류와 식물의 공통점으로 옳지 <u>않은</u> 것을 두 가지 고르시오. (   )

▲ 균류(버섯)

▲ 식물(민들레)

① 생물이다.
② 자라고 번식한다.
③ 햇빛이 비치는 곳에서 잘 자란다.
④ 살아가는 데 물과 공기 등이 필요하다.
⑤ 전체가 균사로 이루어져 있고 땅에 뿌리를 내리고 산다.

[8-9] 오른쪽은 광학 현미경입니다. 물음에 답하시오.

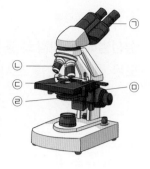

8 ➕ 9종 공통

광학 현미경의 각 부분의 이름과 하는 일로 옳지 <u>않은</u> 것은 어느 것입니까? (   )

① ㉠ – 접안렌즈, 눈으로 보는 부분의 렌즈이다.
② ㉡ – 대물렌즈, 물체의 상을 확대해 주는 렌즈이다.
③ ㉢ – 재물대, 관찰 대상을 올려놓는 곳이다.
④ ㉣ – 회전판, 대물렌즈의 배율을 조절하는 나사이다.
⑤ ㉤ – 조동 나사, 표본의 상에 대한 대강의 초점을 맞출 때 사용하는 나사이다.

9 ➕ 9종 공통

위 광학 현미경으로 짚신벌레 영구 표본을 관찰할 때 접안렌즈의 배율이 10배, 대물렌즈의 배율이 1배라면, 짚신벌레를 몇 배로 확대하여 관찰할 수 있습니까? (   )

① 4배   ② 6배
③ 10배   ④ 14배
⑤ 40배

5 단원

7 ➕ 9종 공통

짚신벌레 영구 표본에 대한 설명으로 옳은 것은 어느 것입니까? (   )

① 짚신벌레가 살아 있는 상태이다.
② 짚신벌레가 조금씩 움직이는 상태이다.
③ 짚신벌레를 관찰하기 위해서 미리 만든 표본이다.
④ 맨눈이나 돋보기로 짚신벌레의 생김새를 관찰할 수 있다.
⑤ 살아 있는 짚신벌레를 잠시 동안 움직이지 못하게 해 놓은 것이다.

10 ➕ 9종 공통

오른쪽 생물에 대한 설명으로 옳지 <u>않은</u> 것은 어느 것입니까? (   )

① 짚신벌레이다.
② 동물로 분류할 수 있다.
③ 길쭉한 모양이고 바깥쪽에 가는 털이 있다.
④ 눈이나 코, 귀와 같은 감각 기관을 가지고 있지 않다.
⑤ 연못이나 하천 같은 물속에서 살고 짧은 시간 안에 많은 수로 늘어난다.

11 ⊕ 9종 공통

짚신벌레와 해캄의 공통점으로 옳은 것을 | 보기 | 에서 모두 골라 기호를 쓰시오.

보기

㉠ 식물, 동물, 균류와 생김새가 다르다.
㉡ 식물과 동물에 비해 단순한 모양이다.
㉢ 스스로 움직이고 물을 떠나서도 살 수 있다.
㉣ 맨눈이나 돋보기로 자세한 모습을 관찰할 수 있다.
㉤ 주로 다른 생물이나 죽은 생물, 물체 등에 붙어서 살아간다.

(   )

12 ⊕ 9종 공통

다음 생물의 모습을 보고, 이름을 찾아 바르게 선으로 이으시오.

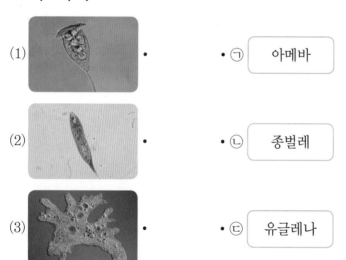

(1) •   • ㉠ 아메바

(2) •   • ㉡ 종벌레

(3) •   • ㉢ 유글레나

13 서술형 ⊕ 9종 공통

위 **12**번과 같은 생물을 무엇이라고 하는지 쓰고, 공통된 특징을 한 가지 쓰시오.

_____

_____

[14-16] 다음은 세균이 사는 곳과 특징을 조사한 것입니다. 물음에 답하시오.

세균	사는 곳	특징
대장균	물, 큰창자	막대 모양이고 여러 개가 뭉쳐서 있음.
포도상 구균	공기, 피부, 음식물	둥근 모양이고 여러 개가 연결되어 있음.
헬리코박터 파일로리	위	㈎

14 동아, 금성, 김영사, 미래엔, 비상, 지학사, 천재교육

위 조사 내용으로 보아, 포도상 구균으로 알맞은 것을 골라 기호를 쓰시오.

(   )

15 서술형 ⊕ 9종 공통

오른쪽 헬리코박터 파일로리의 모습을 보고, 위 ㈎에 들어갈 생김새의 특징을 쓰시오.

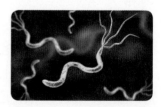

_____

_____

16 ✚ 9종 공통

앞 조사 내용으로 알 수 있는 사실로 옳은 것은 어느 것입니까? (   )

① 세균은 모두 꼬리가 있다.
② 세균의 모양은 모두 같고 크기만 다르다.
③ 세균은 다른 생물에 비해 복잡한 모양이다.
④ 세균은 우리 생활에 해로운 영향만 미친다.
⑤ 세균은 다른 생물의 몸뿐만 아니라 공기, 물 등 다양한 곳에서 산다.

17 ✚ 9종 공통

다양한 생물이 우리 생활에 미치는 이로운 영향과 해로운 영향을 각각 구분하여 기호를 쓰시오.

┌─────────────────────────────────┐
│ ㉠ 장염을 일으키는 세균   │
│ ㉡ 죽은 생물을 분해하는 균류와 세균   │
│ ㉢ 요구르트를 만드는 데 활용되는 세균   │
│ ㉣ 집과 가구를 못 쓰게 만드는 균류와 세균│
└─────────────────────────────────┘

(1) 이로운 영향: (   )
(2) 해로운 영향: (   )

18 ✚ 9종 공통

원생생물이 우리 생활에 미치는 이로운 영향을 두 가지 고르시오. (   )

① 산소를 만든다.
② 적조를 일으킨다.
③ 음식을 상하게 한다.
④ 물건을 못 쓰게 만든다.
⑤ 다른 생물의 먹이가 된다.

19 ✚ 9종 공통

첨단 생명 과학이 우리 생활에 활용되고 있는 예와 이에 활용되는 생물을 옳게 짝 지은 것은 어느 것입니까? (   )

① 하수 처리 – 영양소가 풍부한 원생생물
② 건강식품 생산 – 물질을 분해하는 세균
③ 폐기물 분해 – 플라스틱의 원료를 가진 세균
④ 생물 연료 – 세균을 자라지 못하게 하는 균류
⑤ 생물 농약 – 해충에게만 질병을 일으키는 곰팡이

20 서술형 ✚ 9종 공통

첨단 생명 과학을 우리 생활에 활용하는 예 중 물질을 분해하는 세균은 어떻게 활용되는지 쓰시오.

_____

_____

5 단원

평가 주제	첨단 생명 과학의 활용 알아보기
평가 목표	우리 생활에서 첨단 생명 과학이 활용된 예와 활용된 생물의 특성을 알 수 있다.

[1-2] 다음은 푸른곰팡이의 특징을 발견한 과학자 플레밍에 대한 내용입니다. 물음에 답하시오.

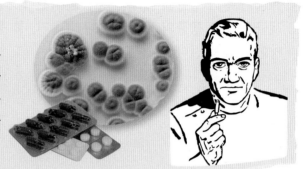

알렉산더 플레밍(1881~1955년)
알렉산더 플레밍은 영국의 미생물(세균)학자
이다. 1928년 그는 세균을 키우는 배지에 자란
푸른곰팡이 주변의 세균이 자라지 못하는 것을
보고, 푸른곰팡이를 활용하여 '페니실린'이라
는 항생제를 개발하였다.

1 위의 밑줄 친 부분과 같이 생명 과학 기술이나 연구 결과를 활용하여 일상생활의 다양한 문제를 해결하는 데 도움을 주는 것을 무엇이라고 하는지 쓰시오.

(   )

2 위에서 플레밍이 발견한 '페니실린'은 푸른곰팡이의 어떤 특성을 활용하여 개발한 것인지 쓰시오.

_____

_____

3 다음 보기 의 다양한 생물을 우리 생활에 미치는 영향에 따라 각각 구분하여 기호를 쓰시오.

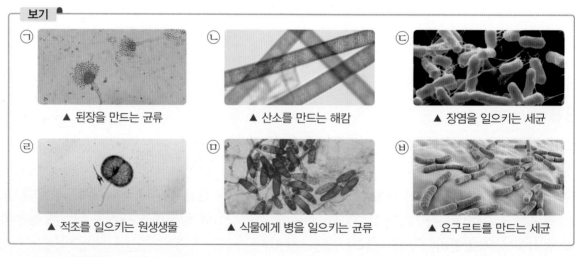

보기

ㄱ ▲ 된장을 만드는 균류   ㄴ ▲ 산소를 만드는 해캄   ㄷ ▲ 장염을 일으키는 세균

ㄹ ▲ 적조를 일으키는 원생생물   ㅁ ▲ 식물에게 병을 일으키는 균류   ㅂ ▲ 요구르트를 만드는 세균

(1) 이로운 영향을 미치는 생물: (   )

(2) 해로운 영향을 미치는 생물: (   )

동아출판

초고필로
중학교 성적이
바뀐다!

초등 고학년을 위한 중학교 필수 영역 초고필

국어

비문학 독해 1·2 / 문학 독해 1·2 / 국어 어휘 / 국어 문법

수학

유리수의 사칙연산 / 방정식 / 도형의 각도

한국사

한국사 1권 / 한국사 2권

초등학교   학년   반   번   이름

초등학교   학년   반   번   이름

강의가 더해진, 교과서 맞춤 학습

백점

과학 5·1

모바일
빠른 정답

친절한 해설북

- 한눈에 보이는 **정확한 답**
- 한번에 이해되는 **자세한 풀이**

동아출판

친절한 해설북 구성과 특징

1 해설로 개념 다시보기
• 문제와 관련된 해설을 다시 한번 확인하면서 학습 내용에 대해 깊이 있게 이해할 수 있습니다.

2 서술형 채점 TIP
• 서술형 문제 풀이에는 채점 기준과 채점 TIP을 구체적으로 제시하고 있습니다.

차례

백점 과학 빠른 정답

QR코드를 찍으면 **정답과 해설**을 쉽고 빠르게 확인할 수 있습니다.

모바일
빠른 정답

1. 과학자의 탐구 방법

◎ 과학자의 탐구 방법

10쪽~12쪽 문제 학습

1 (1) ○ (2) ○ **2** ㉢ **3** 문제 인식 **4** ④, ⑤
5 ㉘ 변인 통제를 하지 않으면 결과에 영향을 주는 조건을 정확하게 알 수 없기 때문입니다. **6** (2)
○ **7** ⑤ **8** 설이 **9** 자료 변환 **10** (1) 표 (2)
막대그래프 **11** ㉡, ㉣ **12** (1) ㉠ (2) ㉘ 화요일에는 구름이 없는 맑은 날씨일 것입니다. **13** 종류
14 신문용지, 색종이, 도화지 **15** (1) ㉠ (2) ㉡

1 과학 탐구를 통해 주변에서 일어나는 자연 현상이나 사물에 관해 궁금한 것을 해결할 수 있습니다.

2 탐구 문제를 해결하기 위한 다양한 탐구 활동 중 실험하기는 탐구 대상에 영향을 미치는 조건이나 관계를 다르게 해 보면서 실험을 하는 방법을 통해 탐구 문제를 해결할 수 있습니다.

3 우리 주변의 자연 현상을 관찰하고, 탐구할 문제를 찾아 명확하게 나타내는 것을 문제 인식이라고 합니다.

4 탐구 문제를 정할 때에는 탐구하려는 내용이 분명하게 드러나고, 탐구 범위가 좁고 구체적이어야 합니다. 또, 관찰이나 실험을 통해 스스로 해결할 수 있는 것이어야 합니다. 간단한 조사를 통해 쉽게 답을 찾을 수 있거나 이미 알려져 있는 사실은 탐구 문제로 알맞지 않습니다.

5 변인 통제란 실험에 영향을 주는 여러 조건을 찾고, 다르게 해야 할 조건과 같게 해야 할 조건을 확인하고 통제하는 것입니다. 변인 통제를 하지 않으면 결과에 영향을 주는 조건을 정확하게 알 수 없습니다.

채점 tip 결과에 영향을 주는 조건이 무엇인지 정확하게 확인할 수 없기 때문이라는 내용으로 옳게 쓰면 정답으로 합니다.

6 얼음의 모양만 다르게 하고, 나머지 조건은 모두 같게 해야 정확한 실험 결과를 얻을 수 있습니다.

7 실험 계획을 세울 때에는 준비물, 안전 수칙, 실험 과정, 관찰하거나 측정해야 할 것, 다르게 해야 할 조건과 같게 해야 할 조건, 역할 분담 등을 생각해야 합니다.

8 실험 결과는 있는 그대로 기록하고, 결과가 예상과 다르더라도 고치거나 빼지 않습니다.

9 자료를 변환하면 자료의 특징을 한눈에 비교하기 쉽고, 실험 결과의 특징을 쉽게 이해할 수 있습니다.

10 표는 많은 자료를 가로 칸과 세로 칸에 체계적으로 정리할 수 있고, 막대그래프는 비교할 양이나 수치의 분포를 막대 모양으로 나타내어 자료의 분포와 경향을 쉽게 알 수 있습니다.

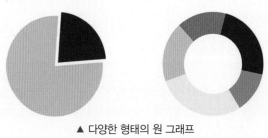

▲ 다양한 형태의 원 그래프

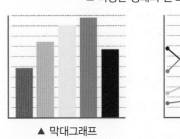

▲ 막대그래프

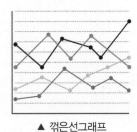

▲ 꺾은선그래프

11 자료 해석을 하며 실험 과정을 되돌아보고, 문제가 있다면 실험을 다시 해야 합니다.

12 화요일 날씨 예보에는 구름이 없이 태양만 있는 모습이므로, 날씨가 맑을 것이라고 해석할 수 있습니다.

채점 기준	상	(1)에 ㉠을 쓰고, (2)에서 화요일에는 구름이 없고, 날씨가 맑을 것이라는 내용으로 모두 옳게 쓴 경우
	중	(1)에 ㉠을 쓰고, (2)에서 화요일에는 구름이 없을 것이라고만 쓴 경우
	하	(1)에 ㉠만 옳게 쓴 경우

13 실험 결과에서 색종이, 한지, 신문용지, 도화지 등 종이의 종류를 다르게 하여 각각의 시간을 측정한 것을 통해, 종이의 종류에 따라 종이의 접힌 부분이 물 위에서 퍼지는 데 걸리는 시간을 측정한 실험임을 알 수 있습니다.

14 실험 결과 자료의 시간을 평균내었을 때 한지가 1초, 신문용지가 4초, 색종이가 51초, 도화지가 1분 32초로 종이의 종류에 따라 종이의 접힌 부분이 물 위에서 퍼지는 데 걸리는 시간이 다릅니다.

15 결론은 실험 결과의 해석을 바탕으로 이끌어낸 탐구 문제의 최종적인 답을 말합니다.

2. 온도와 열

① 온도 측정이 필요한 까닭, 온도계 사용 방법

| 16쪽~17쪽 | 문제 학습 |

1 온도 **2** 어림 **3** 어렵 **4** 온도계 **5** 예 햇빛의 양 **6** ④ **7** (1) ㉠ (2) ㉢ (3) ㉡ **8** ㉣ **9** 예 물체의 온도를 비교하기가 어렵습니다. 차갑거나 따뜻하다고 느끼는 정도가 사람마다 달라서 의사소통이 잘 되지 않을 수 있습니다. **10** ㉡ **11** 온도계 **12** (1) ○ **13** ① **14** 서우

6 물체가 차갑거나 따뜻한 정도를 숫자로 나타낸 것을 온도라고 하며, 숫자에 단위 ℃(섭씨도)를 붙여 나타냅니다.

7 기온은 공기의 온도, 수온은 물의 온도, 체온은 몸의 온도를 나타냅니다.

8 온실에서 작물을 재배할 때 작물이 성장하기에 알맞은 온도를 맞춰 주면 많은 양의 작물을 수확할 수 있습니다.

9 온도를 정확하게 측정하면 일상생활에 편리하게 이용할 수 있습니다.

> **채점 tip** 물체의 온도를 비교하기 어렵고, 사람마다 온도를 느끼는 정도가 달라서 의사소통이 잘 되지 않을 수 있다는 등의 내용으로 불편한 점을 한 가지 옳게 쓰면 정답으로 합니다.

10 물체가 차갑거나 따뜻한 정도인 온도를 정확하게 알기 위해서는 온도계를 이용하여 온도를 측정합니다. 차와 같은 액체의 온도는 알코올 온도계로 잽니다.

11 온도계를 이용하면 물체의 온도를 정확하게 측정할 수 있으며, 온도를 재려는 물체에 따라 쓰임새에 알맞은 온도계를 사용해야 합니다.

12 귓구멍에 귀 체온계의 체온을 측정하는 부분을 넣고, 측정 단추를 눌러서 온도 표시 창에 나타난 온도(체온)를 확인합니다.

13 탐침 온도계로 음식의 내부 온도를 측정할 때에는 날카로운 탐침 부분에 다치지 않도록 주의합니다.

14 같은 물체라도 온도가 다를 수 있고, 서로 다른 물체라도 온도가 같을 수 있습니다.

② 온도가 다른 물체가 접촉할 때의 온도 변화, 고체에서 열의 이동

| 20쪽~21쪽 | 문제 학습 |

1 낮아, 높아 **2** 열 **3** 높, 낮 **4** 전도 **5** 이마, 얼음주머니 **6** 높아진다 **7** 효송 **8** 낮아지고, 높아진다 **9** ② **10** ㉠ **11** 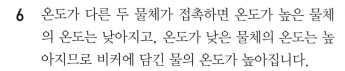 **12** (1) ○ (2) × (3) ○ **13** 전도 **14** 예 숟가락의 국에 담가 두었던 부분에서부터 손잡이 부분으로 열이 이동하기 때문입니다.

6 온도가 다른 두 물체가 접촉하면 온도가 높은 물체의 온도는 낮아지고, 온도가 낮은 물체의 온도는 높아지므로 비커에 담긴 물의 온도가 높아집니다.

7 온도가 다른 두 물체가 접촉하고 시간이 충분히 지나면 두 물체의 온도가 같아집니다.

8 온도가 다른 두 물체가 접촉하면 온도가 낮은 물체는 온도가 높아지고, 온도가 높은 물체는 온도가 낮아집니다.

9 실험에서 차가운 물의 온도가 높아지고 따뜻한 물의 온도는 낮아지는 것으로 보아, 온도가 다른 두 물체가 접촉하면 온도가 높은 물체에서 낮은 물체로 열이 이동한다는 것을 알 수 있습니다.

10 열은 온도가 높은 물체에서 온도가 낮은 물체로 이동하기 때문에 상대적으로 온도가 높은 손에서 차가운 물이 담긴 컵으로 열이 이동합니다.

11 열은 가열한 부분에서부터 멀어지는 방향으로 구리판을 따라 이동합니다.

12 열은 가열한 부분에서부터 먼 부분으로 이동하며, 고체 물체가 끊겨 있으면 열은 끊긴 방향으로 이동하지 않고 끊기지 않은 고체 물체를 따라 이동합니다.

13 고체에서 온도가 높은 곳에서 낮은 곳으로 고체 물질을 따라 열이 이동하는 현상을 '전도'라고 합니다.

14 뜨거운 국에 담가 두었던 부분에서부터 숟가락의 손잡이 쪽으로 열이 점점 이동하기 때문에 시간이 지나면 숟가락의 손잡이까지 뜨거워지는 것입니다.

채점 기준	상	숟가락을 국에 담가 두었던 부분에서부터 손잡이 부분으로 열이 이동했기 때문이라는 내용으로 옳게 쓴 경우
	중	숟가락의 손잡이 부분으로 열이 이동했기 때문이라고 쓴 경우
	하	열이 이동했기 때문이라고만 쓴 경우

③ 고체에서 열의 이동 빠르기, 단열

24쪽~25쪽 문제 학습

1 다릅니다 2 금속 3 바닥, 손잡이 4 단열
5 단열재 6 구리판 7 오준 8 구리 9 (3) ○
10 (1) ㉡ (2) ㉠ 11 예 뜨거운 물에 두 국자의 아랫부분을 동시에 담가 두었을 때, 쇠 국자가 나무 국자보다 열이 빠르게 이동하기 때문에 더 빨리 뜨거워집니다. 12 ④ 13 ㉢

6 구리판, 유리판, 철판을 동시에 뜨거운 물에 넣으면 구리판에 붙인 열 변색 붙임딱지의 색깔이 가장 먼저 변합니다.

7 구리판, 유리판, 철판에 붙인 열 변색 붙임딱지의 색깔이 변하는 빠르기가 다른 까닭은 고체 물질의 종류(구리, 유리, 철)에 따라 열이 이동하는 빠르기가 다르기 때문입니다.

8 나무, 유리, 플라스틱보다 구리나 철과 같은 금속에서 열이 빠르게 이동하며, 철보다 구리에서 열이 더 빠르게 이동합니다.

9 뜨거운 물에서부터 빠르게 열이 이동한 구리판의 버터는 녹아서 콩이 떨어지지만, 나무판과 플라스틱판에서는 열이 잘 이동하지 않으므로 버터가 잘 녹지 않아 콩이 떨어지지 않습니다.

10 주전자의 손잡이는 손이 뜨거워지지 않도록 플라스틱이나 나무 등과 같이 열이 잘 전달되지 않는 물질로 만들고, 주전자의 바닥은 열이 잘 전달되는 금속으로 만듭니다.

11 나무보다 금속에서 열이 더 빠르게 이동하는 성질을 이용하여 구분할 수 있습니다.

채점 기준	상	쇠 국자와 나무 국자를 구분할 수 있는 방법을 구체적으로 열의 이동과 관련지어 옳게 쓴 경우
	중	쇠 국자가 나무 국자보다 빠르게 뜨거워진다고만 쓴 경우
	하	나무 국자는 열이 잘 이동하지 않는다고만 쓴 경우

12 두 물질 사이에서 열의 이동을 줄이는 것을 단열이라고 하며, 단열을 하면 물질의 처음 온도를 오랫동안 유지할 수 있습니다.

13 다리미 바닥을 금속으로 만드는 것은 열이 잘 전달되도록 한 것입니다. 건물을 지을 때 승강기를 설치하는 것은 단열과 관련이 없습니다.

④ 액체에서 열의 이동, 기체에서 열의 이동

28쪽~29쪽 문제 학습

1 높은 2 대류 3 높은, 낮은 4 위 5 아래
6 (1) ○ 7 ㉡ 8 영우 9 (1) × (2) ○ (3) ×
10 ㉠ 11 대류 12 ㉡ 13 예 불을 붙인 초 주변에 있던 공기의 온도가 높아져서 위쪽으로 올라가기 때문입니다. 14 (1) ㉠ (2) ㉡

6 가열되어 온도가 높아진 파란색 잉크가 위쪽으로 올라갑니다.

7 온도가 높아진 물과 함께 파란색 잉크가 위로 올라가는 모습을 통해, 온도가 높아진 액체는 위쪽으로 올라간다는 사실을 알 수 있습니다.

8 시간이 지날수록 파란색 잉크가 물 전체에 퍼지는 것을 볼 수 있으며, 이를 통해 대류가 반복되면 물 전체의 온도가 변한다는 것을 알 수 있습니다.

9 물이 담긴 주전자를 가열하면 주전자의 바닥 쪽에 있던 물의 온도가 높아집니다. 온도가 높아진 물은 위쪽으로 올라가고, 위쪽에 있던 온도가 낮은 물이 아래로 밀려 내려옵니다. 이러한 과정이 반복되면서 물 전체의 온도가 높아집니다.

10 물이 담긴 주전자를 가열하면 가열하는 부분에 있던 물의 온도가 높아져 위로 올라가고, 위쪽에 있던 물은 아래로 밀려 내려옵니다.

11 액체에서는 주로 대류에 의해 열이 이동합니다. 대류는 물질이 직접 이동함으로써 열이 전달됩니다.

12 초에 불을 붙이기 전에는 향 연기가 향을 넣은 쪽의 위로 올라가는 것을 볼 수 있습니다. 반면, 초에 불을 붙인 후에는 향 연기가 초를 넣은 쪽의 위로 올라갑니다.

13 초에 불을 붙이면 불을 붙인 초 주변의 뜨거워진 공기가 위로 올라가기 때문에 향 연기가 초를 넣은 쪽의 위로 올라가게 됩니다.

채점 tip 불을 붙인 초 주변에서 온도가 높아진 공기가 위로 올라가기 때문이라는 내용으로 쓰면 정답으로 합니다.

14 온도가 높은 공기는 위로 올라가므로 난방기는 낮은 곳에 설치하고, 상대적으로 온도가 낮은 공기는 아래로 내려오므로 냉방기는 높은 곳에 설치하는 것이 알맞습니다.

BOOK ①
개념북
2 단원

30쪽~31쪽 교과서 통합 핵심 개념

❶ 온도 ❷ 온도계 ❸ 고체 ❹ 높은 ❺ 낮은
❻ 전도 ❼ 다릅니다 ❽ 열 ❾ 대류

32쪽~34쪽 단원 평가 ❶회

1 ④   2 ㉠ 몸체 ㉡ 눈금 ㉢ 액체샘   3 ②   4
㉠, 적외선 온도계   5 ⓔ 같은 물체라도 물체가 놓
인 장소, 측정 시각, 햇빛의 양 등에 따라 온도가 다
를 수 있기 때문입니다.   6 ㉡   7 ①   8 전도
9 ㉢, ㉡, ㉠   10 ㉠   11 ⓔ 단열재를 사용하면
열의 이동을 줄일 수 있어 겨울이나 여름에도 알맞
은 실내 온도를 오랫동안 유지할 수 있습니다.   12
③   13 ⑵ ○   14 ㉣   15 ㉡

1 차갑거나 따뜻한 정도를 사람마다 다르게 느끼므
로, 온도를 측정할 때에는 느낌으로 어림하는 것보
다 온도계를 이용하는 것이 좋습니다.

2 알코올 온도계의 ㉠은 몸체, ㉡은 눈금, ㉢은 액체
샘입니다.

3 '25.0 ℃'라고 쓰고, '섭씨 이십오 점 영 도'라고 읽습
니다.

4 적외선 온도계로 측정할 물체의 표면 쪽을 겨누고,
온도 측정 버튼을 눌러 레이저 빛을 물체의 표면에
맞추면 온도 표시 창에 물체의 온도가 나타납니다.
㉡은 귀 체온계입니다.

5 다른 물체라도 온도가 같을 수 있고, 같은 물체라도
온도가 다를 수 있습니다.

채점 기준	상	같은 물체라도 물체가 놓인 장소, 측정 시각, 햇빛의 양 등에 따라 온도가 다를 수 있기 때문이라는 내용을 모두 포함하여 쓴 경우
	중	같은 물체라도 물체가 놓인 장소에 따라 온도가 다를 수 있다고 쓴 경우
	하	같은 물체라도 온도가 다를 수 있다고만 쓴 경우

6 온도가 다른 두 물체가 접촉하면 온도가 높은 물체
에서 온도가 낮은 물체로 열이 이동합니다. ㉠은 뜨
거운 이마에서 얼음주머니로 열이 이동합니다.

7 온도가 다른 두 물체가 접촉하면 온도가 높은 물체
에서 온도가 낮은 물체로 열이 이동합니다. 따라서
차가운 물에 뜨거운 달걀을 넣으면 뜨거운 달걀에
서 차가운 물로 열이 이동하여 물은 온도가 높아지
고 달걀의 온도는 낮아집니다.

8 전도는 고체에서 온도가 높은 곳에서 온도가 낮은 곳
으로 고체 물질을 따라 열이 이동하는 현상입니다.

9 열은 구리판을 가열한 부분에서부터 멀어지는 방향
으로 이동하므로, ㉢에서 열이 이동하기 시작하여
㉡, ㉠의 순서로 이동합니다.

10 ㉠판의 열 변색 붙임딱지 색깔이 위쪽까지 변했으
므로 ㉠판에서 열이 가장 빨리 이동했다는 것을 알
수 있습니다.

11 집을 만들 때 벽, 바닥, 지붕 등에 단열재를 사용하
면 여름에 집 밖의 뜨거운 열이 집 안으로 들어오는
것을 줄일 수 있고, 겨울에는 집 안의 따뜻한 열이
집 밖으로 나가는 것을 줄일 수 있습니다.

채점 tip 열의 이동을 줄이거나 알맞은 실내 온도를 오랫동안 유
지할 수 있도록 한다는 등의 단열재의 특징을 포함하여 옳게 쓰면
정답으로 합니다.

12 대류는 온도가 높아진 물질이 위로 올라가고 위에
있던 온도가 낮은 물질이 아래로 밀려 내려오면서
열이 전달되는 과정으로, 액체와 기체에서의 열의
이동 방법입니다.

13 액체에서의 열의 이동 방법을 대류라고 합니다.

14 난방기를 집 안의 한 곳에만 켜 두어도, 따뜻해진
공기가 위로 올라가고 위에 있던 온도가 낮은 공기
는 밀려 내려오는 과정이 반복되면서 집 안 전체의
공기가 따뜻해집니다.

15 액체와 기체에서는 온도가 높은 물질이 위로 올라
가고, 위에 있던 온도가 낮은 물질이 아래로 밀려
내려오는 대류에 의해 열이 이동합니다. 고체에서
는 온도가 높은 부분에서 온도가 낮은 부분으로 고
체 물질을 따라 열이 이동합니다.

1 ㉠ **2** ③ ○ **3** ⑤ **4** 삼각 플라스크에 담긴 따뜻한 물 **5** 예 삼각 플라스크에 담긴 따뜻한 물에서 비커에 담긴 차가운 물로 열이 이동하기 때문에 시간이 지날수록 삼각 플라스크에 담긴 따뜻한 물의 온도가 낮아집니다. **6** ① **7** ㉡, ㉢ **8** 주일 **9** 예 고체에서 열은 온도가 높은 곳에서 온도가 낮은 곳으로 고체 물질을 따라 이동합니다. 전도를 통해 열이 이동합니다. **10** ㉢ **11** 대류 **12** ㉡ **13** 예 가열한 냄비의 바닥 쪽에 있던 물의 온도가 높아져 위로 올라가고, 위에 있던 물이 아래로 밀려 내려오는 과정이 반복되면서 냄비에 담긴 물 전체의 온도가 높아집니다. **14** ①, ③ **15** ㉢

1 차갑거나 따뜻한 정도를 어림하면 어떤 물체가 얼마나 더 따뜻하거나 차가운지 비교하기 어렵고, 음식을 조리하기에 알맞은 온도를 맞추기 어렵습니다.

2 알코올 온도계의 액체샘을 물속에 충분히 담근 다음, 액체 기둥의 높이가 더 이상 변하지 않을 때 액체 기둥의 끝이 닿은 부분에 눈높이를 맞추어 눈금의 숫자를 읽습니다.

3 귀 체온계는 체온을 측정할 때, 액와 체온계는 겨드랑이 사이에 넣어 체온을 측정할 때, 탐침 온도계는 음식에 넣어 내부 온도를 측정할 때 사용합니다. 알코올 온도계로 물의 온도를 잴 때에는 액체 기둥의 높이가 변하지 않을 때까지 기다렸다가 측정합니다.

4 얼음 위에 올려놓은 생선은 얼음보다 상대적으로 온도가 높기 때문에 생선에서 얼음으로 열이 이동하여 생선의 온도가 낮아집니다. 마찬가지로 삼각 플라스크에 담긴 따뜻한 물에서 비커에 담긴 차가운 물로 열이 이동하게 되어 삼각 플라스크에 담긴 따뜻한 물의 온도가 낮아집니다.

5 열은 온도가 높은 물체에서 온도가 낮은 물체로 이동합니다.

채점 기준	상	온도가 높은 물체에서 온도가 낮은 물체로 열이 이동하기 때문에 삼각 플라스크에 담긴 따뜻한 물의 온도가 낮아진다는 내용으로 모두 옳게 쓴 경우
	중	삼각 플라스크에 담긴 따뜻한 물의 온도가 낮아진다는 내용으로만 쓴 경우
	하	온도가 낮아진다고만 쓴 경우

6 온도가 높은 따뜻한 물에서 상대적으로 온도가 낮은 손으로 열이 이동합니다.

7 온도가 높은 ㉠ 따뜻한 물이 담긴 컵에서 상대적으로 온도가 낮은 ㉡ 손으로, 상대적으로 온도가 높은 ㉣ 손에서 온도가 낮은 ㉢ 얼음물이 담긴 컵으로 열이 이동하므로, 시간이 지나면 ㉡ 손과 ㉢ 얼음물이 담긴 컵의 온도가 처음보다 높아집니다.

8 가열한 부분에서부터 멀어지는 방향으로 열이 이동하므로, 열 변색 붙임딱지의 색깔도 가열한 부분에서부터 멀어지는 방향으로 변합니다.

9 고체에서 열은 온도가 높은 부분에서 온도가 낮은 부분으로 이동합니다.

> **채점 tip** 고체에서 열은 온도가 높은 부분에서 온도가 낮은 부분으로 고체 물질을 따라 이동한다는 내용 또는 전도에 의해 열이 이동한다는 내용으로 쓰면 정답으로 합니다.

10 구리판에 붙인 열 변색 붙임딱지의 색깔이 가장 빠르게 변했으므로 구리판에서 열이 가장 빠르게 이동한다는 것을 알 수 있습니다.

11 액체에서 주로 볼 수 있는 열의 이동 방법을 대류라고 합니다.

12 액체에서는 온도가 높아진 물질이 위로 올라가고, 위에 있던 온도가 낮은 물질이 아래로 밀려 내려오는 과정을 통해 열이 이동합니다.

13 물을 가열하면 온도가 높아진 물이 위로 올라가고, 위에 있던 물이 아래로 밀려 내려오는 과정인 대류가 반복되면서 시간이 지남에 따라 물 전체의 온도가 높아집니다.

채점 기준	상	가열되어 온도가 높아진 물이 위로 올라가고 위에 있던 물이 아래로 밀려 내려오는 과정이 반복되어 물 전체의 온도가 높아진다는 내용으로 모두 옳게 쓴 경우
	하	대류에 의해 물 전체의 온도가 높아진다고만 쓴 경우

14 난방기는 따뜻해진 공기가 위로 올라가고, 위쪽의 찬 공기를 아래로 내려보내 전체 온도를 높임으로써 공기의 온도를 높입니다. 냉방기는 차가워진 공기가 아래로 내려오고 아래의 따뜻한 공기를 위로 올려보내 온도를 낮춤으로써 전체 공기의 온도를 낮추는 대류를 활용한 물건입니다.

15 따뜻한 공기는 위로 올라가고 차가운 공기는 아래로 내려오기 때문에 에어컨을 높은 곳에 설치해야 방 안 전체가 빠르게 시원해집니다.

38쪽 수행 평가 **1**회

1 ㉠ 높아 ㉡ 낮아 ㉢ 같아

2 예 온도가 다른 두 물체가 접촉할 때 열은 온도가 높은 물체에서 온도가 낮은 물체로 이동하기 때문입니다. 이 실험에서는 따뜻한 물에서 차가운 물로 열이 이동하여 따뜻한 물의 온도는 점점 낮아지고, 차가운 물의 온도는 점점 높아집니다.

3 예

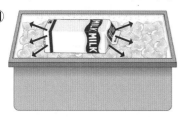

1 비커의 차가운 물의 온도는 점점 높아지고, 삼각 플라스크의 따뜻한 물의 온도는 점점 낮아집니다. 시간이 지나면서 두 물의 온도가 같아집니다.

2 온도가 다른 두 물체가 접촉할 때 열은 온도가 높은 물체에서 온도가 낮은 물체로 이동합니다.

채점 기준	상	온도가 다른 두 물체가 접촉할 때 열은 온도가 높은 물체에서 온도가 낮은 물체로 이동하기 때문이라는 내용을 포함하여 모두 옳게 쓴 경우
	중	따뜻한 물에서 차가운 물로 열이 이동했기 때문이라는 내용으로 옳게 쓴 경우
	하	열이 이동했기 때문이라고만 쓴 경우

3 열은 온도가 상대적으로 높은 우유에서 온도가 낮은 얼음으로 이동합니다. 시간이 지나면 우유는 점점 차가워지고, 얼음은 온도가 높아져 녹아서 물이 됩니다.

39쪽 수행 평가 **2**회

1 ㉠ 차가운 물 ㉡ 따뜻한 물

2 예 액체에서는 온도가 높은 따뜻한 물은 위로 올라가고, 상대적으로 온도가 낮은 차가운 물은 아래로 밀려 내려오면서 열이 이동합니다.

3 (라), (나), (다), (가)

1 액체에서 온도가 높은 액체는 위로 올라가고, 상대적으로 온도가 낮은 액체는 아래로 밀려 내려옵니다. 따라서 ㉠은 차가운 물, ㉡은 따뜻한 물로 구분할 수 있습니다.

2 실험 결과, ㉡ 따뜻한 물은 위로 올라가고, ㉠ 차가운 물은 아래로 내려오는 모습을 볼 수 있습니다. 이를 통해 액체에서는 온도가 높은 물은 위로 올라가고, 상대적으로 온도가 낮은 물은 아래로 밀려 내려오면서 열이 이동하는 것을 알 수 있습니다.

채점 기준	상	문제에서 제시한 여섯 단어를 모두 포함하여 액체에서 열이 이동하는 과정을 모두 옳게 쓴 경우
	중	문제에서 제시한 단어를 모두 포함하지 않았지만 액체에서 열이 이동하는 과정을 옳게 쓴 경우
	하	'따뜻한 물과 차가운 물이 위와 아래로 위치가 다르게 이동하면서 열이 이동한다.'와 같이 두루뭉수리로 표현한 경우

3 물이 담긴 주전자를 가열하면 주전자 바닥에 있던 물의 온도가 높아져 위로 올라가고, 위에 있던 온도가 낮은 물이 아래로 밀려 내려옵니다. 이와 같은 과정이 반복되면서 주전자 안의 물 전체의 온도가 높아져 따뜻해집니다.

40쪽 쉬어가기

3. 태양계와 별

① 태양이 생물과 우리 생활에 미치는 영향, 태양계의 구성원

44쪽~45쪽 문제 학습

1 태양　2 예 모든 것　3 태양계　4 여덟(8)
5 예 다릅니다　6 ㉠, ㉡　7 증발　8 (1) ○ (2)
○　9 탐희　10 ㉣　11 ①　12 (1) ㉡ (2) ㉠
13 화성　14 예 표면이 기체로 이루어져 있는가?,
표면이 암석인가?, 고리가 있는가?

6 태양이 있어서 따뜻하고 밝게 생활할 수 있고, 전기를 만들 수 있습니다. 태양은 식물과 동물이 자라는 데 도움을 줍니다.

7 태양 빛에 바닷물이 증발하면 소금이 만들어집니다. 이를 이용하여 염전에 바닷물을 모아 증발시켜 소금을 얻습니다.

8 태양 빛을 오래 쬐었을 때 일사병에 걸릴 수 있다는 내용은 태양이 소중한 까닭으로 알맞지 않은 내용입니다.

9 태양계는 태양과 태양의 영향이 미치는 공간, 그 공간에 있는 천체를 통틀어 말하며, 우리가 사는 지구도 태양계의 천체 중 하나입니다.

10 태양계 구성원은 태양과 여덟 개의 행성, 위성, 소행성, 혜성 등입니다. 수성과 천왕성은 여덟 개의 행성에 속합니다.

11 태양은 태양계의 중심에 있으며 태양계에서 유일하게 스스로 빛을 내는 천체입니다.

12 금성은 표면이 암석으로 되어 있고 고리가 없는 행성입니다. 토성은 표면이 기체로 되어 있고, 고리가 있는 행성입니다.

13 태양계 행성 중에서 붉은색을 띠며 고리가 없고, 표면이 암석과 흙으로 이루어져 있는 행성은 화성입니다.

14 분류 기준은 분류할 항목에 알맞은 내용이어야 하며, 누가 분류하더라도 똑같은 결과가 나오는 명확한 분류 기준을 세워야 합니다.

채점 tip 태양계의 여덟 행성들을 두 무리로 분류할 수 있는 기준을 한 가지 옳게 쓰면 정답으로 합니다.

② 태양계 행성의 크기 비교

48쪽~49쪽 문제 학습

1 예 상대적인　2 목성　3 수성　4 금성　5 수성, 금성, 화성　6 목성　7 수성　8 ④, ⑤　9 ㉢
10 화, 지, 천, 목　11 (1) ㉡ (2) ㉠ (3) ㉢　12 예
태양이 지구보다 매우 크기 때문입니다.　13 (2) ○
14 ㉡

▲ 지구의 반지름을 1로 보았을 때 태양계 행성의 상대적인 크기

6 목성의 상대적인 반지름이 11.2로 가장 큽니다.

7 수성의 상대적인 반지름이 0.4로 가장 작습니다.

8 지구보다 크기가 작은 행성은 수성, 금성, 화성이고, 지구보다 크기가 큰 행성은 목성, 토성, 천왕성, 해왕성입니다.

9 지구의 반지름을 1로 보았을 때 금성의 상대적인 반지름이 0.9이므로, 금성의 크기가 지구와 가장 비슷합니다.

10 지구의 반지름을 1로 보았을 때 화성의 반지름은 0.5, 천왕성의 반지름은 4.0, 목성의 반지름은 11.2입니다.

11 태양계 행성 중 상대적인 크기가 비슷한 행성은 수성과 화성, 금성과 지구, 해왕성과 천왕성입니다.

12 태양의 반지름은 지구의 반지름보다 약 109배 큽니다.

채점 tip 태양이 지구보다 매우 크기 때문이라는 내용으로 옳게 쓰면 정답으로 합니다.

13 태양계 행성은 크기가 다양합니다. 지구보다 큰 행성도 있고, 지구보다 작은 행성도 있습니다.

14 지구가 지름 약 2 cm 정도의 구슬 크기라고 했을 때, 목성은 축구공, 토성은 핸드볼공, 천왕성과 해왕성은 야구공, 화성과 수성은 콩에 비유할 수 있습니다.

3 태양계 행성의 상대적인 거리 비교, 행성과 별의 차이점

52쪽~53쪽 문제 학습

1 수성 2 해왕성 3 태양 4 행성 5 별 6 ④
7 수성 8 해왕성 9 종빈 10 ㉠ 11 (1) ○
(3) ○ 12 별 13 ㉡ 14 ⑳ 행성과 별은 밤하늘에서 모두 밝게 빛나 보입니다.

▲ 태양에서 지구까지의 거리를 1로 보았을 때 태양에서 행성까지의 상대적인 거리

6 표를 보고 각 행성까지의 상대적인 거리를 알 수 있습니다. 태양에서 지구까지의 거리를 1로 보았을 때 태양에서 금성까지의 거리는 0.7이므로, 태양에서 지구까지의 거리를 10으로 보았을 때 태양에서 금성까지의 상대적인 거리는 0.7×10=7입니다.

7 태양에서 수성까지의 상대적인 거리가 0.4로 가장 가깝습니다.

8 태양에서 해왕성까지의 상대적인 거리가 30.0으로, 해왕성이 태양에서 가장 멀리 있는 행성입니다.

9 표는 태양에서 지구까지의 거리를 1로 보았을 때 상대적인 거리를 나타낸 것이므로, 상대적인 거리가 1보다 작은 수성(0.4)과 금성(0.7)은 태양으로부터의 거리가 지구보다 가까운 행성입니다.

10 태양에서 지구까지의 거리는 약 1억 5천만 km로, 태양에서 각 행성까지의 실제 거리가 매우 멀기 때문에 어느 정도 차이가 나는지 비교하기 어렵습니다.

11 별은 스스로 빛을 냅니다.

12 별은 스스로 빛을 내는 천체로, 행성보다 지구에서 매우 먼 거리에 있기 때문에 움직이지 않고 반짝이는 작은 점으로 보입니다.

13 별이 반짝이는 작은 점으로 보이는 까닭은 별은 행성보다 지구에서 매우 먼 거리에 있기 때문입니다.

14 행성과 별 모두 밝게 빛나 보입니다.

> **채점 tip** 행성과 별 모두 밝게 빛난다는 내용으로 쓰면 정답으로 합니다.

4 북쪽 밤하늘의 별자리, 북극성을 찾는 방법

56쪽~57쪽 문제 학습

1 별자리 2 ⑳ 카시오페이아자리, 작은곰자리, 큰곰자리, 북두칠성 3 카시오페이아자리 4 북극성 5 5(다섯) 6 ㉣ 7 북두칠성 8 작은 곰 9 북두칠성 10 ① 11 ⑳ ㉡, ㉣ 12 별자리(북두칠성)의 ㉠과 ㉡을 연결하여, 그 거리의 5(다섯)배만큼 떨어진 곳에 있는 별이 북극성입니다. 13 5(다섯)

6 옛날 사람들은 밤하늘에 무리 지어 있는 별을 연결하여 사람이나 동물, 물건의 이름을 붙였습니다. 이와 같이 별을 무리 지어 이름을 붙인 것을 별자리라고 합니다. 위성은 행성 주위를 도는 천체, 행성은 태양 주위를 도는 둥근 천체, 혜성은 태양을 초점으로 궤도를 그리며 운행하는 천체입니다.

7 북쪽 밤하늘에서 볼 수 있는 대표적인 별자리에는 카시오페이아자리, 작은곰자리, 큰곰자리, 북두칠성 등이 있습니다.

8 작은곰자리는 작은 곰의 모양을 따서 별자리 이름을 붙였습니다.

9 큰곰자리의 꼬리 부분에 해당하는 북두칠성은 7개의 별이 국자 모양을 이룹니다. 서양에서는 북두칠성을 자체적으로 독립된 별자리로 보지 않지만 우리나라에서는 고인돌과 고분 벽화 등에도 나타나 있는 별자리입니다.

10 옛날부터 북극성은 방향을 찾는 길잡이 역할을 했습니다.

11 북극성은 북두칠성과 카시오페이아자리를 이용해서 찾을 수 있습니다.

12 북두칠성을 이용하여 북극성을 찾을 때에는 북두칠성의 국자 모양 끝부분에서 ㉠과 ㉡을 찾아 연결하고, 그 거리의 5배만큼 떨어진 곳에 있는 별을 찾으면 됩니다.

채점 기준	상	㉠과 ㉡을 연결하여 그 거리의 5배만큼 떨어진 곳에 있는 별이 북극성이라는 내용으로 모두 옳게 쓴 경우
	중	㉠과 ㉡을 연결한 거리에서 몇 배 떨어진 곳에 있는지 정확하게 표현하지 못했으나 모두 옳게 쓴 경우
	하	5배만큼 떨어진 곳에 있는 별이 북극성이라고만 쓴 경우

13 카시오페이아자리를 이용하면 북극성을 찾을 수 있습니다. 카시오페이아자리에서 바깥쪽 두 선을 연장해 만나는 점 ㉠과 카시오페이아자리의 ㉡을 연결하고, 그 거리의 5배만큼 떨어진 곳에 있는 별이 북극성입니다.

58쪽~59쪽 **교과서 통합 핵심 개념**

❶ 태양계   ❷ 행성   ❸ 상대적인   ❹ 지구
❺ 해왕성   ❻ 수성   ❼ 태양   ❽ 북두칠성

60쪽~62쪽 **단원 평가 ❶회**

1 ㉠, ㉢, ㉣   2 물   3 ⒠ 태양과 태양의 영향이 미치는 공간, 그 공간에 있는 천체 전체를 말합니다.   4 ㉠ 수성   ㉡ 금성   ㉢ 토성   5 ③   6 11.2
7 ③   8 ⒠ 태양계 행성의 크기는 모두 다릅니다. 태양계 행성의 크기는 다양합니다.   9 (3) ◯
10 ㉣   11 노란   12 ①, ④   13 ㈎ 북두칠성 ㈏ 카시오페이아자리   14 (1) ㉓, ㉗ (2) ⒠ 북두칠성의 국자 모양 끝부분에서 ㉓과 ㉗을 찾아 연결하고, 그 거리의 5(다섯)배만큼 떨어진 곳에 있는 별이 북극성입니다.   15 ㉠

1 태양 빛을 이용하여 철을 만들 수는 없습니다.

2 태양으로 인하여 물이 증발하고, 증발한 수증기가 응결하여 구름이 됩니다. 이렇게 만들어진 구름에서 다시 비나 눈이 되어 내립니다.

3 태양과 태양의 영향이 미치는 공간, 그 공간에 있는 천체를 통틀어 태양계라고 합니다.

채점 tip 태양과 태양의 영향을 받는 천체들과 그 공간이라는 내용으로 옳게 쓰면 정답으로 합니다.

4 태양에서부터 수성, 금성, 지구, 화성, 목성, 토성, 천왕성, 해왕성의 순서대로 위치합니다.

5 태양은 태양계의 중심에 있으며 태양계에서 유일하게 스스로 빛을 내는 천체입니다.

6 태양계 행성 중 가장 큰 행성은 목성입니다. 지구의 반지름을 1로 보았을 때 목성의 반지름이 11.2이므로, 지구보다 11.2배 더 큽니다.

7 태양에서 가까운 수성, 금성, 지구, 화성은 태양에서 멀리 떨어진 행성들에 비해 대체로 크기가 작습니다. 태양계 행성의 크기는 실제로 매우 크지만 상대적인 크기로 비교할 수 있습니다.

8 태양계 행성의 크기는 지구보다 작은 것, 지구보다 큰 것, 지구와 비슷한 것 등 매우 다양합니다.

채점 tip 태양계 행성의 크기를 비교한 내용을 보고 알 수 있는 사실을 한 가지 옳게 쓰면 정답으로 합니다.

9 태양에서 행성까지의 실제 거리는 너무 멀어서 km로 표현하기 복잡하고, 거리를 쉽게 비교하기 어렵기 때문에 태양에서 행성까지의 거리를 상대적인 거리로 비교합니다.

10 태양에서 가장 먼 행성은 해왕성이고, 태양에서 가장 가까운 행성은 수성입니다. 지구에서 가장 가까운 행성은 금성입니다.

11 수성과 지구는 행성입니다.

12 낮에는 별을 볼 수 없으며, 더블유(W)자 또는 엠(M)자 모양을 이루는 것은 카시오페이아자리에 대한 설명입니다.

13 ㈎는 국자 모양을 닮은 북두칠성이고, ㈏는 5개의 별이 W자나 M자 모양을 이루는 카시오페이아자리입니다.

14 북두칠성의 국자 모양 끝부분의 별 두 개를 이용하면 북극성을 찾을 수 있습니다.

채점 기준	상	(1)에 ㉓, ㉗을 쓰고, (2)에서 북두칠성의 ㉓, ㉗을 연결하여 그 거리의 5배만큼 떨어진 곳에 있는 별이 북극성이라는 내용으로 모두 옳게 쓴 경우
	중	(1)에 ㉓, ㉗을 쓰고, (2)를 조금 부족하게 쓴 경우
	하	(1)에 ㉓, ㉗만 옳게 쓴 경우

15 카시오페이아자리에서 바깥쪽 두 선을 연장해 만나는 점과 가운데 별을 연결하여, 그 거리의 5배만큼 떨어진 곳에 있는 별이 북극성입니다.

1 태양 **2** ① **3** ⑵ ○ **4** ② **5** 예 고리가 있는가?, 표면이 암석(땅)으로 이루어져 있는가?, 표면이 기체로 이루어져 있는가? **6** ② **7** 화성, 해왕성 **8** ③ **9** ①, ③ **10** 예 태양에서 거리가 멀어질수록 행성 사이의 거리도 대체로 멀어집니다. **11** ⑶ ○ **12** ㉮ 북두칠성 ㉯ 작은곰자리 ㉰ 카시오페이아자리 **13** ㉣ **14** 예 북쪽 밤하늘에서 볼 수 있는 별자리입니다. 북극성을 찾는 데 이용할 수 있는 별자리입니다. **15** 해설 참고

1 태양이 없으면 식물이 양분을 만들지 못하게 되고, 식물을 먹는 동물에게도 영향을 미칠 수 있습니다.

2 생물이 숨을 쉴 수 있는 것은 공기가 있기 때문입니다.

3 태양계에는 수성, 금성, 지구, 화성, 목성, 토성, 천왕성, 해왕성의 여덟 행성이 있습니다. 태양 주위를 도는 천체를 행성이라고 합니다.

4 고리가 없고 표면이 암석(땅)으로 이루어져 있는 행성은 수성, 금성, 지구, 화성입니다. 목성, 토성, 천왕성, 해왕성은 고리가 있고 표면이 기체로 이루어져 있습니다.

5 수성, 금성, 지구, 화성은 고리가 없고 목성, 토성, 천왕성, 해왕성은 고리가 있습니다. 수성, 금성, 지구, 화성은 표면이 암석(땅)으로 이루어져 있고, 목성, 토성, 천왕성, 해왕성은 표면이 기체로 이루어져 있습니다.

채점 tip 행성을 문제에서와 같이 두 무리로 분류한 기준 한 가지를 옳게 쓰면 정답으로 합니다.

6 지구의 반지름을 1로 보았을 때, 상대적인 반지름이 0.9인 금성이 지구와 크기가 가장 비슷함을 알 수 있습니다.

7 화성은 지구보다 작은 행성이고, 해왕성은 지구보다 큰 행성입니다.

8 지구에서 가장 가까운 행성은 금성(1.0−0.7=0.3만큼 거리가 떨어짐.)이고, 가장 먼 행성은 해왕성(30.0−1.0=29.0만큼 거리가 떨어짐.)입니다.

9 태양에서 행성까지의 상대적인 거리가 태양에서 목성까지의 상대적인 거리인 5.2보다 가까운 행성은 수성(0.4), 금성(0.7), 지구(1.0), 화성(1.5)입니다.

10 태양에서 거리가 멀어질수록 행성 사이의 거리도 멀어진다는 사실을 알 수 있습니다.

채점 tip 태양에서 거리가 멀어질수록 행성 간의 거리도 멀어진다는 내용으로 옳게 쓰면 정답으로 합니다.

11 행성은 별에 비해 지구에서 가까운 거리에 있습니다. 행성은 스스로 빛을 내는 것이 아니라 태양 빛을 반사하여 밝게 보입니다. 반면에 별은 스스로 빛을 냅니다. 행성은 위치가 조금씩 변하지만, 별은 위치가 거의 변하지 않습니다.

▲ 첫째 날 초저녁 ▲ 7일 뒤 초저녁 ▲ 15일 뒤 초저녁

12 북두칠성은 국자(물건) 모양, 작은곰자리는 작은 곰(동물)의 모습, 카시오페이아자리는 사람(그리스 신화에 나오는 여왕의 이름)에서 별자리 이름을 붙였습니다.

13 북두칠성, 작은곰자리, 카시오페이아자리는 북쪽 밤하늘에서 관측할 수 있습니다.

14 북두칠성과 카시오페이아자리는 북쪽 밤하늘에서 볼 수 있는 별자리로, 북극성을 찾을 때 이용할 수 있습니다.

채점 기준	상	북두칠성과 카시오페이아자리 모두 북쪽 밤하늘에서 볼 수 있으며, 북극성을 찾는 데 이용할 수 있다는 내용으로 두 가지 모두 옳게 쓴 경우
	중	북쪽 밤하늘에서 볼 수 있다는 것과 북극성을 찾는 데 이용할 수 있다는 내용 중에서 한 가지만 옳게 쓴 경우
	하	여러 개의 별을 무리 지어 만든 별자리라는 내용과 같이 문제에서 원하는 답이 아니지만 공통점을 옳게 쓴 경우

15 북두칠성의 국자 모양 끝부분의 별 두 개를 연결하고, 그 거리의 5(다섯)배만큼 떨어진 곳에 있는 별이 북극성입니다.

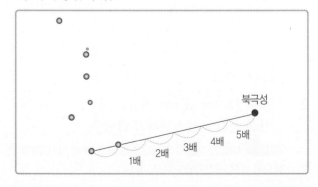

수행 평가 ❶회

1 ㈎ 금성 ㈏ 화성 ㈐ 해왕성
2 (1) ㉠ (2) 지구의 반지름을 1 cm라고 했을 때 화성의 반지름이 0.5 cm이므로, 반지름이 0.5 cm인 ㉠ 콩에 비유할 수 있습니다.

1 원이나 구 형태인 물체에서 반지름의 길이와 전체 크기는 비례합니다. 지구의 반지름을 1로 보았을 때, 금성의 상대적인 반지름(0.9)이 비슷하고, 수성의 상대적인 반지름(0.4)과 화성의 상대적인 반지름(0.5)이 비슷하며, 천왕성의 상대적인 반지름(4.0)과 해왕성의 상대적인 반지름(3.9)이 비슷하므로 각각 크기가 비슷한 행성으로 짝 지을 수 있습니다.

2 지구의 반지름을 1 cm라고 했을 때 화성의 반지름은 0.5 cm입니다. 따라서 반지름이 0.5 cm인 콩에 비유할 수 있습니다.

채점 기준	상	(1)에 ㉠을 쓰고, (2)에서 지구의 반지름을 1 cm라고 했을 때 화성의 반지름이 0.5 cm이므로 반지름이 0.5 cm인 콩에 비유할 수 있다는 내용으로 모두 옳게 쓴 경우
	중	(1)에 ㉠을 쓰고, (2)를 조금 부족하게 쓴 경우
	하	(1)에 ㉠만 옳게 쓴 경우

수행 평가 ❷회

1 (1) ㉡, ㉢ (2) 📝 ㉡ 천왕성과 ㉢ 토성의 위치를 서로 바꿔 붙입니다.
2 (1) 해왕성 (2) 📝 해왕성은 태양에서부터 가장 멀리 있는 행성이기 때문에 해왕성까지 갈 때 가장 오랜 시간이 걸릴 것입니다.

1 태양에서 행성까지의 거리는 목성(5.2) 다음으로 토성(9.6), 천왕성(19.1)의 순서대로 점점 멀어집니다.

채점 기준	상	(1)에 ㉡, ㉢을 쓰고, (2)에서 ㉡, ㉢을 서로 바꾼다는 내용으로 모두 옳게 쓴 경우
	중	(1)에 ㉡, ㉢ 중 하나만 쓰고, (2)에서 ㉡, ㉢을 서로 바꾼다는 내용으로 쓴 경우
	하	(1)에 ㉡, ㉢만 옳게 쓴 경우

2 태양에서 해왕성까지의 상대적인 거리는 30.0으로 여덟 개의 행성 중 태양에서 가장 멀리 있습니다.

채점 tip (1)에 해왕성을 쓰고, (2)에서 해왕성이 태양으로부터 가장 멀리 있기 때문이라는 내용으로 쓰면 정답으로 합니다.

쉬어가기

BOOK ❶ 개념북

3 단원

4. 용해와 용액

① 여러 가지 물질을 물에 넣었을 때의 변화

72쪽~73쪽 문제 학습

1 용질 2 용해 3 용액 4 예 같은 5 예 탄산음료 6 소금 7 용해 8 예 소금물처럼 용질(다른 물질에 녹는 물질)이 용매(다른 물질을 녹이는 물질)에 골고루 섞여 있는 혼합물을 말합니다. 9 (1) ㉡ (2) ㉠ (3) ㉢ 10 소금, 설탕 11 ㉢ 12 ㉢ 13 (2) ○

6 소금처럼 다른 물질에 녹는 물질을 용질이라고 합니다.

7 어떤 물질이 다른 물질에 녹아 골고루 섞이는 현상을 용해라고 합니다.

8 용액은 용질이 용매에 골고루 섞여 있는 혼합물입니다.

채점 기준	상	용질(다른 물질에 녹는 물질)이 용매(다른 물질을 녹이는 물질)에 골고루 섞여 있는 혼합물이라는 내용으로 옳게 쓴 경우
	중	물에 녹는 물질이 물에 골고루 섞인 것이라고 쓴 경우
	하	시간이 지나도 위에 뜨거나 바닥에 가라앉는 물질이 없다는 등 용액의 특징을 쓴 경우

9 설탕처럼 다른 물질에 녹는 물질을 용질, 물처럼 다른 물질을 녹이는 물질을 용매, 설탕물처럼 녹는 물질이 녹이는 물질에 골고루 섞여 있는 혼합물을 용액이라고 합니다.

10 멸치 가루는 물에 녹지 않습니다.

11 설탕은 물에 녹아 투명해지고, 뜨거나 가라앉는 것이 없습니다. 멸치 가루는 물에 녹지 않아 물 위에 뜨거나 바닥에 가라앉습니다.

▲ 소금　　　▲ 설탕　　　▲ 멸치 가루

12 용액은 오래 두어도 뜨거나 가라앉는 물질이 없습니다.

13 물질의 종류에 따라 물질이 물에 녹는 정도가 다릅니다.

② 용질이 물에 용해될 때의 변화

76쪽~77쪽 문제 학습

1 용해 2 증발 3 예 같습니다 4 250 5 용해 6 ③ 7 ㉡ → ㉢ → ㉠ 8 예 각설탕이 부스러지면서 크기가 점점 작아지고, 눈에 보이지 않을 만큼 매우 작아져 물에 골고루 섞입니다. 9 ㉠ 10 = 11 작아져 12 10 13 145 14 ③

6 각설탕을 물에 넣으면, 물에 설탕이 모두 용해되어 눈에 보이지 않을 만큼 매우 작아져 물에 골고루 섞입니다.

7 ㉡ 각설탕 덩어리가 ㉢과 같이 작은 설탕 덩어리로 부서지고, 작은 설탕 덩어리는 ㉠과 같이 눈에 보이지 않을 정도로 매우 작아져 물에 골고루 섞입니다.

8 각설탕이 부스러지면서 작아지고, 더 작은 크기가 되어 물에 골고루 섞입니다.

채점 tip 각설탕이 부스러지면서 크기가 작아져 물에 골고루 섞인다는 내용으로 쓰면 정답으로 합니다.

9 각설탕이 물에 용해되면 설탕이 매우 작아져 눈에 보이지 않습니다.

10 각설탕이 물에 용해되기 전과 용해된 후의 무게는 같습니다.

11 각설탕이 물에 완전히 용해되면 눈에 보이지 않습니다. 각설탕은 물에 용해되면서 크기가 작아졌을 뿐, 물속에 그대로 남아 골고루 섞여 있기 때문에 무게가 변하지 않습니다.

12 물에 용해되기 전, 설탕의 무게와 물의 무게를 합한 무게는 용해 된 후 설탕물의 무게와 같습니다. 따라서 설탕물의 무게(60 g)에서 물의 무게(50 g)를 뺀 무게(10 g)가 용해시킨 설탕의 무게입니다.

13 소금이 용해된 후 시약포지와 소금물이 담긴 비커의 무게는 소금이 용해되기 전 소금이 담긴 시약포지의 무게(10 g)에 물이 담긴 비커의 무게(135 g)를 합한 것과 같습니다.

14 소금이 물에 용해되기 전, 소금의 무게(20 g)와 물의 무게(200 g)를 합한 무게가 소금이 물에 완전히 용해된 후 소금물의 무게(220 g)와 같은 것을 통해, 소금이 물에 용해되면 물속에 그대로 남아 골고루 섞인다는 것을 알 수 있습니다.

**3 용질에 따른 물에 용해되는 양,
물의 온도에 따라 용질이 용해되는 양**

1 용질의 종류　**2** 설탕　**3** 물의 온도　**4** 따뜻한 물
5 높을　**6** 베이킹 소다　**7** ⓒ　**8** ⑵ ○　**9** 정신
10 ②　**11** 예 눈금실린더로 10 ℃와 40 ℃의 물을
50 mL(같은 양)씩 측정해 각각 두 비커에 담습니다.
12 ④

6 베이킹 소다는 물에 두 숟가락을 넣었을 때부터 용해되지 않고 바닥에 남은 것을 알 수 있습니다.

7 소금과 베이킹 소다를 각각 두 숟가락씩 넣었을 때의 결과를 보면 소금은 모두 용해되었고, 베이킹 소다는 녹지 않고 바닥에 남는 것이 있었습니다.

8 같은 온도와 같은 양의 물에 용해되는 양은 설탕>소금>베이킹 소다 순으로 많습니다.

9 온도와 양이 같은 물에 설탕, 소금, 백반을 넣었을 때 백반은 세 숟가락째부터 모두 용해되지 않고 바닥에 남았습니다. 설탕, 소금, 백반 순서로 물에 용해되는 양이 많으며, 용질마다 물에 용해되는 양이 다른 것을 알 수 있습니다.

10 물의 양과 백반의 양 등의 조건은 같게 하고, 물의 온도(따뜻한 물, 차가운 물)를 다르게 한 것으로 보아 물의 온도에 따라 백반이 용해되는 양을 알아보기 위한 실험임을 알 수 있습니다.

11 물의 온도에 따라 백반이 용해되는 양을 알아보는 실험이기 때문에 물의 온도만 다르게 하고, 다른 모든 조건은 같게 해야 합니다.

채점 tip 물의 양을 같게 한다는 내용으로 옳게 쓰면 정답으로 합니다.

12 물의 양이 같을 때, 일반적으로 물의 온도가 높을수록 용질이 더 많이 용해됩니다. 따라서 90 ℃의 물에서 백반이 가장 많이 용해될 것입니다.

 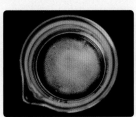

▲ 따뜻한 물에서 모두　　▲ 차가운 물에서 모두
　 용해된 백반　　　　　　 용해되지 않은 백반

4 용액의 진하기 비교

1 용질　**2** 진할　**3** 진한　**4** 열　**5** 진한　**6** 진하기
7 지수　**8** (나) → (다) → (가)　**9** ⑤　**10** ⑵ ○　**11**
(나)　**12** 예 용액의 진하기가 진한 용액에 넣은 물체가 더 높이 떠오르기 때문입니다. (나) 비커의 방울토마토가 더 높이 떠오른 것으로 보아 각설탕을 열 개 용해한 용액임을 알 수 있습니다.　**13** ①

6 설탕물이 단맛을 내는 정도와 소금물이 짠맛을 내는 정도처럼 같은 양의 용매에 용해된 용질의 많고 적은 정도를 용액의 진하기라고 합니다.

7 황설탕 용액과 같이 맛을 볼 수 있는 용액의 경우에는 맛이 진할수록 진한 용액입니다. 쇠구슬은 무거워서 물 위에 뜨지 않으므로 이를 이용하여 용액의 진하기를 비교할 수 없습니다.

8 황설탕 용액과 같이 색깔이 있는 용액은 색깔이 진할수록 더 진한 용액입니다. (나) 용액의 색깔이 가장 진하고, (가) 용액의 색깔이 가장 연합니다.

9 백반 용액과 같이 색깔이 없는 용액은 방울토마토나 메추리알, 청포도 등과 같은 물체를 넣어 물체가 뜨거나 가라앉는 정도를 통해 용액의 진하기를 비교할 수 있습니다.

10 실험에 쓰는 방울토마토의 무게에 차이가 나게 되면 실험 결과가 정확하지 않을 수 있으므로 같은 방울토마토를 번갈아 사용합니다. 한번 사용한 방울토마토는 닦아서 다시 사용합니다.

11 연한 설탕물에 넣은 방울토마토보다 진한 설탕물에 넣은 방울토마토가 위쪽으로 더 높이 떠오릅니다. 따라서 (나) 용액이 각설탕을 열 개 용해한 것입니다.

12 방울토마토와 같은 물체를 넣어 물체가 뜨거나 가라앉는 것을 보고 용액의 진하기를 비교할 수 있습니다. 용액의 진하기가 진할수록 방울토마토가 높이 떠오릅니다.

채점 tip (나) 비커의 방울토마토가 더 높이 떠올랐기 때문이라는 내용으로 옳게 쓰면 정답으로 합니다.

13 방울토마토를 가라앉게 하려면 물을 넣어 설탕물 속에 용해된 설탕의 양을 상대적으로 적게 만들면 됩니다.

교과서 통합 핵심 개념

❶ 용질 ❷ 용해 ❸ 용액 ❹ 설탕 ❺ 같습니다
❻ 용질 ❼ 많이 ❽ 높이

단원 평가 ❶회

1 (1) ㉢ (2) ㉠ **2** (1) 물 (2) 황설탕 **3** ㉠, ㉢ **4**
(1) ○ **5** ⑩ 각설탕이 물에 용해되기 전에 측정한
무게와 용해된 후 측정한 무게가 같습니다. 각설탕
이 물에 용해되기 전과 물에 용해된 후 무게는 변하
지 않습니다. **6** 없어지지 않는다 **7** ⑩ 모두 용해
됩니다. **8** 온도 **9** ③ **10** ⑤ **11** (개) → (대) →
(내) **12** 현우 **13** ⑩ 같은 양의 용매에 용해된 용질
의 많고 적은 정도를 말합니다. **14** (내) **15** ㉢

1 용질은 소금처럼 다른 물질에 녹는 물질이고, 용액
은 소금물과 같이 용질이 용매에 골고루 섞여 있는
혼합물입니다.

2 황설탕을 물에 녹여 황설탕 용액을 만드는 과정에
서 물과 같이 다른 물질을 녹이는 물질을 용매, 황
설탕과 같이 다른 물질에 녹는 물질을 용질이라고
합니다.

3 소금은 물에 녹는 물질이고 밀가루와 멸치 가루는
물에 녹지 않는 물질입니다.

4 각설탕을 물에 넣으면 부스러지면서 점점 크기가
작아져 물에 골고루 섞입니다.

5 각설탕이 용해되면 없어지는 것이 아니라 크기가
작아져 물속에 골고루 섞이기 때문에 무게가 변하
지 않습니다.

> **채점 tip** 각설탕이 물에 용해되기 전과 물에 용해된 후의 무게가
> 같다는 내용으로 쓰면 정답으로 합니다.

6 용질이 물에 모두 용해되면 없어지는 것이 아니라,
물과 골고루 섞여 용액이 됩니다.

7 물의 온도와 양이 같을 때 백반보다 소금이 물에 용
해되는 양이 더 많습니다.

> **채점 tip** 모두 용해된다는 내용으로 쓰면 정답으로 합니다.

8 물의 온도에 따라 백반이 물에 용해되는 양을 알아
보는 것이므로, 물의 온도만 다르게 하고 나머지 조
건은 모두 같게 합니다.

9 차가운 물에 넣은 백반은 일부가 바닥에 가라앉으
며, 따뜻한 물에 넣은 백반은 물에 모두 용해되어
용액이 투명해집니다. 이 실험 결과로부터 물의 온
도가 높을수록 백반이 물에 많이 용해된다는 사실
을 알 수 있습니다.

10 물의 온도가 높을수록 코코아 가루가 더 많이 용해
됩니다. 따라서 같은 양의 물로 가장 진한 코코아차
를 만들려면 온도가 가장 높은 70 ℃의 물에 코코아
가루를 용해해야 합니다.

11 황설탕 용액의 색깔이 진할수록 황설탕을 많이 용
해한 진한 용액입니다.

12 황설탕 용액의 색깔이 진할수록 진한 용액이므로
(개) 용액이 가장 진한 용액이고, 단맛도 가장 많이
나는 용액입니다. 따라서 방울토마토를 넣었을 때
(개) 용액에서 가장 높이 떠오르고 (내) 용액에서 가장
아래쪽에 가라앉습니다.

13 용액의 진하기는 용액 속에 용질이 녹아 있는 정도
를 나타냅니다.

> **채점 tip** 같은 양의 용매에 용해된 용질의 많고 적은 정도라는 내
> 용으로 쓰면 정답으로 합니다.

14 용액의 진하기가 진할수록 용액에 넣은 물체가 높
이 떠오릅니다.

15 용액의 진하기가 가장 진한 (내) 용액의 맛이 가장 달
고, 용액의 진하기가 가장 연한 (개) 용액의 맛이 가
장 덜 답니다. (대) 용액의 방울토마토를 비커의 바닥
부분까지 가라앉게 하려면 물을 더 넣어야 합니다.

단원 평가 ②회

1 ㉠ 2 ④ 3 예 물질의 종류에 따라 물에 녹는 물질과 물에 녹지 않는 물질이 있습니다. 4 ㉠, ㉢
5 (3) × 6 현민 7 ㉯, 예 물에 골고루 섞입니다.
8 75 9 ○ 10 예 다릅니다. 11 ㉠, 예 물의 온도만 다르게 하고 그 외의 다른 조건은 모두 같게 해야 합니다. 12 ② 13 ⑤ 14 ㉢ 15 ㉡ → ㉢ → ㉠

1 소금, 설탕, 멸치 가루와 같이 물에 넣는 물질을 다르게 하였습니다.

2 소금과 설탕은 물에 모두 녹아서 뜨거나 가라앉는 것이 없고, 멸치 가루는 물에 녹지 않아 물 위에 뜨거나 바닥에 가라앉습니다.

3 소금과 설탕은 물에 녹는 물질이고, 멸치 가루는 물에 녹지 않는 물질입니다. 이처럼 물질의 종류에 따라 물에 녹는 물질과 물에 녹지 않는 물질이 있습니다.

채점 tip 물에 녹는 물질과 물에 녹지 않는 물질이 있다는 내용으로 옳게 쓰면 정답으로 합니다.

4 설탕이 물에 완전히 용해된 설탕물은 시간이 지나도 위에 뜨거나 가라앉는 물질이 없습니다.

5 각설탕이 물에 용해되면 눈에 보이지 않을 만큼 매우 작아져 물에 골고루 섞입니다. 각설탕이 완전히 용해된 용액 속에 섞인 각설탕은 시간이 지나도 다시 뭉치지 않습니다.

6 각설탕이 물에 용해되기 전 각설탕의 무게와 물의 무게를 합한 무게는 용해된 후 설탕물의 무게와 같습니다.

7 각설탕이 물에 용해되기 전과 용해된 후의 무게가 변하지 않는 결과로부터, 각설탕이 용해되면 눈에 보이지는 않지만 없어지는 것이 아니라 눈에 보이지 않을 만큼 매우 작아져 물에 골고루 섞여 있는 것이라는 사실을 알 수 있습니다.

채점 tip ㉯를 쓰고, 물에 골고루 섞인다는 내용으로 고쳐 쓰면 정답으로 합니다.

8 설탕이 물에 용해되기 전 설탕의 무게와 물의 무게를 합한 무게는 용해된 후 설탕물의 무게와 같습니다. 즉 설탕(25 g) + 물 = 설탕물(100 g)이므로, 물의 무게는 100 g − 25 g = 75 g입니다.

9 표에서 소금은 일곱 숟가락을 넣었을 때에도 모두 용해되었기 때문에 여섯 숟가락을 넣었을 때에도 모두 용해될 것입니다.

10 온도와 양이 같은 물에 소금, 설탕, 백반을 넣고 저었을 때의 결과를 통해, 용질마다 물에 용해되는 양이 다른 것을 알 수 있습니다.

11 물의 온도에 따라 백반이 물에 용해되는 양을 알아보는 것이므로, 물의 온도만 다르게 하고 나머지 조건은 모두 같게 해야 합니다.

채점기준	상	㉠을 쓰고, 물의 온도만 다르게 하고 다른 조건은 모두 같게 해야 한다고 바르게 고쳐 쓴 경우
	중	㉠을 쓰고, 물의 온도를 다르게 한다고만 쓴 경우
	하	㉠만 옳게 쓴 경우

12 물의 온도가 높을수록 백반이 더 많이 용해되므로 ㉠은 10 ℃~60 ℃ 사이의 값이어야 합니다. 따라서 30 ℃가 알맞습니다.

13 물의 온도가 높을수록, 물의 양이 많을수록 물에 용해시킬 수 있는 용질의 양이 더 많아집니다.

14 황설탕 용액과 같이 색깔이 있는 용액은 색깔이 진할수록 진한 용액이므로 ㉢ 용액이 가장 진한 용액임을 알 수 있습니다. 가장 진한 용액일수록 맛이 가장 달고, 용액에 물체를 넣었을 때 가장 높이 떠오릅니다.

15 용액의 진하기가 진할수록 용액에 넣은 메추리알이 높이 떠오르므로, 메추리알의 높이를 비교하면 용액의 진하기를 알 수 있습니다.

수행 평가 ①회

1 (1) 소금 (2) 멸치 가루

2 예 물질에 따라 물에 녹는 물질도 있고 물에 녹지 않는 물질도 있습니다.

3 예 소금이 물에 모두 녹아 소금물이 되는 것처럼 어떤 물질이 다른 물질에 녹아 고르게 섞이는 현상을 용해라고 합니다. 이때 소금처럼 다른 물질에 녹는 물질을 용질, 물처럼 다른 물질을 녹이는 물질을 용매라고 합니다. 그리고 소금물과 같이 용질이 용매에 골고루 섞여 있는 물질을 용액이라고 합니다.

BOOK ❶ 개념북

4 단원

1 물에 녹는 물질을 물에 넣으면 골고루 섞여 용액이 되지만 물에 녹지 않는 물질을 물에 넣으면 섞이지 않고 물 위에 뜨거나 바닥에 가라앉습니다. 소금을 넣은 비커는 물의 색깔이 없고 투명하며, 뜨거나 가라앉은 것이 없습니다. 반면 멸치 가루를 넣은 비커는 물이 뿌옇게 변했고, 멸치 가루가 물 위에 뜨거나 바닥에 가라앉아 있는 것을 볼 수 있습니다.

2 물질의 종류에 따라 물에 녹는 물질과 물에 녹지 않는 물질이 있습니다.

　채점 tip 물에 녹는 물질과 물에 녹지 않는 물질이 있다는 내용을 포함하여 쓰면 정답으로 합니다.

3 소금이 물에 녹아 소금물이 되는 것을 용해라고 하며, 여기서 소금은 용질, 물은 용매, 소금물은 용액입니다.

　채점 tip 소금물이 되는 과정에서 용해, 용질, 용매, 용액을 옳게 설명하여 쓰면 정답으로 합니다.

채점기준	상	㉠에 맛을 본다는 내용, ㉢에 방울토마토를 용액에 넣어 뜨는 높이를 확인한다는 내용, ㉥에 흰 종이를 뒤에 대어 색깔을 본다는 내용을 쓰고, ㉡, ㉣, ㉦에 해당 방법으로 알 수 있는 더 진한 용액의 특징까지 모두 옳게 쓴 경우
	중	㉠~㉦ 중 4~5가지만 옳게 쓴 경우
	하	㉠~㉦ 중 1~3가지만 옳게 쓴 경우

2 용액에 물체를 넣었을 때 용액이 진할수록 물체가 높게 떠오릅니다. 방울토마토, 청포도, 메추리알 등을 이용하면 용액의 진하기에 따라 뜨고 가라앉는 정도를 비교할 수 있습니다.

3 용액의 색깔이 진한 (나) 용액이 황설탕을 열 숟가락 용해한 용액이며, 더 진한 용액입니다.

95쪽　수행 평가 ❷회

1 ㉠ 예 유리 막대에 용액을 찍어 혀에 대 봅니다.
㉡ 예 더 단맛이 납니다.
㉢ 예 두 용액에 같은 방울토마토를 번갈아 띄워서 떠오르는 높이를 확인합니다.
㉣ 예 방울토마토가 더 높이 떠오릅니다.
㉤ 예 흰 종이를 용액의 뒤에 대어 색깔을 비교합니다.
㉥ 예 용액의 색깔이 더 진합니다.

2 청포도, 메추리알

3 (1) (나) (2) (나)

1 입(혀)으로는 맛을 보고 방울토마토를 용액에 넣어 뜨는 높이를 보며, 흰 종이는 용액의 뒤쪽에 대어 색깔을 확인하는 방법으로 용액의 진하기를 비교할 수 있습니다.

96쪽　쉬어가기

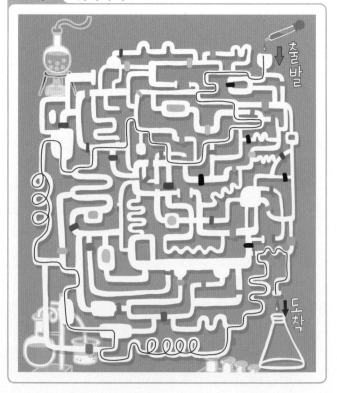

5. 다양한 생물과 우리 생활

① 곰팡이와 버섯의 특징

> **1** 곰팡이 **2** 버섯 **3** 회전판 **4** 균류 **5** 포자
> **6** ㉢ **7** 곰팡이 **8** ⑤ **9** ㉣ **10** 축축 **11** ㉢
> **12** ①, ④ **13** 예 스스로 양분을 만들지 못하고,
> 대부분 죽은 생물이나 다른 생물에서 양분을 얻습니
> 다. **14** ㉠, ㉣

6 곰팡이는 포자로 번식하기 때문에 꽃이 피거나 열매를 맺지 않습니다.

7 흰색, 검은색, 푸른색 등 다양한 색깔의 곰팡이가 빵 전체에 일정하지 않게 퍼져 자랐습니다.

8 곰팡이를 실체 현미경으로 관찰하면 머리카락 같은 가는 실 모양이 거미줄처럼 서로 엉켜 있는 것을 볼 수 있습니다. 가는 실 모양의 끝에는 작고 둥근 알갱이가 있습니다.

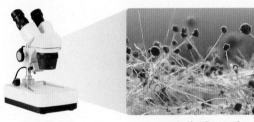

▲ 실체 현미경   ▲ 곰팡이(배율: 40배)

9 곰팡이와 같은 작은 생물은 실체 현미경을 사용하여 보다 자세히 관찰할 수 있습니다.

10 곰팡이와 버섯과 같은 생물은 주로 따뜻하고 축축한 환경에서 잘 자랍니다.

11 버섯은 모든 계절에 볼 수 있으며, 주로 따뜻하고 축축한 환경에서 잘 자랍니다.

12 버섯은 식물과 달리 꽃, 잎, 줄기, 뿌리 등이 없으며, 포자로 번식합니다.

13 버섯은 대부분 죽은 생물이나 다른 생물에서 양분을 얻어 살아갑니다.

> **채점 tip** 죽은 생물이나 다른 생물에서 양분을 얻는다는 내용을 포함하여 쓰면 정답으로 합니다.

14 버섯과 곰팡이와 같이 스스로 양분을 만들지 못하여 죽은 생물이나 다른 생물에서 양분을 얻어 살아가는 생물을 균류라고 합니다.

② 짚신벌레와 해캄의 특징, 세균의 특징

> **1** (가는) 털 **2** 초록 **3** 원생생물 **4** 세균 **5** 예
> 공 **6** (나) → (다) → (라) **7** ㉠ **8** (1) ○ (3) ○ **9** 지
> 예 **10** 예 원생생물입니다. 온도가 맞으면 물속에서
> 빠른 시간에 많은 수로 늘어납니다. 고인 물이나 물
> 살이 느린 곳에서 삽니다. **11** ㉢ **12** ⑤ **13** ㉤

6 광학 현미경은 맨눈으로 볼 수 없는 아주 작은 생물이나 물체를 확대해서 관찰할 때 사용하며, 주로 표본을 만들어 관찰합니다.

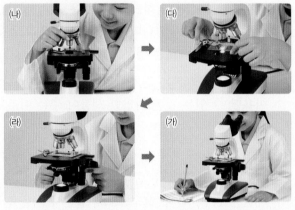

7 짚신벌레는 끝이 둥글고 길쭉한 모양이며, 바깥쪽에 가는 털이 있습니다. 짚신과 모습이 비슷합니다. ㉤은 아메바의 모습입니다.

8 짚신벌레는 논, 연못과 같이 고인 물이나 하천, 도랑 등 물살이 느린 곳에서 삽니다.

9 해캄은 식물이 아니며 뿌리, 줄기, 잎이 없습니다. 해캄은 머리카락처럼 가는 실 모양을 하고 있습니다.

10 짚신벌레와 해캄은 동물이나 식물, 균류로 분류되지 않으며 생김새가 동물이나 식물보다 단순한 생물인 원생생물입니다.

> **채점 tip** 짚신벌레와 해캄의 공통점(생물적 분류, 사는 곳 등)을 한 가지 옳게 쓰면 정답으로 합니다.

11 세균은 크기가 작고 구조가 매우 단순한 생물입니다. 동물과 같은 여러 가지 기관이 없습니다.

12 세균은 흙, 물, 공기 중 등 자연환경뿐만 아니라 생활용품, 생물의 몸 등 우리 주변 어느 곳에나 살고 있습니다.

13 콜레라균은 막대 모양 세균입니다. 헬리코박터 파일로리는 나선 모양 세균입니다.

❸ 다양한 생물이 우리 생활에 미치는 영향, 첨단 생명 과학의 활용

108쪽~109쪽 문제 학습

1 산소 2 원생생물 3 첨단 생명 과학 4 생물 농약 5 푸른곰팡이 6 ⑵ ○ ⑶ ○ 7 대영 8 ❀ 곰팡이나 세균이 죽은 생물이나 배설물을 분해하지 못해 주변이 이것들로 가득 찰 것입니다. 된장, 김치, 요구르트 등의 음식을 만들 수 없습니다. 9 첨단 생명 과학 10 ①, ② 11 ⑵ ○ 12 푸른곰팡이 13 ⑴ ㉡ ⑵ ㉢ ⑶ ㉠

6 곰팡이가 음식을 상하게 하는 것은 우리 생활에 미치는 해로운 영향입니다. 다양한 생물은 이로운 영향도 주지만, 해로운 영향도 줍니다.

7 일부 세균을 된장, 김치와 같은 음식을 만드는 데 이용할 수 있는 것은 다양한 생물이 주는 이로운 영향입니다.

8 곰팡이와 세균은 죽은 생물이나 배설물을 분해하여 주변을 깨끗하게 해 줍니다. 또, 사람에게 유익한 세균은 된장, 김치, 요구르트와 같은 음식을 만드는 데 이용됩니다.

채점 tip 곰팡이나 세균이 우리 생활에 미치는 영향과 연관지어 이들이 사라졌을 때 발생할 수 있는 일을 한 가지 옳게 쓰면 정답으로 합니다.

9 첨단 생명 과학은 최신 생명 과학 기술과 생물의 기능을 연구하여 우리 생활 속 문제를 해결하며, 다양한 생물이 우리 생활에 도움이 되게 합니다.

10 첨단 생명 과학은 동물뿐만 아니라 식물, 균류, 원생생물 등 다양한 모든 생물에 관련된 생명 기술을 연구합니다. 이렇게 연구한 결과를 활용하여 일상생활의 다양한 문제를 해결합니다.

11 바다에 사는 원생생물에서 기름이나 당 성분을 추출하여 생물 연료를 만들 수 있습니다.

12 푸른곰팡이에서 얻을 수 있는 페니실린이라는 화학 물질은 세균을 자라지 못하도록 하는 특성이 있어 세균 감염을 치료하는 최초의 항생제로 폐렴, 수막염, 패혈증 등을 치료하는 데 쓰입니다.

13 다양한 생물들의 특성을 활용한 첨단 생명 과학은 우리 생활에 많은 도움을 줍니다.

110쪽~111쪽 교과서 통합 핵심 개념

❶ 회전판 ❷ 포자 ❸ 균류 ❹ 대물렌즈
❺ 짚신벌레 ❻ 해캄 ❼ 원생생물

112쪽~114쪽 단원 평가 ❶회

1 ㉢ 2 ㉑ 3 ❀ 주로 따뜻하고 축축한 환경에서 잘 자랍니다. 양분을 쉽게 얻을 수 있는 동물의 몸이나 배설물, 낙엽 밑, 나무 밑동 등에서 잘 자랍니다. 4 ② 5 예림 6 ㉢ 7 ❀ 논, 연못과 같이 고인 물이나 하천, 도랑 등 물살이 느린 곳에서 주로 볼 수 있습니다. 8 ④ 9 ⑴ ✕ ⑵ ✕ ⑶ ○ 10 ㉠ 작고 ㉡ 단순한 11 ㉡ 12 ⑴ ❀ 사람에게 유익한 세균은 된장, 김치, 요구르트와 같은 음식을 만드는 데 이용됩니다. ⑵ ❀ 어떤 곰팡이는 음식이나 물을 상하게 하고 생물에게 병을 일으킬 수 있습니다. 13 분해 14 ② 15 ㉣

1 버섯은 주로 따뜻한 곳, 낙엽 밑, 나무 밑동 등 축축한 곳에서 잘 자랍니다.

2 버섯이나 곰팡이와 같이 스스로 양분을 만들지 못하며, 대부분 죽은 생물이나 다른 생물에서 양분을 얻어 살아가는 생물을 균류라고 합니다. 해캄은 원생생물입니다.

3 곰팡이는 따뜻하고 축축한 환경에서 잘 자라고, 주로 여름철에 많이 볼 수 있습니다.

채점 tip 따뜻하고 축축한 환경이라는 표현을 포함하여 옳게 쓰면 정답으로 합니다.

4 ②는 버섯의 주름을 실체 현미경으로 본 모습입니다. ①은 짚신벌레의 모습이고, ③은 곰팡이의 모습입니다. ④는 세균(대장균)의 모습입니다.

5 곰팡이와 버섯은 균류로, 몸 전체가 가는 실 모양의 균사로 이루어져 있으며 포자를 이용하여 번식합니다. 식물과는 달리 뿌리, 줄기, 잎과 같은 모양이 보이지 않고 꽃과 열매 또한 없습니다.

6 짚신벌레는 원생생물이며, 여럿이 서로 뭉쳐서 살고 초록색 알갱이들이 사선 모양으로 연결되어 있는 것은 해캄의 특징입니다.

▲ 짚신벌레

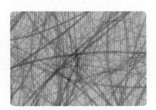
▲ 해캄

7 해캄은 고인 물이나 물살이 느린 곳에서 삽니다.

채점 tip 고인 물, 물살이 느린 곳 등 해캄을 주로 볼 수 있는 곳을 옳게 쓰면 정답으로 합니다.

8 곰팡이는 균류에 속하는 생물입니다.

9 세균은 죽은 생물이나 배설물을 분해하여 주변을 깨끗하게 해 줍니다.

10 세균은 균류나 원생생물보다 크기가 더 작고 생김새가 단순한 생물입니다. 크기가 알맞다거나 생김새가 귀여운 것은 생각하는 사람에 따라 다르므로 정확한 기준이 될 수 없습니다.

11 세균은 살기에 알맞은 조건이 되면 짧은 시간 안에 많은 수로 늘어날 수 있습니다.

12 다양한 생물은 우리 생활에 이로운 영향을 미치기도 하고, 때로는 해로운 영향을 미치기도 합니다.

채점 tip 다양한 생물(균류, 원생생물, 세균)이 우리 생활에 미치는 이로운 영향과 해로운 영향을 각각 한 가지씩 모두 옳게 쓰면 정답으로 합니다.

13 곰팡이와 세균은 죽은 생물이나 배설물을 분해하여 주변을 깨끗하게 해 줍니다.

14 특정 세균이 만드는 단백질은 해충의 몸속에서 독성을 나타내어 해충을 죽게 만듭니다.

15 첨단 생명 과학은 생명 과학 기술이나 연구 결과를 활용하여 일상생활의 다양한 문제를 해결하며, 다양한 생물이 우리 생활에 도움이 되게 합니다.

115쪽~117쪽 단원 평가 ❷회

1 ④ **2** ③, ④ **3** ⒜ 균류입니다. 따뜻하고 축축한 환경에서 잘 자랍니다. 균사로 이루어져 있으며 포자를 이용하여 번식합니다. **4** ㉠, ㉡ **5** 은석 **6** (1) ㉡, ㉢ (2) ㉠, ㉣ **7** ② **8** ⒜ 물체의 상을 확대해 줍니다. **9** ㉠, ㉡, ㉢, ㉣ **10** ③ **11** ㉠ **12** ① **13** (1) ㉡, ㉢ (2) ㉠, ㉣ **14** ⒜ 세균 감염을 치료하는 데 쓰입니다. 폐렴, 수막염, 패혈증 등을 치료하는 데 쓰입니다. **15** ③

1 곰팡이는 계절에 관계없이 주로 따뜻하고 축축하거나 그늘진 환경에서 잘 자랍니다. 특히 덥고 습한 여름에 더 잘 자랍니다.

2 버섯과 식물은 물과 양분이 있어야 살 수 있습니다.

3 곰팡이와 버섯은 균류에 속하는 생물입니다.

채점 tip 곰팡이와 버섯의 공통점(균류이다, 따뜻하고 축축한 환경에서 잘 자란다, 균사로 이루어져 있다, 포자를 이용하여 번식한다, 스스로 양분을 만들지 못한다.)을 한 가지 옳게 쓰면 정답으로 합니다.

4 버섯, 곰팡이와 같이 스스로 양분을 만들지 못하고 대부분 죽은 생물이나 다른 생물에서 양분을 얻어 살아가는 생물을 균류라고 합니다.

5 가장 먼저 회전판을 돌려 배율이 가장 낮은 대물렌즈가 가운데로 오도록 합니다.

6 해캄은 머리카락처럼 가늘고 긴 모양으로, 여러 개의 가는 선이 보이며 작고 둥근 초록색 알갱이들이 있습니다. 짚신벌레는 끝이 둥글고 길쭉한 짚신 모양이며, 바깥쪽에 가는 털이 있어 이를 이용하여 움직입니다.

7 솔이끼는 원생생물이 아닌 식물입니다.

8 광학 현미경에서 대물렌즈는 물체의 상을 확대해 주는 렌즈, 접안렌즈는 눈으로 보는 부분의 렌즈입니다.

채점 tip 물체의 상을 확대해 준다는 내용으로 쓰면 정답으로 합니다.

9 세균은 우리 주변의 어느 곳에나 살고 있습니다.

10 세균은 크기가 매우 작아 맨눈이나 돋보기로 관찰할 수 없습니다.

11 세균은 종류가 매우 많고 공 모양, 막대 모양, 나선 모양, 꼬리가 달린 모양 등 형태가 다양합니다.

12 세균은 죽은 생물이나 배설물을 분해하여 지구의 환경을 깨끗하게 유지할 수 있도록 합니다.

13 곰팡이와 세균은 우리 생활에 해로운 영향만 주는 것이 아니라 이로운 영향도 줍니다.

14 푸른곰팡이에서 얻은 화학 물질인 페니실린은 세균 감염을 치료하는 데 쓰이는 최초의 항생제입니다.

> 채점 tip 세균 감염을 치료하는 데 쓴다는 내용이나 폐렴, 수막염, 패혈증 등을 치료하는 데 쓴다는 내용으로 옳게 쓰면 정답으로 합니다.

15 하수 처리장에서는 물질을 분해하는 곰팡이, 원생생물, 세균의 특성을 활용하여 오염된 물을 깨끗하게 만듭니다.

118쪽   **수행 평가 ❶회**

1 예 매우 가는 실 같은 것이 거미줄처럼 엉켜 있습니다. 가는 실의 끝부분에 작고 둥근 모양의 알갱이가 붙어 있습니다.
2 ㉣, 예 보통 식물에 있는 뿌리, 줄기, 잎 등을 볼 수 없습니다.
3 포자

1 곰팡이를 실체 현미경으로 보면 매우 가는 실 같은 것이 거미줄처럼 서로 엉켜 있고, 그 끝에 둥근 알갱이가 많이 보입니다.

> 채점 tip 가는 실 같은 것이 서로 엉켜 있다. 둥근 알갱이가 많이 보인다. 등의 내용을 포함하여 옳게 쓰면 정답으로 합니다.

2 버섯은 식물과 달리 뿌리, 줄기, 잎 등이 구분되지 않습니다.

> 채점 tip ㉣을 쓰고, 보통 식물에 있는 뿌리, 줄기, 잎 등을 볼 수 없다는 내용으로 모두 옳게 쓰면 정답으로 합니다.

3 곰팡이와 버섯은 자손을 퍼뜨리기 위하여 만드는 세포인 포자를 이용하여 번식합니다.

119쪽   **수행 평가 ❷회**

1 ㉠
2 예 끝이 둥글고 길쭉한 모양입니다. 짚신과 모양이 비슷합니다. 바깥쪽에 가는 털이 있습니다.
3 원생생물

1 ㉠은 광학 현미경으로 본 해캄의 모습, ㉡은 실체 현미경으로 본 곰팡이의 모습, ㉢은 실체 현미경으로 본 버섯 주름 부분의 모습입니다.

2 짚신벌레를 광학 현미경으로 관찰하면 끝이 둥글고 길쭉하며, 짚신과 비슷한 모양인 것을 볼 수 있습니다. 또 몸 전체의 바깥쪽에 가는 털이 있으며 몸 안쪽에는 여러 가지 모양이 보입니다.

> 채점 tip 광학 현미경으로 관찰한 짚신벌레의 특징을 한 가지 옳게 쓰면 정답으로 합니다.

3 짚신벌레와 해캄은 원생생물이며, 대부분 논이나 연못과 같이 고인물이나 하천, 도랑 등 물살이 느린 곳에서 삽니다.

120쪽   **쉬어가기**

말풍선 안의 다양한 생물을 찾아 줘.

2. 온도와 열

1 온도 **2** 적외선 온도계 **3** 다릅니다. **4** 예 열은 온도가 높은 쪽에서 낮은 쪽으로 이동합니다. **5** 얼음 **6** 전도 **7** 다릅니다. **8** 단열 **9** 대류 **10** 예 움직이지 않습니다.

1 ℃(섭씨도) **2** 알코올 온도계 **3** 예 점점 높아집니다. **4** 전도되지 않습니다. **5** 구리판 **6** 금속 **7** 예 위로 올라갑니다. **8** 윗부분 **9** 예 위로 올라갑니다. **10** 대류

1 ① **2** ①, ③ **3** ⓒ **4** ⑤ **5** 예 ㉠은 알코올 온도계로 측정하고, ㉡은 적외선 온도계로 측정합니다. **6** ③ **7** ⑴ ㉠ ⑵ ㉡ **8** 예 열이 온도가 높은 물질(삼각 플라스크에 담긴 물)에서 온도가 낮은 물질(비커에 담긴 물)로 이동하기 때문입니다. **9** ⑴ ← ⑵ → **10** ④ **11** ㉡ **12** ㉣ **13** ② **14** ⑤ **15** ㉠ **16** ⑤ **17** ⑵ ○ **18** 대류 **19** 예 에어컨에서 나오는 차가운 공기가 아래로 내려오는 성질을 이용해 실내를 골고루 시원하게 할 수 있기 때문입니다. **20** ②, ③

1 온도는 온도계로 측정합니다.

2 비닐 온실에서 배추를 재배할 때에는 배추가 잘 자라는 비닐 온실 내부의 온도를 알아야 하고, 분유를 탈 때에는 알맞은 물의 온도를 알아야 합니다.

3 적외선 온도계는 측정하려는 물질의 표면을 겨누고 측정 버튼을 누르면 온도 표시 창에 물질의 온도가 나타납니다.

4 체온은 체온계로 측정하고, 알코올 온도계가 고리, 몸체, 액체샘으로 되어 있으며, 알코올 온도계 속 빨간색 액체가 움직이지 않을 때 눈금을 읽습니다. 귀 체온계는 온도 표시 창에 나타난 온도를 읽습니다.

5 공기와 같은 기체의 온도는 알코올 온도계로 측정하고, 흙과 같은 고체 물질의 온도는 적외선 온도계로 측정합니다.

채점 기준	상	㉠, ㉡의 온도를 측정하기에 알맞은 온도계를 모두 옳게 쓴 경우
	하	㉠, ㉡ 중 하나만 옳게 쓴 경우

6 물질의 온도는 물질이 놓인 장소, 측정 시각, 햇빛의 양 등에 따라 다릅니다.

7 삼각 플라스크에 담긴 물의 온도는 점점 낮아지고, 비커에 담긴 물의 온도는 점점 높아집니다.

8 접촉한 두 물질의 온도가 변하는 까닭은 열의 이동 때문입니다.

채점 tip 온도가 높은 물질에서 온도가 낮은 물질로 열이 이동하기 때문이라고 썼으면 정답으로 합니다.

9 접촉한 두 물체에서 열은 온도가 높은 물체에서 온도가 낮은 물체로 이동합니다.

10 ①, ②, ③, ⑤는 온도가 점점 낮아지는 경우입니다.

11 구리판(고체 물질)에서 열은 가열한 부분에서 멀어지는 방향으로 이동하고, 구리판(고체 물질)이 끊겨 있으면 열은 그 방향으로 이동하지 않습니다.

12 가열한 부분에서 멀어지는 방향으로 열 변색 붙임딱지의 색깔이 변하므로 ㉣ 부분을 가열한 것입니다.

13 고체에서 열은 온도가 높은 곳에서 온도가 낮은 곳으로 고체 물질을 따라 이동하는데, 이러한 열의 이동 방법을 전도라고 합니다.

14 구리판에 붙인 버터가 가장 빨리 녹고, 유리판에 붙인 버터가 가장 천천히 녹습니다.

15 구리판 → 철판 → 유리판 순서로 열이 빠르게 이동하므로 열 변색 붙임딱지의 색깔도 구리판 → 철판 → 유리판 순서로 빠르게 변합니다. 따라서 열 변색 붙임딱지의 색깔이 가장 빨리 변하는 ㉠이 구리판이고, ㉡은 유리판, ㉢은 철판입니다.

16 냄비 바닥은 열이 잘 이동하는 금속으로 만듭니다.

17 물이 담긴 주전자를 가열하면 냄비 바닥에 있는 물은 온도가 높아져 위로 올라가고, 위에 있던 물은 아래로 밀려 내려옵니다. 이 과정이 반복되면서 물 전체가 따뜻해집니다.

18 액체에서는 대류를 통해 열이 이동합니다.

19 차가운 공기는 아래로 내려오므로 에어컨은 높은 곳에 설치하는 것이 좋습니다.

채점 tip 차가운 공기가 아래로 내려온다는 내용을 썼으면 정답으로 합니다.

20 ②와 ③은 기체(공기)에서 열의 이동을 이용한 예입니다.

8쪽~11쪽 단원 평가 실전

1 예 숫자에 단위 ℃(섭씨도)를 붙여 온도로 나타냅니다. **2** (1) ㉢ (2) ㉠ (3) ㉡ **3** ⑤ **4** ③ **5** ② **6** 예 운동장 흙과 나무 그늘의 흙은 온도가 서로 다릅니다. 그늘에 주차된 자동차와 햇빛이 비치는 곳에 주차된 자동차는 온도가 서로 다릅니다. **7** 삼각 플라스크에 담긴 물 **8** = **9** ① **10** 생선 **11** ㉡ **12** (1) ○ (2) × (3) ○ **13** 예 불과 가까운 쪽에서부터 불에서 먼 쪽으로 열이 이동합니다. **14** ⑤ **15** ③ **16** ① **17** ㉢, ㉠, ㉡, ㉣ **18** ㉠ **19** ⑤ **20** 예 난방 기구를 켜면 난방 기구 주변의 공기는 온도가 높아지고, 시간이 지나면 공기가 대류하면서 집 안 전체의 공기가 따뜻해집니다.

1 온도로 나타내면 물질의 차갑거나 따뜻한 정도를 정확하게 알 수 있습니다.

채점 tip 온도로 나타낸다고 썼으면 정답으로 합니다.

2 몸의 온도는 체온, 물의 온도는 수온, 공기의 온도는 기온이라고 합니다.

3 알코올 온도계의 눈금을 읽을 때는 액체 기둥의 끝이 닿은 위치에 수평으로 눈높이를 맞춥니다.

4 적외선 온도계는 ㉡, ㉢, ㉺과 같이 고체 물질이나 물질 표면의 온도를 측정할 때 사용합니다. ㉠, ㉣, ㉻은 알코올 온도계를 사용하여 측정합니다.

5 교실의 기온은 13.5℃이고, 운동장의 기온은 18.0℃로 장소에 따라 기온이 다르다는 것을 알 수 있습니다.

6 물질의 온도는 물질이 놓인 장소, 측정 시각, 햇빛의 양 등에 따라 다릅니다.

채점 tip 같은 물질이지만 장소에 따라 온도가 다른 예를 한 가지 옳게 쓰면 정답으로 합니다.

7 비커에 담긴 물의 온도는 점점 높아지고, 삼각 플라스크에 담긴 물의 온도는 점점 낮아집니다.

8 온도가 다른 두 물체가 접촉한 채로 시간이 지나면 결국 두 물체의 온도가 같아집니다.

9 ②는 뜨거운 냄비에서 국으로, ③은 삶은 면에서 차가운 물로, ④는 손에서 컵으로 열이 이동합니다.

10 열이 생선에서 얼음으로 이동하기 때문에 생선의 온도는 낮아지고, 얼음의 온도는 높아집니다.

11 가열한 부분에서 멀어지는 방향으로 화살표를 나타내야 합니다.

12 고체에서 열은 온도가 높은 곳에서 온도가 낮은 곳으로 고체 물질을 따라 이동합니다.

13 고체에서 열은 온도가 높은 곳에서 온도가 낮은 곳으로 고체 물질을 따라 이동하기 때문에 불 위에 올려놓은 팬에서 열은 불과 가까운 쪽에서부터 불에서 먼 쪽으로 이동합니다.

채점 tip 열이 불과 가까운 쪽에서부터 먼 쪽으로 이동한다고 썼으면 정답으로 합니다.

14 열 변색 붙임딱지의 색깔이 가장 빨리 변하는 것은 구리판이고, 가장 천천히 변하는 것은 유리판입니다.

15 고체 물질의 종류에 따라 열이 이동하는 빠르기가 다르다는 것을 알 수 있습니다.

16 다리미의 옷을 다리는 부분은 열이 잘 이동하는 금속(철)으로 만듭니다.

17 주전자 바닥에 있는 물의 온도가 높아지고, 온도가 높아진 물은 위로 올라갑니다. 위에 있던 물은 아래로 밀려 내려오고 이 과정이 반복되면서 주전자에 있는 물 전체가 따뜻해집니다.

18 액체에서는 주변보다 온도가 높은 물질이 위로 이동하면서 열이 이동합니다.

19 기체에서는 액체에서와 같이 대류를 통해 열이 이동합니다.

20 난방 기구를 한 곳에만 켜 놓아도 기체의 대류 현상으로 인해 집 안 전체가 따뜻해집니다.

채점기준	상	온도가 높아진 공기는 위로 올라가고, 위에 있는 공기는 아래로 밀려 내려온다고 대류와 관련지어 옳게 쓴 경우
	하	공기가 이동하기 때문이라고 쓴 경우

3 온도가 다른 두 물체가 접촉하면 열이 온도가 높은 물체에서 낮은 물체로 이동하기 때문에 (1)의 손에서 차가운 물로, (2)의 뜨거운 국에서 그릇으로 열이 이동하게 됩니다.

12쪽 **수행 평가 ❶회**

1 ㉠

2 ⃝예 뜨거운 물에 차가운 우유갑을 넣으면 뜨거운 물에서 차가운 우유로 열이 이동하여 차가운 우유의 온도가 점점 높아지기 때문입니다.

3 (1)  (2)

1 뜨거운 물이 담긴 그릇에 차가운 우유갑을 넣어야 합니다. 열이 뜨거운 물에서 차가운 우유로 이동하며 우유가 점점 따뜻해집니다.

2 온도가 다른 두 물체가 접촉하면 온도가 높은 물체에서 온도가 낮은 물체로 열이 이동합니다.

채점기준	상	뜨거운 물(온도가 높은 물)에서 차가운 우유(온도가 낮은 우유)로 열이 이동하여 차가운 우유의 온도가 높아지기 때문이라는 내용으로 옳게 쓴 경우
	중	열은 온도가 높은 물체에서 온도가 낮은 물체로 이동하기 때문이라고 쓴 경우
	하	열이 이동하기 때문이라고만 쓴 경우

13쪽 **수행 평가 ❷회**

1 (1) 금속 (2) 플라스틱

2 ⃝예 옷을 다리는 부분은 열이 잘 이동해야 하므로, 금속과 같은 물질로 만드는 것이 알맞습니다. 또 손잡이 부분은 손으로 잡아야 하므로 열이 잘 이동하지 않으면서 가볍고 어느 정도 단단한 플라스틱과 같은 물질로 만드는 것이 알맞기 때문입니다.

3 ⃝예 두 물질 사이에서 열의 이동을 줄이면 보온병에 넣은 따뜻하거나 차가운 물의 온도를 일정하게 유지할 수 있기 때문입니다.

1 고체 물질의 종류에 따라 열이 이동하는 빠르기가 다릅니다. 금속은 〈보기〉의 다른 물질보다 열이 잘 이동하는 물질입니다.

2 다리미의 쓰임새에 맞게 옷을 다리는 부분은 열이 잘 이동하는 물질로 만들어야 하고, 손잡이 부분은 열이 잘 이동하지 않으면서 단단하고 가벼운 특성을 가진 물질로 만들어야 합니다.

> **채점 tip** 옷을 다리는 부분은 열이 잘 이동해야 하므로 금속과 같은 물질로 만들고, 손잡이 부분은 열이 잘 이동하지 않으면서 가볍고 단단한 플라스틱과 같은 물질로 만드는 것이 알맞기 때문이라는 내용으로 모두 옳게 쓰면 정답으로 합니다.

3 두 물질 사이에서 열의 이동을 줄이는 것을 단열이라고 합니다. 보온병은 일상생활에서 단열을 이용한 예입니다.

> **채점 tip** 물질 사이에서 열의 이동을 줄여 물의 온도를 일정하게 유지할 수 있게 하기 위해서라는 내용으로 쓰면 정답으로 합니다.

BOOK ❷ 평가북

2 단원

3. 태양계와 별

14쪽 묻고 답하기 ①회

1 태양   2 태양계   3 금성   4 해왕성   5 목성, 토성, 천왕성, 해왕성   6 수성   7 멀어집니다.
8 행성   9 북두칠성(큰곰자리), 작은곰자리, 카시오페이아자리   10 북극성

15쪽 묻고 답하기 ②회

1 태양   2 수성, 금성, 지구, 화성, 목성, 토성, 천왕성, 해왕성   3 화성   4 수성, 금성, 화성   5 약 109배   6 해왕성   7 별   8 별   9 별자리
10 북두칠성, 카시오페이아자리

16쪽~19쪽 단원 평가 기출

1 ②   2 ⑩ 지구에서 생물이 살기 어려울 것입니다.   3 ③, ⑤   4 ⑩ 위성   5 ③   6 ⑦, ㉣   7 ①   8 ①   9 ㉡   10 ⑤   11 해왕성   12 ⑩ 태양에서 지구보다 가까이 있는 행성은 수성, 금성이고, 태양에서 지구보다 멀리 있는 행성은 화성, 목성, 토성, 천왕성, 해왕성입니다.   13 ㉠, ㉢   14 행성   15 ⑩ 별에 비해 지구로부터 떨어져 있는 거리가 가깝기 때문입니다.   16 ⑩ 밤하늘에 무리 지어 있는 별을 연결해 사람이나 동물 또는 물건의 이름을 붙인 것입니다.   17 ③   18 ⑤   19 ②   20 ⑤

1 태양은 우리가 따뜻하게 살 수 있게 합니다.

2 생물은 태양으로부터 에너지를 얻고 살아가기 때문에 태양이 없으면 생물이 살기 어려울 것이고, 지구는 차갑게 얼어붙을 것입니다.

채점 tip 생물이 살기 어렵다는 내용 등 태양이 없다면 일어날 일을 썼으면 정답으로 합니다.

3 태양계의 중심에는 태양이 있고, 태양계에서 스스로 빛을 내는 천체는 태양뿐입니다. 또 태양의 주위를 도는 둥근 천체를 행성이라고 합니다.

4 태양계 행성 중 수성, 금성을 제외한 나머지 여섯 개의 행성은 위성을 가지고 있습니다.

5 화성은 지구보다 작습니다.

6 태양계 행성은 표면의 상태, 고리의 유무 등에 따라 분류할 수 있습니다.

7 지구는 표면에 땅이 있지만, 목성, 토성, 천왕성, 해왕성은 땅이 없으며 표면이 기체로 되어 있습니다.

8 수성은 화성과 상대적인 크기가 비슷하고, 지구는 금성과 상대적인 크기가 비슷합니다. 또 천왕성과 상대적인 크기가 비슷한 행성은 해왕성입니다.

9 천왕성의 크기는 지구의 4배이므로 지구의 크기가 반지름이 1 cm인 구슬과 같다면, 천왕성의 반지름은 4 cm이므로 야구공과 크기가 비슷합니다.

10 태양계 행성의 크기는 다양하며, 태양계에서 가장 큰 행성은 목성입니다. 금성은 지구보다 작고 해왕성은 지구보다 큽니다.

11 태양에서 가장 가까운 행성은 수성이고, 태양에서 가장 먼 행성은 해왕성입니다.

12 수성, 금성은 태양에서 지구보다 가까이 있고, 화성, 목성, 토성, 천왕성, 해왕성은 지구보다 멀리 있습니다.

채점 기준	상	지구보다 가까이 있는 행성과 지구보다 멀리 있는 행성을 모두 옳게 쓴 경우
	하	지구보다 가까이 있는 행성과 지구보다 멀리 있는 행성 중 하나만 옳게 쓴 경우

13 거리가 너무 멀어 km로 표현하기 복잡하고, 실제 거리로 나타내면 거리를 쉽게 비교하기가 어렵기 때문입니다.

14 행성은 위치가 변하지만, 별은 위치가 변하지 않는 것처럼 보입니다.

15 별에 비해 금성, 화성, 목성, 토성과 같은 행성은 지구로부터 떨어져 있는 거리가 가깝기 때문에 별보다 더 밝고 또렷하게 보입니다.

채점 tip 지구로부터 떨어져 있는 거리가 가깝기 때문이라고 썼으면 정답으로 합니다.

16 별자리는 별의 무리를 구분해 이름을 붙인 것입니다.

채점 tip 별을 연결해 이름을 붙인 것이라고 썼으면 정답으로 합니다.

17 모두 북쪽 밤하늘에서 볼 수 있는 별자리입니다.

18 ㉠은 큰곰자리의 일부분인 북두칠성이고, ㉡은 작은곰자리, ㉢은 카시오페이아자리입니다.

19 별이 보일 만큼 하늘이 충분히 어두워지면 주변이 탁 트이고 밝지 않은 곳에서 관측합니다.

20 북극성은 같은 위치에서 항상 볼 수 있고, ㈎는 카시오페이아자리, ㈏는 북두칠성입니다. ㈎의 ㉠과 ㉡을 연결하고, 그 거리의 다섯 배만큼 떨어진 곳에서 북극성을 찾을 수 있습니다.

20쪽~23쪽 단원 평가 실전

1 ① 2 태양 3 ⑤ 4 ㉠ 5 ⑩ 행성의 주위를 도는 천체입니다. 6 ㉡ 7 해왕성 8 ② 9 목성, 토성, 천왕성, 해왕성, 지구, 금성, 화성, 수성 10 ⑤ 11 ③ 12 ① 13 ⑤ 14 ⑩ 별은 위치가 거의 변하지 않지만, 행성은 위치가 조금씩 변합니다. 15 ③ 16 ㉠, ㉢, ㉡, ㉣ 17 ⑤ 18 ⑩ 항상 북쪽 밤하늘에 있고, 위치가 거의 변하지 않아서 방위를 알 수 있기 때문입니다. 19 ③ 20 ㉠ 북두칠성 ㉡ 다섯(5) ㉢ 다섯(5) ㉣ 북극성

---

1 태양은 동식물이 자라는 데 도움을 줍니다.

2 태양에서 나오는 빛에너지는 지구의 환경에 큰 영향을 미치고, 우리가 살아가는 데 필요한 대부분의 에너지는 태양에서 얻습니다.

3 태양계는 태양과 행성, 위성, 소행성, 혜성 등으로 구성됩니다.

4 태양계의 중심에 있고, 태양계에서 유일하게 스스로 빛을 내는 천체는 태양입니다.

5 행성의 주위를 도는 천체를 위성이라고 하는데, 태양계 행성 중 수성, 금성을 제외한 나머지 여섯 개의 행성은 위성을 가지고 있습니다.

채점 tip 행성의 주위를 돈다고 썼으면 정답으로 합니다.

6 화성은 지구보다 크기가 작고, 천왕성은 지구보다 크기가 큽니다.

7 해왕성은 표면이 기체로 되어 있습니다.

8 태양의 반지름은 지구의 반지름보다 약 109배 큽니다.

9 가장 큰 행성은 목성이고, 가장 작은 행성은 수성입니다.

10 지구보다 크기가 큰 행성은 목성, 토성, 천왕성, 해왕성입니다.

11 화성은 1.5칸이 필요합니다.

12 태양에서 지구보다 가까이 있는 행성은 수성과 금성입니다.

13 태양에서 가장 먼 행성은 해왕성이고, 태양에서 거리가 멀어질수록 행성 사이의 거리도 대체로 멀어집니다.

14 여러 날 동안 같은 밤하늘을 관측하면 별은 위치가 거의 변하지 않아서 움직이지 않는 것처럼 보이지만, 행성은 별자리 사이에서 서서히 위치가 변하는 것을 볼 수 있습니다.

채점 기준	상	행성과 별의 차이점을 옳게 쓴 경우
	하	행성과 별 중 하나에 대해서만 옳게 쓴 경우

15 별자리는 눈으로도 잘 보이는 별을 연결해 만들었습니다.

16 가장 먼저 별자리를 관측할 시각과 장소를 정한 다음에 정해진 시각에 정해진 장소에서 별자리를 관측합니다.

17 북쪽 밤하늘에서 볼 수 있는 카시오페이아자리에 대한 설명입니다.

18 북극성은 북쪽 밤하늘에 항상 있으므로 나침반 역할을 합니다.

채점 tip 북쪽에서 항상 보이므로 방위를 알 수 있기 때문이라고 썼으면 정답으로 합니다.

19 북극성을 찾으면 방위를 알 수 있습니다.

20 북두칠성과 카시오페이아자리를 이용하면 북극성을 찾을 수 있습니다.

2 여덟 행성 표면의 상태는 기체와 암석(땅)으로 분류할 수 있습니다. 행성 표면의 상태가 기체인 행성은 목성, 토성, 천왕성, 해왕성이고, 행성 표면의 상태가 암석(땅)인 행성은 수성, 금성, 지구, 화성입니다.

채점 tip (1)에 ⓒ 또는 ⓒ의 내용을 쓰고 (2)에 목성, 토성, 천왕성, 해왕성을, (3)에 수성, 금성, 지구, 화성을 모두 옳게 쓰면 정답으로 합니다.

3 생물이 살고 있는 행성인가?라는 분류 기준에 따라 수성, 금성, 지구, 화성을 분류하면 '그렇다: 지구 / 그렇지 않다: 수성, 금성, 화성'의 두 무리로 분류할 수 있습니다.

채점 tip 수성, 금성, 지구, 화성을 두 무리로 분류할 수 있는 기준을 한 가지 옳게 쓰면 정답으로 합니다.

25쪽 수행 평가 ②회

1 ㉠

2 예 행성은 시간이 지남에 따라 별들 사이에서 조금씩 움직여 위치가 달라지지만, 별은 위치가 거의 변하지 않기 때문입니다. 따라서 ㉠이 행성(금성)일 것입니다.

3 (1) ★ (2) ★ (3) ● (4) ●

---

1 ㉠의 위치는 시간이 지남에 따라 조금씩 달라졌지만 ㉡의 위치는 변하지 않았습니다. 따라서 ㉠은 금성(행성), ㉡은 별일 것입니다.

2 여러 날 동안 같은 시각과 같은 위치에서 관측한 밤하늘에서는 행성이 별들 사이에서 상대적으로 위치가 조금씩 달라지는 것을 볼 수 있습니다.

채점 tip 행성은 시간이 지남에 따라 움직여 위치가 달라지지만 별은 위치가 변하지 않는다는 내용으로 모두 옳게 쓰면 정답으로 합니다.

3 별은 태양처럼 스스로 빛을 내며 행성보다 지구에서 매우 먼 거리에 있기 때문에 움직이지 않는 것처럼 보입니다. 반면, 행성은 스스로 빛을 내지 못하지만 표면에서 태양 빛을 반사하여 밝게 빛나 보입니다. 행성은 태양 주위를 공전하며 별보다 지구에 가까이 있기 때문에 별들 사이에서 위치가 변하는 모습을 볼 수 있습니다.

24쪽 수행 평가 ①회

1 ㉡

2 (1) ㉡ 행성 표면의 상태가 기체인가? (2) 목성, 토성, 천왕성, 해왕성 (3) 수성, 금성, 지구, 화성

3 예 생물이 살고 있는 행성인가? 표면에 물이 있는 행성인가?

---

1 태양계에 속한 행성인가?, 태양보다 크기가 작은 행성인가?, 태양을 중심으로 공전하는 행성인가?의 분류 기준으로는 여덟 행성을 두 무리로 분류할 수 없죠습니다.

4. 용해와 용액

묻고 답하기 ❶회

1 용질 **2** 용매 **3** 용액 **4** 밀가루 **5** 설탕 **6** 물 100 mL **7** 낮춰야 합니다. **8** 용액의 진하기 **9** 색깔이 진한 것 **10** 진한 용액

묻고 답하기 ❷회

1 용해 **2** 멸치 가루 **3** 예 무게가 같습니다. **4** 베이킹 소다 **5** 다릅니다. **6** 많아집니다. **7** 많아집니다. **8** 맛이 진한 것 **9** 메추리알 **10** 예 물을 더 넣어줍니다.

단원 평가 기출

1 (1) ㉠ (2) ㉠ (3) ㉡ **2** ㉢ **3** 예 멸치 가루가 물에 녹지 않고 시간이 지났을 때 물 위에 뜨거나 바닥에 가라앉기 때문입니다. **4** ④ **5** ③ **6** ①, ⑤ **7** 105 **8** ⑤ **9** 용질의 종류 **10** ⑤ **11** 성현 **12** 예 물의 온도와 물의 양이 같을 때 용질마다 물에 용해되는 양이 다릅니다. **13** ③ **14** ④ **15** 예 물의 온도가 높으면 백반이 더 많이 용해됩니다. **16** ⑤ **17** 예 색깔로 비교합니다. 무게를 재어 비교합니다. **18** < **19** ㉡, ㉠, ㉢ **20** ④

1 소금과 설탕은 물에 잘 녹지만, 멸치 가루는 물에 뜨거나 바닥에 가라앉으며 물이 뿌옇게 변합니다.

2 ㉠과 ㉡은 뜨거나 가라앉는 것이 없고 투명하므로 용액입니다.

3 뜨거나 가라앉는 물질이 없어야 용액이라고 할 수 있습니다.

채점 tip 물 위에 뜨거나 바닥에 가라앉기 때문이라고 썼으면 정답으로 합니다.

4 녹는 물질을 용질, 녹이는 물질을 용매라고 합니다.

5 용해는 어떤 물질이 다른 물질에 녹아 골고루 섞이는 현상입니다.

6 각설탕을 물에 넣으면 부스러지면서 크기가 작아지고, 작아진 설탕은 더 작은 크기의 설탕으로 나뉘어 물에 골고루 섞이고, 완전히 용해되어 눈에 보이지 않게 됩니다.

7 각설탕이 물에 용해되기 전과 용해된 후의 무게는 같습니다.

8 물에 완전히 용해된 각설탕은 눈에 보이지 않지만, 없어진 것이 아니라 매우 작게 변하여 물속에 골고루 섞여 있습니다.

9 여러 가지 용질에 따른 물에 용해되는 양을 비교하는 실험이므로 용질의 종류(소금, 설탕, 베이킹 소다) 이외의 조건은 모두 같게 해야 합니다.

10 실험 결과를 통해 설탕>소금>베이킹 소다 순으로 많이 용해된다는 것을 알 수 있습니다.

11 50 mL의 물에서보다 100 mL의 물에서 많은 양의 용질이 용해되지만, 각 용질이 용해되는 양을 비교해 보면 50 mL와 같이 설탕>소금>베이킹 소다 순입니다.

12 온도와 양이 같은 물에서 용질마다 용해되는 양이 서로 다릅니다.

채점 tip 용질마다 용해되는 양이 서로 다르다고 썼으면 정답으로 합니다.

13 물의 온도에 따라 백반이 용해되는 양을 비교하는 실험이므로 물의 온도 이외의 모든 조건은 같게 해야 합니다.

14 알코올램프나 전기 주전자로 물을 데워 약 40 ℃의 따뜻한 물을 준비합니다.

15 40 ℃의 물에서 백반이 더 많이 용해되었습니다.

채점 tip 물의 온도가 높으면 백반이 많이 용해된다고 썼으면 정답으로 합니다.

16 물을 가열하여 온도를 높여 주면 가라앉은 백반을 모두 용해할 수 있습니다.

17 황설탕 용액과 같이 색깔이 있는 용액은 색깔로 용액의 진하기를 비교할 수 있고, 맛으로도 용액의 진하기를 비교할 수 있으며, 무게를 재거나 용액의 높이를 재어 비교할 수도 있습니다.

채점 tip 용액의 진하기를 비교하는 방법을 두 가지 옳게 쓰면 정답으로 합니다.

18 황설탕 용액의 색깔이 진할수록 진한 용액이므로 ⓒ 용액에 용해된 황색 각설탕이 더 많습니다.

19 용액이 진하면 물체가 높이 뜹니다. 그러므로 방울토마토가 높이 뜬 순서대로 용액이 더 진합니다.

20 설탕을 더 넣어 진한 설탕물을 만듭니다.

▲ 설탕을 더 넣기 전   ▲ 설탕을 더 넣은 후

32쪽~35쪽 단원 평가 실전

1 ④ **2** ㉠, ㉢, ㉤ **3** ⑤ **4** ③ **5 예** 소금을 국물에 넣어 녹여 음식의 간을 맞춥니다. **6** ㉡ → ㉢ **7** = **8** ④ **9** ㉢ **10** 설탕 **11** ④ **12 예** ㉡ 용질이 ㉠ 용질보다 물에 용해되는 양이 많습니다. **13** ② **14** ㈏ **15** ㉠ **16 예** 백반 알갱이가 다시 생겨 바닥에 가라앉습니다. **17** ㉡ **18** ㉠ **19** ② **20 예** 장을 담글 때 소금물의 진하기를 확인하기 위해 달걀을 띄워 떠오르는 정도를 확인합니다.

1 비커에 넣는 가루 물질의 종류만 소금, 설탕, 멸치 가루로 다르게 하고, 나머지 조건은 모두 같게 해야 합니다.

2 소금과 설탕은 물에 녹지만, 멸치 가루는 물에 녹지 않습니다.

3 소금과 설탕은 물에 용해되어 용액(소금물, 설탕물)이 되지만, 멸치 가루는 물에 용해되지 않습니다.

4 용액은 뜨거나 가라앉는 물질이 없어야 합니다. 흙탕물은 흙이 물에 용해되지 않으므로 시간이 지나면 흙이 바닥에 가라앉습니다.

5 주스 가루를 물에 녹여 주스를 만드는 것도 용해 현상입니다.

채점 tip 용해 현상의 예를 옳게 썼으면 정답으로 합니다.

6 시간이 흐르면서 각설탕이 부서져 크기가 작아지고 작아진 설탕은 더 작은 크기의 설탕으로 나뉘어 물에 골고루 섞이고, 완전히 용해되어 눈에 보이지 않게 됩니다.

7 용질이 물에 용해되기 전과 용해된 후의 무게는 같습니다.

8 용질이 물에 용해되기 전과 용해된 후의 무게가 같은 것으로 보아, 용질이 물에 용해되면 없어지는 것이 아니라 물과 골고루 섞여 용액이 된다는 것을 알 수 있습니다.

9 소금과 설탕은 두 숟가락씩 넣어도 모두 용해되지만, 베이킹 소다는 두 숟가락 넣었을 때 다 용해되지 않고 바닥에 가라앉습니다. 따라서 ㉢이 베이킹 소다임을 알 수 있습니다.

10 설탕은 여덟 숟가락 넣었을 때에도 다 용해되고, 소금은 여덟 숟가락 넣었을 때부터 바닥에 가라앉으며, 베이킹 소다는 두 숟가락 넣었을 때부터 바닥에 가라앉으므로 설탕이 가장 많이 용해된다는 것을 알 수 있습니다.

11 온도와 양이 같은 물에서 용질마다 용해되는 양은 서로 다르다는 것을 알 수 있습니다. ①, ②는 이 실험으로는 알 수 없습니다.

12 ㉠ 용질은 세 숟가락 넣었을 때 가라앉았으므로 같은 온도와 같은 양의 물에서 ㉡ 용질이 더 많이 용해된다는 것을 알 수 있습니다.

채점 tip ㉡ 용질이 더 많이 용해된다고 썼으면 정답으로 합니다.

13 다르게 해야 할 조건이 물의 온도이므로 물의 온도에 따라 백반이 용해되는 양을 비교하기 위한 실험입니다.

14 물의 온도에 따라 백반이 용해되는 양을 비교하는 실험이므로 물의 온도 이외의 조건은 같게 해야 합니다. ㈏는 물의 양을 다르게 하였으므로 잘못된 방법입니다.

15 물의 온도가 높으면 백반이 더 많이 용해되므로 백반이 다 용해된 ㉠ 비커에 담긴 물의 온도가 더 높을 것입니다.

16 얼음물에 넣어 온도가 낮아졌기 때문에 백반이 용해되는 양이 적어져 다 용해되지 못하고 바닥에 가라앉는 것입니다.

> **채점 tip** 백반 알갱이가 바닥에 가라앉는다고 썼으면 정답으로 합니다.

17 물의 온도와 물의 양이 같을 때 물에 포함된 용질(황색 각설탕)의 양이 많을수록 색깔이 진합니다.

18 황설탕을 많이 용해하여 용액이 진하면 메추리알이 더 높이 뜹니다.

19 몸이 잘 뜬다는 것은 진하기가 진하다는 것입니다.

20 장을 담글 때는 소금물의 진하기를 맞추는 것이 중요한데, 이때 소금물에 달걀을 띄워 달걀이 떠오르는 정도를 확인하여 진하기가 적당한 소금물을 만듭니다.

> **채점 tip** 생활에서 이용하는 물체와 용액을 포함하여 옳게 썼으면 정답으로 합니다.

---

3 ㉠ 각설탕이 물에 용해될 때 물의 양은 변하지 않습니다.

| 37쪽 | **수행 평가 2회** |

1 (1) **예** 황설탕 용액의 색깔을 비교합니다. 황설탕 용액의 색깔이 진할수록 진한 용액입니다. (2) ㉢ > ㉡ > ㉠

2 **예** 용액의 진하기에 따라 뜨고 가라앉을 수 있는 물체를 백설탕 용액에 넣어, 물체가 뜨거나 가라앉는 정도를 보고 용액의 진하기를 비교할 수 있습니다.

3 ㉠

---

1 색깔이 있는 용액은 색깔이 진할수록 더 진한 용액이므로 색깔이 가장 진한 ㉢이 가장 진한 용액이고, 다음으로 진한 용액은 ㉡, ㉠은 가장 연한 용액입니다.

채점 기준	상	(1)에 용액의 색깔을 비교해서 색깔이 진할수록 진한 용액이라고 쓰고, (2)에 ㉢-㉡-㉠을 순서대로 모두 옳게 쓴 경우
	중	(1)에 용액의 색깔을 비교해서 색깔이 진할수록 진한 용액이라고 썼지만 (2)에 ㉢-㉡-㉠의 일부를 순서대로 쓰지 못한 경우
	하	(1)에 용액의 색깔을 비교하는 방법이 아닌 다른 방법(맛 보기 제외)을 썼지만 (2)에 ㉢-㉡-㉠을 순서대로 모두 옳게 쓴 경우

| 36쪽 | **수행 평가 1회** |

1 ㉠ 105 ㉡ 120

2 **예** 용질이 물에 용해되기 전과 물에 용해된 후의 무게는 같습니다(변하지 않습니다).

3 ㉠

---

1 3모둠과 4모둠의 측정 결과를 통해서도 알 수 있듯이 각설탕이 물에 용해되기 전과 물에 용해된 후의 무게는 같습니다. 따라서 용해된 후의 무게인 ㉠은 용해되기 전의 무게인 105 g과 같고, 용해되기 전의 무게인 ㉡은 용해된 후의 무게인 120 g과 같습니다.

2 용질이 물에 용해되면 없어지는 것이 아니라 눈에 보이지 않을 만큼 매우 작아져 물에 골고루 섞이기 때문에 용해되기 전과 용해된 후의 무게가 같습니다.

> **채점 tip** 용질이 물에 용해되기 전과 물에 용해된 후의 무게가 같다는 내용으로 쓰면 정답으로 합니다.

---

2 백설탕 용액은 색깔이 없으므로 색깔에 따라 용액의 진하기를 비교하기 어렵습니다. 다른 조건은 모두 같고 용질의 양만 다르게 한 용액의 경우, 물체를 넣었을 때 물체가 높게 떠오를수록, 용기에 담긴 용액의 높이가 높을수록, 용액의 무게가 무거울수록 더 진한 용액입니다.

> **채점 tip** 맛을 보는 방법과 색깔을 비교하는 방법을 제외하고, 용액의 진하기를 비교하는 방법을 한 가지 옳게 쓰면 정답으로 합니다.

3 용매의 양이 같을 때 용해된 용질의 양이 많을수록 더 진한 용액입니다. 소금물에 소금을 더 넣어 모두 용해했으므로 전보다 더 진한 소금물이 됩니다. 따라서 용액의 진하기를 비교할 수 있는 도구도 전보다 더 높이 떠오릅니다.

5. 다양한 생물과 우리 생활

묻고 답하기 ❶회

1 대물렌즈 2 곰팡이 3 균류 4 예 따뜻하고 축축한 환경 5 짚신벌레 6 원생생물 7 작습니다. 8 대장균 9 예 우리 주변 어느 곳에나 삽니다. 10 예 된장, 김치, 요구르트

묻고 답하기 ❷회

1 재물대 2 버섯 3 포자 4 해캄 5 없습니다. 6 헬리코박터 파일로리 7 이로운 영향 8 첨단 생명 과학 9 푸른곰팡이 10 물질을 분해하는 것

단원 평가 기출

1 ④   2 예 마스크와 실험용 장갑을 착용합니다. 냄새를 맡거나 손으로 만지지 않습니다.   3 ⑤   4 ①, ③   5 ②   6 ㉠   7 미동 나사, 예 상에 대한 정확한 초점을 맞출 때 사용합니다.   8 ㉮ 2 ㉯ 1 ㉰ 3 ㉱ 5 ㉲ 4   9 ②   10 ③   11 예 논, 연못과 같이 물이 고인 곳이나 도랑, 하천과 같이 물살이 느린 곳에서 삽니다.   12 ④   13 ⑤   14 ③   15 예 짧은 시간 안에 많은 수로 늘어납니다.   16 ㉠, ㉡, ㉢   17 ⑤   18 예 생명 과학 기술이나 연구 결과를 활용하여 일상생활의 다양한 문제를 해결하는 데 도움을 주는 것입니다.   19 ②   20 (1) ㉢ (2) ㉡ (3) ㉠

1 대상에 초점을 정확히 맞출 때 사용하는 부분은 초점 조절 나사(㉣)입니다.

2 곰팡이는 직접 냄새를 맡거나 만지지 않도록 주의하고, 관찰한 후에는 반드시 손을 깨끗이 씻습니다.
   채점 tip 주의할 점을 한 가지 옳게 쓰면 정답으로 합니다.

3 곰팡이는 포자로 번식하고 뿌리, 줄기, 잎으로 구분되지 않습니다. 버섯의 포자는 관찰하기 어렵고 꽃이 피지 않고 열매를 맺지 않습니다.

4 곰팡이와 버섯은 따뜻하고 축축한 환경에서 잘 자랍니다. 또 곰팡이는 생물뿐만 아니라 화장실이나 음식, 옷 등 물체에서도 자랍니다.

5 곰팡이, 버섯과 같은 생물을 균류라고 하는데, 균류는 균사로 이루어져 있고 포자로 번식합니다.

6 균류도 생물이고 자랍니다.

7 ㉠은 표본의 상에 대한 정확한 초점을 맞출 때 사용하는 나사인 미동 나사입니다.

채점 기준	상	이름과 하는 일을 모두 옳게 쓴 경우
	하	이름만 옳게 쓴 경우

8 먼저 표본을 만들어 재물대에 올리고 대물렌즈를 해캄 표본에 가깝게 합니다. 접안렌즈로 해캄 표본을 보면서 미동 나사로 초점을 맞춘 다음 대물렌즈의 배율을 높이고 미동 나사로 초점을 맞추어 관찰합니다.

9 해캄은 초록색이고 가늘고 실과 같은 모습이며, 여러 가닥의 해캄이 서로 뭉쳐 있습니다.

10 해캄은 뿌리, 줄기, 잎을 가지고 있지 않고 짚신벌레는 눈, 코, 귀와 같은 감각 기관을 가지고 있지 않습니다. 또 짚신벌레나 해캄은 동물이나 식물, 균류로 분류되지 않는 원생생물입니다.

11 짚신벌레와 해캄은 주로 논, 연못이나 도랑, 하천과 같은 물에서 삽니다.
   채점 tip '물이 고인 곳, 물살이 느린 곳'이라는 내용을 포함하여 썼으면 정답으로 합니다.

12 동물이나 식물, 균류로 분류되지 않으며 생김새가 단순한 생물을 원생생물이라고 합니다. ④ 나사말은 물속에 사는 식물입니다.

13 세균은 매우 작기 때문에 맨눈으로 볼 수 없고, 배율이 매우 높은 현미경을 사용해야 관찰할 수 있습니다.

14 세균은 다른 생물의 몸뿐만 아니라 공기, 물, 흙, 물체 등 다양한 곳에서 삽니다.

15 세균은 살기에 알맞은 조건이 되면 짧은 시간 안에 많은 수로 늘어날 수 있습니다.

> 채점 tip 짧은 시간에 많은 수로 늘어난다고 썼으면 정답으로 합니다.

16 곰팡이나 세균이 사라지면 사람이나 동물은 먹은 음식을 잘 소화하지 못하게 되거나 면역력이 약해집니다.

17 우리 몸에 이로운 유산균과 같은 세균이 해로운 세균으로부터 건강을 지켜 주는 것은 이로운 영향입니다.

18 첨단 생명 과학은 생명 과학 기술이나 연구 결과를 활용하여 우리 생활의 여러 가지 문제를 해결하는 데 도움을 줍니다.

> 채점 tip 첨단 생명 과학에 대하여 옳게 쓰면 정답으로 합니다.

19 된장을 이용해 여러 가지 음식을 만드는 것은 음식 조리 과정이므로 첨단 생명 과학이라고 할 수 없습니다.

20 세균을 자라지 못하게 하는 푸른곰팡이를 이용하여 질병을 치료하고, 플라스틱의 원료를 가진 세균을 이용하여 친환경 플라스틱 제품을 만듭니다. 또 클로렐라와 같은 영양소가 풍부한 원생생물을 이용하여 건강식품을 만듭니다.

44쪽~47쪽   단원 평가 실전

1 버섯 **2** ① **3** ④ **4** 예 다른 생물이나 죽은 생물에서 양분을 얻습니다. **5** ② **6** ③, ⑤ **7** ③ **8** ④ **9** ③ **10** ② **11** ㉠, ㉡ **12** (1) ㉡ (2) ㉢ (3) ㉠ **13** 원생생물, 예 식물과 동물에 비해 생김새가 단순합니다. **14** ㉢ **15** 예 나선 모양이고 꼬리가 있습니다. **16** ⑤ **17** (1) ㉡, ㉢ (2) ㉠, ㉣ **18** ①, ⑤ **19** ⑤ **20** 예 하수 처리 등 더러운 물을 깨끗하게 하는 데 활용됩니다.

---

1 버섯을 관찰한 결과입니다. 버섯의 윗부분은 갓이라고 하는데, 갓 안쪽에 주름이 많습니다.

2 ①은 대물렌즈의 배율을 조절하는 나사인 회전판입니다.

3 대물렌즈의 배율을 가장 낮게 하고 곰팡이를 재물대에 올린 다음 빛의 양을 조절하고 대물렌즈를 곰팡이에 가깝게 내린 뒤 대물렌즈를 올려 초점을 맞추어 관찰합니다.

4 곰팡이와 버섯은 직접 양분을 만들지 못하고 다른 생물이나 죽은 생물, 음식 등에서 양분을 얻습니다.

> 채점 tip 다른 생물이나 죽은 생물에서 얻는다고 썼으면 정답으로 합니다.

5 곰팡이와 버섯은 균사로 이루어져 있고 포자로 번식하는 균류로, 생김새와 생활 방식이 식물과 다릅니다.

6 균류는 햇빛을 좋아하지 않고, 균사로 이루어져 있습니다. 주로 땅에 뿌리를 내리고 사는 것은 식물입니다.

7 표본을 오랫동안 보존하여 관찰할 수 있게 만든 것을 영구 표본이라고 합니다.

8 ㉣은 빛의 양을 조절할 때 사용하는 조리개입니다.

9 현미경의 배율은 접안렌즈 배율×대물렌즈 배율이므로 짚신벌레를 10배로 확대하여 관찰할 수 있습니다.

10 짚신벌레는 원생생물로, 보통의 동물과 다른 모습을 하고 있으며 동물로 분류할 수 없습니다.

11 짚신벌레와 해캄은 원생생물로, 동물, 식물, 균류로 분류되지 않고 현미경을 사용해야 자세한 모습을 관찰할 수 있습니다.

12 모두 물속에 살고 있는 원생생물입니다.

13 종벌레, 유글레나, 아메바는 모두 동물이나 식물과 다른 생김새를 하고 있고 생김새가 단순합니다.

> 채점 tip 원생생물이라고 쓰고, 원생생물의 특징을 한 가지 옳게 쓰면 정답으로 합니다.

14 둥근(공) 모양이고 여러 개가 연결되어 있는 ㉢이 포도상 구균입니다.

15 헬리코박터 파일로리는 나선 모양이고 꼬리가 있는 세균입니다.

> 채점 tip '나선 모양, 꼬리' 중 하나를 포함하여 썼으면 정답으로 합니다.

16 세균의 모양은 둥근(공) 모양, 막대 모양, 나선 모양 등으로 다양하고, 다른 생물에 비해 매우 작고 단순한 모양의 생물입니다.

17 다양한 생물은 우리 생활에 이로운 영향과 해로운 영향을 모두 줍니다.

18 원생생물은 주로 다른 생물의 먹이가 되거나 생물이 사는 데 필요한 산소를 만들어 도움을 줍니다. ②는 원생생물이 우리 생활에 미치는 해로운 영향이고, ③과 ④는 균류와 세균이 우리 생활에 미치는 해로운 영향입니다.

19 해충을 없애는 곰팡이나 세균의 특성을 이용하여 생물 농약을 만듭니다.

20 물질을 분해하는 세균의 특성을 활용하여 하수 처리를 합니다.

> **채점 tip** 하수 처리 등 더러운 물질을 분해하는 데에 이용된다는 내용으로 썼으면 정답으로 합니다.

> **48쪽 수행 평가**
>
> **1** 첨단 생명 과학
> **2** 예 푸른곰팡이가 세균을 자라지 못하도록 하는 특성을 활용하여 개발한 것입니다.
> **3** (1) ㉠, ㉡, ㉂ (2) ㉢, ㉣, ㉤

1 첨단 생명 과학은 최신 생명 과학 기술과 생물의 기능을 연구하여 우리 생활 속 문제를 해결하며, 다양한 생물이 우리 생활에 도움이 되게 합니다.

2 페니실린은 푸른곰팡이에서 얻은 화학 물질로, 세균을 자라지 못하도록 하는 푸른곰팡이의 특성을 활용하여 개발한 최초의 항생제입니다.

> **채점 tip** 세균을 자라지 못하게 하는 특성이라는 내용으로 쓰면 정답으로 합니다.

3 다양한 생물은 우리 생활에 이로운 영향을 미치기도 하고, 해로운 영향을 미치기도 합니다.

백점 과학을 끝까지 공부한 넌 정말 대단해. 이미 넌 최고야!

탄탄한 개념의 시작
큐브수학!

새 교과서
개념을
쉽게

반복
학습으로
탄탄하게

무료
강의로
빠짐없이

큐브
수학
개념

NEW

수학 1등 되는 큐브수학

연산
1~6학년 1, 2학기

개념
1~6학년 1, 2학기

개념응용
3~6학년 1, 2학기

실력
1~6학년 1, 2학기

심화
3~6학년 1, 2학기

동아출판

친절한 해설북

초등학교   학년   반   번   이름